FUNDAMENTALS OF WIRELESS SENSOR NETWORKS

Theory and Practice

无线传感器网络基础

理论和实践

[德] Waltenegus Dargie
[美] Christian Poellabauer

著

孙利民 张远 刘庆超 张宗帅 张文 译

（国家自然科学基金课题支持，编号：60933011）

清华大学出版社
北 京

Waltengegus Dargie and Christian Poellabauer

Fundamentals of Wireless Sensor Networks: Theory and Practice

ISBN: 978-0-470-99765-9

Copyright © 2010 by John Wiley & Sons Ltd.

All Rights Reserved. This translation published under license.

图书在版编目(CIP)数据

　　无线传感器网络基础: 理论和实践/(德)达尔吉(Dargie, W.), (美)珀尔拉伯尔(Poellabauer, C.)著; 孙利民, 张远, 等译.—北京：清华大学出版社，2014 (2024.2重印)

　　书名原文: Fundamentals of wireless sensor networks: Theory and practice

　　ISBN 978-7-302-34618-0

　　Ⅰ.①无…　Ⅱ.①达…②珀…③孙…④张…　Ⅲ.①无线电通信–传感器　Ⅳ.①TP212

　　中国版本图书馆 CIP 数据核字(2013)第 291228 号

责任编辑：薛　慧
封面设计：何凤霞
责任校对：刘玉霞
责任印制：丛怀宇

出版发行：清华大学出版社
　　　　　网　　　址：https://www.tup.com.cn, https://www.wqxuetang.com
　　　　　地　　　址：北京清华大学学研大厦 A 座　　　　邮　　编：100084
　　　　　社 总 机：010-83470000　　　　　　　　　　邮　　购：010-62786544
　　　　　投稿与读者服务：010-62776969, c-service@tup.tsinghua.edu.cn
　　　　　质量反馈：010-62772015, zhiliang@tup.tsinghua.edu.cn
印 装 者：三河市君旺印务有限公司
经　　销：全国新华书店
开　　本：175mm×245mm　　印　张：19.25　　字　数：356 千字
版　　次：2014 年 1 月第 1 版　　　　　　　　印　次：2024 年 2 月第 7 次印刷
定　　价：59.00 元

产品编号：052327-02

译　者　序

作为物联网神经末梢的无线传感器网络，引发了众多优秀年轻学子的研究兴趣。同时，广泛且复杂的应用场景也给他们进入这一领域带来了一定的挑战。如何能在较短的时间内，给年轻学子们呈现出无线传感器网络应用的基础框架、关键技术和发展方向，是该领域教育工作者思考的一个基本问题。

在国内，无线传感器网络经过十余年的发展，技术有很大的进展，在诸多领域得到应用推广，但是在理论与实践相结合方面仍有一定的不足，能够全面系统地介绍无线传感器网络技术，结合理论与实践，并给出习题引导进一步思考的教材并不是很多。因此，纵览国际上无线传感器网络的书籍，我们发现 Wiley 公司出版的 *Fundamentals of Wireless Sensor Networks: Theory and Practice* 是一本非常合适的无线传感器网络教科书。该书系统全面，通俗易懂，主要有如下几个方面的特点：

- 系统、全面地描述和分析了无线传感器网络在理论与实践方面的主要问题、协议、算法和应用；
- 各章都给出和解释了在无线传感器网络设计过程中存在的限制和条件，需要面对的主要挑战，并讨论了典型的解决方案；
- 对无线传感器网络组网与通信、定位与时间同步、能量管理、安全机制、OS 与编程等方面都进行了深入浅出的介绍与分析；
- 每章都附有习题，全书共 200 余道习题，确保读者能够加深对内容的理解掌握。

该书第一作者 Waltenegus Dargie 和第二作者 Christian Poellabauer 都是无线网络领域的资深专家，发表了高水平论文和专著，并具有丰富的教育教学经验。本书是以教材的形式编写的，系统全面，循序渐进，并配有大量习题。因此，本书适宜直接带领本科生进入相关领域，也可作为硕士研究生或博士研究生的教材或参考书，以及有关研究人员的参考书。

最后，衷心感谢清华大学出版社在翻译过程中给予我们的大力帮助。尽管我们进行了大量的讨论与推敲工作，译本中的不当或疏漏之处在所难免，欢迎广大读者提出意见和建议。

孙利民

2013 年 10 月于北京

前　言

传感器设计、信息技术以及无线网络等领域的快速进步，为无线传感器网络（WSN）的发展铺平了道路。WSN 可以把虚拟（计算）世界与现实世界以前所未有的规模相接合，并开发大量实用型的应用，包括保护民用基础设施、监测居住地、精准农业、有毒气体检测、供应链管理和医疗保健等方面。然而，WSN 的设计面临着严峻的挑战，因为所需要的知识包括了电子、计算机工程和计算机科学领域的几乎所有研究方向。

目前，世界各地许多大学都给高年级本科生或研究生开设 WSN 课程。另外，WSN 也是很多学生项目和研究生论文的关注点。所以，本书作为一本教科书，主要是针对工程类和计算机科学专业的学生。它介绍了 WSN 的若干基本概念和设计时的框架模型，并且尽量把理论与实践相结合，同时介绍了已经构建的系统原型和最新的进展。在每章结尾，给出了大量的实际问题和练习，帮助学生们评估对所学主要概念和理论的理解。此外，本书的部分章节和内容已经充分模块化，为课程内容的设计提供了灵活性。

本书同样有助于对 WSN 感兴趣的学者，适合自学，并且可以作为重要的参考。对于该类读者，本书可以当作基础概念的教程和近期研究成果、技术进展的综述。

本书的组织结构

本书介绍了 WSN 的基本概念和原理，综述了传感器系统不同层上的协议、算法和技术，包括网络协议栈、中间件和应用层等。

本书分为三个部分。第一部分：序言。第 1 章给出了 WSN 应用、传感器节点和基本系统结构的概述。第 2 章概述了代表性的传感器网络应用。第 3 章分析了不同的节点架构，详细地讲解了感知子系统、处理子系统和通信接口，另外，给出了几个典型的原型实现的例子。第 4 章对操作系统的功能性和非功能性方面进行了叙述，并综述了最近的操作系统实例。

第二部分，基本架构，详细讲解了协议和在传感器系统不同的网络协议层上使用的算法。在这些层的设计和选择对传感器节点和网络的操作与资源利用率有显著影响。第 5 章开始引入物理层架构和概念进行讲解。由于许多传感器节点共享无线介质，MAC 层协议需要访问无线信道进行仲裁。第 6 章介绍了 MAC 层的解决方案。第 7 章讨论了无线传感器网络中的多跳通信以及相关挑战，同时对现有的和提出的路由协议进行研究。

第三部分，节点和网络管理，探讨了另外一些技术并提出了针对各种挑战的解决方案。第 8 章综述了 WSN 的能耗管理技术。当多个传感器节点观测现实世界中的同一个事件时，正确地分析来自不同传感器的数据就非常重要，这需要传感器节点的时钟互相同步。不少其他的协议和算法同样需要时钟同步，例如，很多 MAC 协议依赖于精确的时序以确保没有两个节点同时发送数据包。因此，第 9 章介绍了时间同步的概念，并给出了几种同步策略的概述。对于许多 WSN 应用，无论是使用绝对坐标表示（例如，使用 GPS），还是使用在同一环境中相对于其他节点或地标来表示，很重要的一点是需要传感器节点能够估算出自己的位置。第 10 章论述了多种定位机制，并比较了它们的优缺点。鉴于许多传感器应用的性质（军事、应急响应）和 WSN 的独有特点（例如，规模和无人值守操作），WSN 面临着不少安全挑战，因此，在第 11 章中讨论了 WSN 的安全隐患和防御措施。最后，第 12 章对本书做出总结，描述了开发环境和 WSN 的编程技术，也概述了经常使用的 WSN 仿真器。

目　　录

第二部分 基本架构

第三部分 节点和网络管理

第一部分

序　言

第1章　无线传感器网络研究动机

传感器通过捕获和揭示现实世界的物理现象，并将其转换成一种可以处理、存储和执行的形式，从而将物理世界与数字世界连接了起来。传感器已经集成到众多设备、机器和环境中，产生了巨大的社会效益。它们可以协助基础设施避免灾难性的故障，保护宝贵的自然资源，提高生产效率，增强安全性，还能开发出一些新的应用，比如上下文感知系统和智能家居。超大规模集成电路、微型机电系统（micro-electromechanical systems，MEMS）和无线通信等技术的惊人进步，进一步促进了分布式传感器系统的广泛使用。例如，半导体技术的深入发展不断地创造出处理能力持续增加而尺寸减小的微处理器。计算技术和传感技术的微型化推动了低功耗且廉价的微型传感器、执行器和控制器的发展。此外，嵌入式计算系统（通常是与物理世界紧密互联并且只为了少量专用功能而设计的系统）在越来越多的领域持续得到应用。尽管国防和航天系统依然主导着应用市场，但是人们越来越关注运用传感器进行系统监测和保护民用基础设施（如桥梁、隧道）、国家电网以及管道基础设施。含有数以百计传感器节点的网络已被用于：监测大型地区区域来为环境污染和洪水建模与预测，使用振动传感器收集桥梁结构状况的信息，控制水、化肥和农药的使用量来提高作物的健康状况和产量。

本书全面介绍了无线传感器网络（wireless sensor network，WSN）的基础知识，从理论概念和实践角度涵盖了网络技术及协议、操作系统、中间件、传感器编程与安全等方面的内容。本书针对学生、研究人员和相关从业人员，目的在于帮助他们了解 WSN 领域所面临的挑战和前景。本书主要是作为研究生或本科高年级学生 WSN 课程的教材而编写，每章末都有一些习题，可以让学生练习所学的概念和技术。由于 WSN 是基于许多其他领域之上的，所以建议学生在学习传感器网络课程前先学习网络和操作系统或类似课程。此外，这本书所涉及的一些主题（如安全）是假定读者已经掌握了其他领域的相关知识，或者需要教师在教授这些内容之前先介绍那些领域的基本知识。

1.1　定义与背景

1.1.1　传感和传感器

传感是一种收集物理对象或过程相关信息的技术，包括事件发生（即状态变化，如温度或压力下降）的信息。执行感知任务的设备称为传感器，例如，人就有感知器官，如眼睛能从环境中捕获光学信息，耳朵能获取声学信息，鼻子能获取气味信息。这些是远程传感器的例子，它们并不需要接触被监测的对象来收集信息。从技术角度看，传感器是能够把物理世界中的参数或事件转换成可以测量和分析的信号的装置。另一种常用的术语是换能器（transducer），即将能量从一种形式转化为另一种形式的装置。传感器是换能器的一类，它能把物理世界中的能量转化为可以传输到计算系统或控制器的电能。图 1.1 给出了一个感应（或数据采集）任务执行步骤的例子。物理世界中的现象（通常称为过程、系统或装置）是通过一个传感器感知的，由此产生的电信号往往不能立即进行处理，需要经过一个信号调节阶段。可以用各种操作来处理传感器信号以备进一步使用。例如，信号往往需要放大（或衰减），从而改变信号的幅度以更好地匹配模拟信号到数字信号转换的范围。此外，信号调节常用滤波器来滤除某些频率范围内不想要的噪音，例如，高通滤波器可以用来滤除环绕电源线产生的 50Hz 或 60Hz 的噪声信号。经过信号调节后，用模数转换器将模拟信号转换为数字信号，然后可以作进一步的处理、存储或可视化。

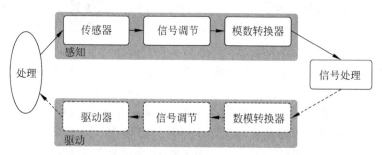

图 1.1   数据采集与驱动

许多 WSN 还包括执行器（actuator），由此可以直接控制物理世界。例如，执行器可以是一个控制热水流量的阀门，一个打开或关上门窗的电动机，或是一个控制发动机燃料注入量的泵。这种无线传感器和执行器网络（wireless sensor and actuator network，WSAN）由处理设备（控制器）获取命令并把这些命令转换成作用于驱动器的输入信号，然后与物理过程相互作用，从而形成一个闭环控制回路，如图 1.1 所示。

1.1.1.1   传感器分类

对于某一种应用，选择哪种传感器取决于待监测的物理属性，如温度、压力、光强、湿度等。表 1.1 总结了一些常见的物理属性，以及获取这些物理属性所用的感知技术。此外，传感器还可以根据其他各种不同的方法来分类，比如，是否需要外部电源。如果传感器需要外部电源，就叫做有源传感器。也就是说，传感器必须发出某种能量（例如，微波、光、声音）来触发响应或者检测传输信号的能量变化。而无源传感器则检测环境中的能量并从这种能量输入中获得动力。例如，被动式红外（PIR）传感器探测来自附近目标物体的红外线辐射。

表 1.1　传感器的分类和例子

分类	例　　子
温度	热敏电阻，热电偶
压力	压力计，气压计，电离计
光学	光电二极管，光电晶体管，红外传感器，CCD 传感器
声学	压电谐振器，麦克风
机械	应变计，触觉传感器，电容隔膜，压阻元件
运动，振动	加速度计，陀螺仪，光电传感器
流量	风速计，空气质量流量传感器
位置	全球定位系统，超声波传感器，红外传感器，倾斜仪
电磁	霍尔效应传感器，磁强计
化学	pH 传感器，电化学传感器，红外气体传感器
湿度	电容式和电阻式传感器，湿度计，基于 MEMS 的湿度传感器
辐射	电离探测器，Geiger-Mueller 计数器

也可以根据传感器的应用方式或者它们将物理特性转换成电信号所利用的电现象对传感器进行分类。电阻式传感器依靠改变导体的电阻率 ρ，这种改变基于温度等物理特性。导体的电阻 R 可定义为：

$$R = \frac{l \times \rho}{A} \tag{1.1}$$

其中，l 是导体的长度，A 是横截面面积。例如，著名的惠斯通电桥（图 1.2）是一种可以把物理特性转换成可观测电效应的简单电路。在惠斯登电桥中，R_1, R_2, R_3 是已知电阻（其中 R_2 是可调电阻），R_x 是未知电阻。如果 R_2 / R_1 的比值与 R_x / R_3 的比值相同，那么测得的电压 V_{OUT} 将为零。但是，如果电阻 R_x 发生变化（比如由于温度的变化），将会产生不平衡现象，表现为电压 V_{OUT} 的变化。通常，电压 V_{OUT}、电阻和电源电压（V_{CC}）之间的关系可以表示为：

$$V_{OUT} = V_{CC} \times \left(\frac{R_x}{R_3 + R_x} - \frac{R_2}{R_1 + R_2} \right) \tag{1.2}$$

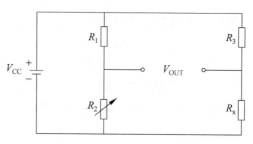

图 1.2　惠斯通电桥电路

　　类似的原理也适用于电容式传感器，电容式传感器可用于测量运动、距离、加速度、压力、电场、化学成分和液体深度。例如，在平行板模型，即由介电常数为 ε 的电介质分开的两个平行的导电板组成的电容器中，电容定义为：

$$C = \frac{\varepsilon \times A}{d} \tag{1.3}$$

其中，A 是极板的面积，d 是两极板之间的距离。类似于电阻模型，这些参数中的任何一个参数的变化都将改变电容。例如，如果施加压力到其中一块极板上，间隔 d 就会减小，从而电容增大。同样，温度或湿度的增加会引起电介质介电常数的变化，从而导致电容变化。

　　电感式传感器是基于电感的电原理，即电流变化引起电磁力。电感由传感器的尺寸（横截面积、线圈的长度）、线圈匝数和磁芯的磁导率确定。这些参数中的任一参数变化（例如，由线圈内芯运动引起的变化）都将改变电感。电感式传感器常用于测量距离、位置、力值、压力、温度和加速度。

　　最后，压电式传感器利用某些材料（例如，晶体和某些陶瓷）的压电效应测量压力、力值、应变和加速度。当对这种材料施加压力时，就会产生与压力成正比的机械形变和位移变化。与其他方式相比，压电式器件的主要优点是，压电效应对电磁场或辐射不敏感。

1.1.2　无线传感器网络

　　尽管很多传感器直接连接到控制器和处理站（例如，使用本地局域网），但越来越多的传感器通过无线方式将收集的数据传输到集中处理站（基站）。这是极其重要的，因为许多网络应用需要成百上千的传感器节点，而这些传感器节点通常部署在偏僻和交通不便的地区。因此，无线传感器不仅具有感知部件，而且还具有板载处理能力、通信和存储功能。有了这些功能，传感器节点往往是不仅负责数据的采集，同时还负责进行内网分析、相关性分析以及自身数据与其他节点数据的融合等任务。当许多传感器协同地监测大面积的物理环境时，这些传感器就形成了一个无线传感器网络（WSN）。通过使用无线射频技术，传感器节点不仅彼此间进行通信，也与基站进行通信，这使得它们能够将传感器数据传播到远程的处理、可视化、分析和存储系统。图 1.3 显示了两个传感器覆盖区域，它们监测两个不同的地理区域，并通过基站连接到互联网。

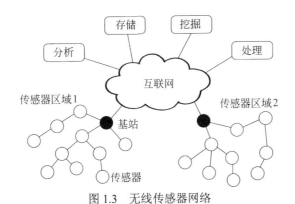

图 1.3　无线传感器网络

在 WSN 中，各传感器节点的功能可能差别很大。简单的传感器节点只监测单一物理现象，而复杂的设备可能会融合多种不同的传感技术（如声、光、磁）。传感器节点的通信能力也各不相同，例如，使用超声波、红外线或射频等不同的技术，会产生不同的数据传输速率和延迟。简单的传感器可能只是采集和传输所观测环境的信息，而功能更强大的设备（例如，具有强大处理能力、高能量、大存储容量的设备）还可执行大量处理和数据汇聚功能。通常，这些设备在 WSN 中承担了更多的任务，例如，它们可能会构成通信骨干网，以使其他资源受限的传感器设备利用这类通信骨干网与基站进行通信。最后，某些设备可能还需要其他支撑技术，例如全球定位系统（GPS）接收器，它能够准确地确定自身位置。然而，这种系统通常会消耗大量的能量，使得其对低成本和低功耗的传感器节点是不可用的。

1.1.2.1　WSN 的历史

同很多其他技术一样，军方一直推动着 WSN 的发展。例如，1978 年，美国国防部高级研究计划局（DARPA）举办了分布式传感器网络研讨会（DAR 1978），重点关注了传感器网络研究的挑战，包括网络技术、信号处理技术以及分布式算法等。DARPA 在 20 世纪 80 年代初启动了分布式传感器网络计划 DSN，后来又启动了传感器信息技术 SensIT 项目。

美国加州大学洛杉矶分校与罗克韦尔科学中心（Rockwell Science Center）合作提出了无线集成网络传感器或 WINS（Pottie，2001）的概念。1996 年发明的低功率无线集成微型传感器 LWIM（Bult 等，1996）是 WINS 项目的成果之一。LWIM 是基于 CMOS 芯片的，这种芯片将多个传感器、接口电路、数字信号处理电路、无线射频、微控制器集成在一个单一芯片上。美国加州大学伯克利分校的 Smart Dust 项目（Kahn 等，1999）重点研究设计了极小传感器节点"微尘"（mote）。该项目的目标是要证明，一个完整的传感器系统可以被集成到如一粒沙子或尘埃大小的微型装置中。伯克利无线研究中心（BWRC）的 PicoRadio 项目（Rabaey 等，2000）重点研究低功耗传感器设备，这类设备的功耗之低，以至于仅靠从环境中获得的能量（如太阳能或振动能）即可运行。麻省理工学院微自适应多电源感知传感器项目 μAMPS 也专注于研究传感器节点的低功耗硬件和软件，包括能够动态调整电压的微控制器，以及能在软件层面上降低能量需求的重组数据处理算法等（Calhoun 等，2005）。

虽然学术界率先做出了主要的努力和成绩，但最近十年也出现了一些商业界的成果（其中许多是基于上述一些学术研究成果的），如 Crossbow (www.xbow.com), Sensoria (www.sensoria.com), Worldsens (http://worldsens.citi.insa-lyon.fr), Dust Networks (http://www.dustnetworks.com), Ember (http://www.ember.com) 公司的成果。这些公司提供在多种场景中可以使用的传感器设备，还提供具有编程、维护、传感数据可视化等功能的多种管理工具。

1.1.2.2　WSN 的通信

著名的 IEEE 802.11 系列标准是在 1997 年提出的，它是移动设备最常用的无线网络技术。它使用不同的频段，如 IEEE 802.11b 和 IEEE 802.11g 使用 2.4GHz 频段，而 IEEE 802.11a 协议使用 5GHz 频段。早期的 WSN 常使用 IEEE 802.11。在目前的网络中，当网络带宽要求较高时（如多媒体传感器），仍然可以使用 IEEE 802.11。但是，基于 IEEE 802.11 标准的网络，协议头部能量开销比较大，因此不适用于低功耗的 WSN。在传感器网络中，典型的数据传输速率要求应该与拨号调制解调器提供的带宽差不多，因此 IEEE 802.11 提供的数据传输速率通常比所需要的高得多。这就促进了各种标准的开发，从而能够更好地满足网络中低功耗、低数据传输速率的要求。例如，IEEE 802.15.4 协议（Gutierrez 等，2001）就是专为短距离通信设计的，它用于低功耗传感器网络中，得到了大多数学术和商业传感器机构的支持。

当所有传感器节点的无线电波辐射范围足够大，而且传感器可以直接向基站发送数据时，它们就可以形成星形拓扑结构，如图 1.4 左侧所示。在这种网状拓扑结构中，每个传感器节点通过单跳方式直接与基站通信。然而，传感器网络通常覆盖广阔的地理区域，为了节省能量，无线电发送功率应保持在最小值；因此在传感器网络中，更多地采用多跳通信（图 1.4 右侧所示）。在这种网状拓扑结构中，传感器节点必须既要采集和广播自己的数据，还要为其他传感器节点提供中继服务。也就是说，它们必须通过合作方式向基站传播数据。如何找到从一个传感器节点到基站的多跳路径，这种路由问题是 WSN 所面临的最重要的挑战之一，引起了学术界极大的关注。当一个节点作为多个路由的中继时，它往往能够分析和预处理传感器网络中的数据，这可以消除冗余信息，得到比原始数据小的压缩数据。

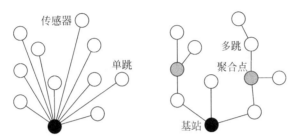

图 1.4　传感网络中的单跳或多跳路由

1.2　挑战和约束

　　尽管传感器网络与其他分布式系统有许多相似之处，但也面临着各种特殊的挑战和约束。这些约束影响了 WSN 的设计，从而产生了与同类分布式系统所不同的协议和算法。本节将介绍 WSN 设计时最重要的限制因素。

1.2.1　能量

　　传感器网络设计最大的制约因素是传感器节点工作时有限的能量预算。通常情况下，传感器由电池供电，当能量耗尽时必须更换电池或者是对电池充电（例如，使用太阳能充电）。对于某些节点，这两种选择都不合适，这就意味着，一旦能源耗尽，传感器就将被丢弃。电池能否被充电极大地影响了协议设计中能量消耗的策略。对于不可充电的电池，在传感器节点执行任务期间或者更换电池前，它应该保持可以工作的状态。任务期的长短取决于应用类型，比如，科学家监测冰川运动，需要能持续工作数年的传感器，而战场上的传感器可能只需要工作几个小时或几天。

　　所以，对于 WSN 设计，首先也是最重要的挑战就是能量效率。这一要求贯穿于传感器节点和网络设计的方方面面。例如，传感器节点物理层的选择影响整个设备的能量消耗和高层协议的设计（Shih 等，2001）。CMOS 处理器的能耗主要在于切换能量和泄漏能量（Sinha 和 Chandrakasan，2000）：

$$E_{CPU} = E_{switch} + E_{leakage} = C_{total}V_{dd}^2 + V_{dd}I_{leak}\Delta t \tag{1.4}$$

其中，C_{total} 是通过计算切换的总电容，V_{dd} 是供电电压，I_{leak} 是泄漏电流，Δt 是计算的持续时间。虽然切换能量仍然占处理器能量消耗的绝大部分，但是预计在未来的处理器设计中，泄漏能量将占据一半以上的能源消耗（De 和 Borkar，1999）。控制能量泄漏的技术包括及时关闭空闲组件和基于软件的技术，如动态电压调节（DVS）。

媒质访问控制层（MAC）为传感器节点提供无线信道的接入。某些通信网络的 MAC 策略是基于竞争的，节点可能会在任何时间尝试访问媒质，这就可能导致多个节点之间的碰撞，这时候 MAC 层要给节点分配地址以确保传输的最终成功。这些方法的缺点包括：能量开销比较大；由于碰撞导致的延迟；碰撞恢复机制；传感器节点可能需要在任何时候都监听介质，以确保不会错过某个传输。因此，一些传感器网络的 MAC 协议是无竞争的，也就是说节点对媒质的访问有严格的规则，可以消除碰撞，在没有通信的时候允许节点关闭无线射频。网络层负责寻找传感器节点到基站的路由和路由参数，比如长度（跳数多少）、所需要的传输功率，中继点的可用能量决定了多跳通信的报文头部能量开销。

除了网络协议，高能效的目标也影响到操作系统设计（例如占用小的内存，有效的任务间切换）、中间件、安全机制的设计，甚至影响应用程序本身。例如，网内处理经常被用来减少冗余的传感数据或者汇聚传感器数据。这就需要在计算（处理传感器数据）和通信（发送原始数据还是处理后的数据）之间折中，目标往往是节省能量（Pottie 和 Kaiser，2000；Sohrabi 等，2000）。

1.2.2　自我管理

WSN 通常情况下工作在偏远地区和恶劣环境中，没有基础设施的支持或难以维护。因此，传感器节点必须具有自我管理能力，能够自动进行配置，与其他节点协调运作，适应各种故障和失效，并在没有人工干预的情况下动态地适应环境变化。

1.2.2.1　自组织部署

在许多 WSN 应用中，单个传感器节点的位置不需要预先设定和部署。这对于工作在偏远或不可到达地区的网络尤为重要。例如，在评估战场、灾区情况时通过飞机向目标地区撒布传感器节点，但许多传感器节点可能因抛撒而损坏，永远无法开始感知工作。幸存的节点必须自主完成各种安装和配置步骤，包括与相邻传感器节点建立通信、定位并开始它们的感知任务。传感器节点的操作模式将视情况而不同，比如节点的位置、邻节点的数量或身份等都可能影响它们需要感知的信息的数量和类型。

1.2.2.2　无人值守操作

很多传感器网络一旦部署，必须能够在没有人为干预下运行、配置、适应、维护和自我修复。例如，传感器节点会受到来自系统和环境的双重动态影响，这对建立可靠的传感器网络构成了重大挑战（Cerpa 和 Estrin，2004）。一个自我管理设备能够监测其周围环境，适应环境的变化，并与周边设备建立拓扑关系或者达成感知、处理和通信方面的共同策略（Mills，2007）。自我管理有多种形式。自组织是经常用来描述一个网络适应系统和环境状况参数的术语。例如，一个传感器设备可以选择发射功率来保持一定连接度（即增大发送功率可以使一个节点拥有更多的邻节点）。自我优化是指设备监测和优化自身系统资源的能力。自我保护能够使设备识别入侵和攻击并保护自己免受伤害。最后，自我修复能够使传感器节点发现、识别并修复网络中断。在能量有限的传感器网络中，必须设计并实现所有这些自我管理功能，这样才能避免过多的能量开销。

1.2.3　无线组网

对无线网络和通信的依赖给 WSN 设计者带来了许多挑战。例如，无线电信号的衰减限制了信号的传播范围，即射频信号通过传播媒质和障碍物时会削弱（即功率减少）。射频信号的接收功率和发射功率之间的关系可以用平方反比定律表示：

$$P_r \propto \frac{P_t}{d^2} \tag{1.5}$$

其中接收功率 P_r 与传感器至信号源的距离 d 的平方的倒数成正比，如果距离为 x 时的功率为 P_r^x，则当距离增大到 $y = 2x$ 时的功率为 $P_r^y = P_r^x /4$。

传感器节点和基站之间的距离增大时就要求发射功率迅速增加，因此，把长距离一跳通信分为几个较短的距离会更节能。从而，支持多跳通信的路由成为一个新的挑战。多跳通信需要网络中的节点相互合作，确定有效路由并充当中继器。路由问题在使用占空比来节省能量的网络中更加困难，许多传感器节点不使用时采用关闭电源的节能策略，在此期间，节点不能接收邻节点信息，也不能作为其他节点的中继器。因此，一些网络采用按需唤醒机制（Shih 等，2002）来确保节点在需要时能被唤醒。这通常涉及两个无线电收发机，低功耗无线电收发机用来接收叫醒信号，大功率无线电收发机用来产生唤醒信号。另一种策略是自适应工作周期（Ye 等，2004），即在同一时间不允许所有的节点都处于休息状态，需要一些节点子集在网络中保持活跃并形成骨干网。

1.2.4　分布式管理

WSN 的大规模和能耗限制使得拓扑管理和路由等网络管理方案不能依赖集中式算法实现（如用基站来执行）。取而代之的是，传感器节点必须与其邻节点合作做出局部决定，而无需全局信息。因此，这些分布式算法的结果不是最优的，但它们可能比集中解决方案更节能。以路由为例看一下集中和分布式解决方案。基站可以收集所有传感器节点的信息，确定最佳路径（例如从能源角度）并将路由信息通知到每个节点。但是这样做开销可能会很大，尤其是当拓扑变化频繁时。相反，分布式的方法允许每个节点在有限的本地信息（如邻节点列表及其与基站间的距离）的基础上决定路由。虽然这种分布式方法可能找不到最佳路径，但管理开销却可大大减少。

1.2.5　设计限制

尽管传统计算机系统性能一直在高速增强，而无线传感器设计的主要目标却是更小、更便宜和更有效。由于执行专门的应用时需要能耗小，典型的传感器节点与几十年前的计算机系统的处理速度和存储容量相当。小型化和低能耗对一些部件的集成产生了障碍，如集成 GPS。这些限制和要求也影响了软件设计的各个层次，例如，操作系统所占内存小并且必须有效地管理资源。然而，高级硬件功能（如支持并行执行）的缺乏促进了小型、高效操作系统的设计。传感器硬件的限制也影响到许多协议和算法的设计，比如对传感器内存来说，包含网络中每一个可能的目的节点条目的路由表就可能太大了，相反，只有少量数据（如邻节点列表）可以存入传感器节点的内存。此外，网内处理可以消除冗余信息，但一些数据融合和聚集算法可能需要比低成本传感器节点所能提供的更强的计算能力和更大的存储容量。因此，必须在资源极其受限的硬件基础上有效地设计许多软件架构和解决方案（操作系统、中间件、网络协议）。

1.2.6　安全

许多 WSN 收集敏感信息，传感器节点的远距离和无人值守增加了它们遭到恶意入侵和攻击的机会。此外，无线通信很容易让敌人窃听到传感器所传输的信息。例如，一个最具挑战性的安全威胁——拒绝服务攻击，其目的是破坏传感器网络的正常运行，它可以使用各种攻击（包括干扰攻击），用大功率无线信号来阻止传感器通信。由此产生的后果取决于 WSN 的应用类型，可能是很严重的。虽然有许多针对分布式系统的技术和解决方案来防止攻击，但其中许多需要一定的计算、通信和存储能力，而这些需求往往由于传感器节点的资源受限而无法满足。因此，WSN 需要新的解决方案来进行密钥建立和分配、节点认证以及保密等。

1.2.7　其他挑战

由上述可知，WSN 的设计与传统网络的设计是不一样的，表 1.2 总结了传统网络和 WSN 的主要区别。各种各样的挑战影响着传感器节点和传感网络的设计。例如一些传感器可能要安装在移动的物体（如车辆或机器人）上，这将导致网络拓扑结构的不断变化，需要系统的各个层次来调整适应，包括路由（如改变邻居列表）、媒质访问控制（如密度变化）和数据汇聚（如改变感知的重叠地区）。异构传感器网络包含性能不同的设备，例如，感知任务需要更多的计算和存储资源，而从传感网内其他节点收集和处理数据的话，则需要更多的硬件资源。此外，一些传感器应用可能有特殊的性能和质量要求，例如，重要传感事件的低延迟或视频传感器的大数据传输等。异质性（不统一性、非均匀性）和性能需求影响着无线传感器及其协议的设计。最后，传统的计算机网络是建立在已有标准的基础上的，而 WSN 中的许多协议和机制是专有的解决方案，基于标准的解决方案进展缓慢。标准为 WSN 应用的设计和部署提供了互操作性和方便性，因此，解决方案的标准化和竞争标准的协调对 WSN 设计者来说仍然是一个关键性挑战。

表 1.2　传统网络与 WSN 的比较

传统网络	无线传感器网络
通用设计；面向许多应用	专用设计；针对具体应用
设计时主要考虑网络性能和延迟问题；能量不是首要关注点	能源是设计所有节点和网络组件时的主要限制因素
网络的设计和工程化按计划实行	部署、网络结构和资源的使用往往是临时的（无规划）
在可控和温和的环境下运行	一般在恶劣环境下
维护修理常见；网络通常易于访问	一般直接接触传感器节点很困难，甚至是不可能的
组件故障通常通过维护和修理解决	组件故障一般在设计中预先考虑到并解决
可获得全局网络信息并可采用集中管理的方式	在无中心管理下多数选择由局部决定

练习

1.1　举例说明什么是有源传感器和无源传感器，它们之间的区别是什么(例如使用表 1.1)。

1.2　如图 1.2 所示，惠斯通电桥电路使用一个电阻为 R_x 的温度传感器，$R_1 = 10\Omega$，$R_3 = 20\Omega$，假设当前温度为 80℉ 时，$R_x(80) = 10\Omega$，通过校准传感器，使得输出电压 V_{OUT} 为零：

　　　(a) 求 R_2 的值。

　　　(b) 当温度为 90℉ 时，电阻 R_x 增加 20%，此时输出电压（作为电源电压）是多少？

1.3　根据本章所描述，使用多跳通信代替单跳通信能够影响整体能量消耗。请描述多跳通信的其他优点和缺点，例如在性能（延迟，吞吐量）、可靠性和安全方面。

1.4　射频信号发送功率与接收功率之间的关系遵从方程（1.5）中的平方反比定律，即功率密度与距离的二次关系。这可以用来证明多跳通信（而不是单跳通信）能够通过用低功率在多跳上传输数据来节约能量。假设一个数据包 p 需要从发射器 A 发送到接收器 B，直接传输数据包时需要的能量可以表示为以下公式：$E_{AB} = d(x, y)^2 + c$，其中 $d(x, y)$ 为两个节点 x 和 y 之间的距离，c 为能耗常数。假定你可以通过放置任何数量的等距中继节点在 A 和 B 之间来将单跳变成多跳。

　　　(a) 写出计算所需能量的关于 d 和 n 的函数关系式，其中 n 为中继节点数目($n = 0$ 时即为单跳)。

　　　(b) 求出当以最小能耗发送数据包 p 时的最佳中继节点数目，并计算最佳节点数下，当 $d(x, y) = 10$ 时，(i) $c=10$ 和 (ii) $c=5$ 时所消耗的能量。

1.5　列出至少四种在 WSN 中用来减少能量消耗的技术。

参考文献

Bult, K., Burstein, A., Chang, D., Dong, M., Fielding, M., Kruglick, E., Ho, J., Lin, F., Lin, T.H., Kaiser, W.J., Marcy, H., Mukai, R., Nelson, P., Newburg, F.L., Pister, K.S.J., Pottie, G., Sanchez, H., Sohrabi, K., Stafsudd, O.M., Tan, K.B., Yung, G., Xue, S., and Yao, J. (1996) Low power systems for wireless microsensors. *Proc. of the International Symposium on Low Power Electronics and Design*.

Calhoun, B.H., Daly, D.C., Verma, N., Finchelstein, D.F., Wentzloff, D.D., Wang, A., Cho, S.H., and Chandrakasan, A.P. (2005) Design considerations for ultralow energy wireless microsensor nodes. *IEEE Transactions on Computers* **54** (6), 727–749.

Cerpa, A., and Estrin, D. (2004) Ascent: Adaptive self-configuring sensor network topologies. *IEEE Transactions on Mobile Computing* **3** (3), 272–285.

DAR (1978) *Proceedings of the Distributed Sensor Nets Workshop*. Pittsburgh, PA, Department of Computer Science, Carnegie Mellon University.

De, V., and Borkar, S. (1999) Technology and design challenges for low power and high performance. *Proc. of the International Symposium on Low Power Electronics and Design (ISLPED)*.

Gutierrez, J.A., Naeve, M., Callaway, E., Bourgeois, M., Mitter, V., and Heile, B. (2001) IEEE 802.15.4: A developing standard for low-power low-cost wireless personal area networks. *IEEE Network* **15** (5), 12–19.

Kahn, J.M., Katz, R.H., and Pister, K.S.J. (1999) Mobile networking for smart dust. *Proc. of the ACM/IEEE*

International Conference on Mobile Computing and Networking (MobiCom).

Mills, K.L. (2007) A brief survey of self-organization in wireless sensor networks. *Wireless Communications and Mobile Computing* **7** (7), 823–834.

Pottie, G.J. (2001) Wireless integrated network sensors (WINS): The web gets physical. *National Academy of Engineering: The Bridge* **31** (4), 22–27.

Pottie, G.J., and Kaiser, W.J. (2000) Wireless integrated network sensors. *Communications of the ACM*.

Rabaey, J., Ammer, J., da Silva, Jr J.L., and Patel, D. (2000) Picoradio: Ad hoc wireless networking of ubiquitous low-energy sensor/monitor nodes. *Proc. of the IEEE Computer Society Annual Workshop on VLSI.*

Shih, E., Bahl, P., and Sinclair, M. (2002) Wake-on wireless: An event driven energy saving strategy for battery operated devices. *Proc. of the ACM/IEEE International Conference on Mobile Computing and Networking (MobiCom).*

Shih, E., Cho, S.H., Ickes, N., Min, R., Sinha, A., Wang, A., and Chandrakasan, A. (2001) Physical layer driven protocol and algorithm design for energy-efficient wireless sensor networks. *Proc. of the 7th Annual International Conference on Mobile Computing and Networking.*

Sinha, A., and Chandrakasan, A.P. (2000) Energy aware software. *Proc. of the 13th International Conference on VLSI Design.*

Sohrabi, K., Gao, J., Ailawadhi V., and Pottie, G. (2000) Protocols for self-organization of a wireless sensor network. *IEEE Personal Communications Magazine* **7** (5), 16–27.

Ye, W., Heidemann, J., and Estrin, D. (2004) Medium access control with coordinated adaptive sleeping for wireless sensor networks. *IEEE/ACM Transactions on Networking* **12** (3), 493–506.

第 2 章 应 用

无线传感器网络激发了很多新的应用，其中一些可能过于理想化，但大部分还是很有实用价值的。这些应用具有显著的多样性，比如：环境监测，目标跟踪，管道（水、油、气）的监测，结构安全监测，精细农业，医疗保健，供应链管理，活火山监测，智能交通，人类活动监测以及地下采矿等。在这一章中，我们将对其中的一些应用及其原型实现进行详细的讨论。

2.1 结构安全监测

2007 年 8 月 2 日，美国明尼苏达州的一座公路桥意外断裂，掉入了湍急的密西西比河中，九人在事故中丧生。美国国家运输安全委员会的调查人员无法确定事故发生的原因，但他们列出了 3 种可能，分别是桥段的常年磨损、天气原因以及当时附近一个在建工程的重量（事故发生时，由于该在建项目而关闭了桥上八个车道中的一半）。两个星期后，也就是 2007 年 8 月 14 日，在中国著名的旅游景点湖南省凤凰县，另一座桥梁发生坍塌，当场造成 86 人死亡。事实上，2007 年 8 月 14 日，英国广播公司 BBC 报道中提到，中国已经确定有 6000多座桥梁受损或者被认定为危桥。

此类事故发生后，包括美联社（2007 年 8 月 3 日）和《时代》周刊（2007年 8 月 10 日）在内的一些新闻媒体，在专题文章中都提倡用 WSN 来监测桥梁及类似结构的安全状况。

传统的桥梁监测可以在不同阶段和不同层次上进行（Koh 和 Dyke，2007）：

1. 目视检测，道路维修人员通常每天都执行例行的日常路况检查；

2. 基础检测，当地桥梁监管人员通常每年至少一次的例行检查；

3. 详细检测，地区桥梁监管人员每五年至少一次对挑选出来的桥梁进行详细检测；

4. 专项检测，通常由高水平专家和研究人员根据技术需求对例行检查或详细检查中的可疑之处给出结论。

第一阶段的检测是乏味的、主观的（可能前后矛盾），并且需要大量的人力（Koh 和 Dyke，2007），而其他几个阶段则需要价格昂贵、体积和功耗很大的精密设备。鉴于此，开发自动化的、高效和经济上可承受的结构安全监测技术是一个活跃的研究领域。

一般而言，基于工具的检测技术可以分为局部检测和整体检测（Chintalapudi 等，2006）。局部检测技术主要检测结构中局部化、不易察觉的裂缝。这些技术采用超声波、热、X 射线、磁性或光学成像技术，但这种检测需要花费大量的时间并会影响结构的正常运行。

另一方面，整体检测技术着重于检测那些大到足以影响整个结构的损伤或缺陷。这通常是由于某种强迫力或环境刺激而导致的显著性变化，如桥台、栏杆和栅门、桥梁支座、甲板、塔、伸缩缝、栅栏等的形变。整体检测技术可以认为是一种逆向问题，即结构的状态是根据其对外部刺激的反应来确定的。刺激可以是环境因素（如地震或强风）或受迫作用力（如振动器或冲击锤产生的作用力），无论哪种情况，模态参数（如固有频率、阻尼比和模态振型）都可以作为衡量损伤（如膨胀、层压、腐蚀、脱胶、开裂等）的依据。

模态参数取决于以下几个因素：刺激的强度和持续时间，结构所用的材料，结构的尺寸，施工中的技术规范，结构的寿命以及其他周边的限制条件。

最近，研究人员已经在开发和测试把 WSN 用于整体检测机制的一个组成部分。以下三个方面使其能够符合任务的要求：

1. 传感器节点可以放在那些大型的有线设备无法到达的地方。

2. 通过部署大量的传感器节点，我们可以建立不同测量值之间的关联，从而更有助于确定损坏的部位。

3. 在理想情况下，传感器网络的部署和管理（维护）不会对结构的正常运行造成损害。

2.1.1 感知地壳活动

在自然情况下，大型结构对地震的反应是短暂的，其频率通常在几十赫兹以下。这种响应可以通过使用加速度传感器、倾斜传感器和压电传感器来获得。但是，这些传感器应该通过高频率的过采样来补偿由于噪声和不理想放置而带来的影响。

与数据分析相关的挑战有：（a）对于刺激特性的限制；（b）存在无法确定自由度的元素；（c）测量噪声；（d）建模误差；（e）环境条件的约束。考虑到是在真实的结构中获取的有限的和不完整的模态数据，所以衡量一种数据分析技术的有效性在于它大量提取损伤敏感参数（刚度、阻尼等）的能力。

损伤检测技术可以根据结构的模型来检测单处损伤或者多处损伤，单损伤检测通常采用固有频率（natural frequency），而多损伤检测技术则采用模态振型（mode shape）。

2.1.2 使用固有频率的单损伤检测

这种技术通过计算测量到的频率与预测（假设）的模态频率（modal frequency）之间的相关性来确定损伤。对于结构上的单个损伤来说，用于评估相关系数的参数矢量体现了由结构损伤导致的前 n 个模态频率的变化，即 $\Delta\omega = (\omega_{\mathrm{h}} - \omega_{\mathrm{d}})$，其中，$\omega_{\mathrm{h}}$ 和 ω_{d} 分别为安全状况下的固有频率和结构损伤后的固有频率。$\delta\omega$ 表示由分析模型预测得到的假设矢量，用来推断受损位置和受损程度。

给定一对参数矢量，可以有多种方法估算其相关性水平，最简单的方法是计算 ω_{h} 和 ω_{b} 之间的角度。损伤定位技术使用两两比值来获得模态频率变化矢量的线性相关性。一种方法是用式（2.1）（Koh 和 Dyke，2007）：

$$C_j = \frac{\Delta\omega^{\mathrm{T}}\delta\omega_j}{|\Delta\omega||\delta\omega_j|} \tag{2.1}$$

其中下标 $j = （1，2，\cdots，r）$ 表示损伤的预测位置。

另一种方法是应用损伤定位置信度（damage localization assurance criterion），简称为 DLAC，表示如下：

$$\mathrm{DLAC}_j = \frac{\left|\Delta\omega^{\mathrm{T}}\delta\omega_j\right|^2}{(\Delta\omega^{\mathrm{T}}\Delta\omega_j)(\delta\omega_j^{\mathrm{T}}\delta\omega_j)} \tag{2.2}$$

与式（2.1）类似，式（2.2）通过比较两个频率变化矢量（一个是从测试结构中得到的测量结果，另一个是基于对该结构分析模型的第 j 个假设）来估算两个参数矢量的相关性水平。

2.1.3 使用固有频率的多损伤检测

当被应用于存在多个或未知数目的受损结构时，基于模态频率变化中唯一模型的损伤推断就会得出错误的结果。将结构的分析模型的灵敏度矩阵代入式（2.1）中，就可以估算出多处损伤。对于每一个结构元件的刚度比降低的可预见损伤，灵敏度矩阵包含了模态频率的一阶导数。表示如下（Koh 和 Dyke，2007）：

$$S = \begin{bmatrix} \dfrac{\partial\omega_1}{\partial z_1} & \dfrac{\partial\omega_1}{\partial z_2} & \cdots & \dfrac{\partial\omega_1}{\partial z_n} \\[2mm] \dfrac{\partial\omega_2}{\partial z_1} & \dfrac{\partial\omega_2}{\partial z_2} & \cdots & \dfrac{\partial\omega_2}{\partial z_n} \\[2mm] \vdots & \vdots & & \vdots \\[2mm] \dfrac{\partial\omega_m}{\partial z_1} & \dfrac{\partial\omega_m}{\partial z_2} & \cdots & \dfrac{\partial\omega_m}{\partial z_n} \end{bmatrix} \tag{2.3}$$

其中 z_i，$i=1, 2, ..., n$ 是损伤变量。

因此，给定 $\delta\omega = S\delta z$，多损伤定位置信度（MDLAC）可表示为：

$$\text{MDLAC}_j = \frac{\left|\Delta\omega^{\text{T}}[S\delta z_j]\right|^2}{(\Delta\omega^{\text{T}} \cdot \Delta\omega_j) \cdot ([S\delta z_j]^{\text{T}} \cdot [S\delta z_j])} \tag{2.4}$$

2.1.4　使用模态振型的多损伤检测

式（2.4）的问题在于如何估算损伤变量的可能组合以使 MDLAC 最大化。高效的搜索算法（如遗传算法）可应用于确定正确的损伤变量集合，但这是以增加计算的复杂度为代价的。

使用振型（mode shape）而不是固有频率变化的多部位损伤检测技术，可以避免使用灵敏度矩阵，从而无需使用搜索算法。有两种方法来评价振型：

1. 模态保证准则（MAC）由安全程度和损坏程度的配对模式来确定。因此，MAC 的值等于测量模式的数目。

2. 相对于单独评价每个振型的 MAC 值，不如使用堆栈式振型的单个矢量值来估算线性相关性。

与固有频率不同，在这两种情况下，振型能够保持给定自由度的空间信息，也就是说，堆栈式振型之间的相关性可以直接估算出损伤的位置。另一方面，基于结构的相关技术只能粗略地获知损伤范围。

每个振型中安全状态与损伤状态的相对变化可以用来计算相关系数。通过对损伤矩阵 $\Delta\Phi$ 的 r 列进行堆叠，由损伤而导致的振型变化 $\Delta(m \times r)$ 可以转化成单一矢量 $\text{vec}[\Delta\Phi](mr \times 1)$。因此，堆栈振型的相关性（stack mode shape correlation，SMSC）表示为：

$$\text{SMSC}_j = \frac{\text{vec}[\Delta\Phi]^{\text{T}}\text{vec}[\delta\Phi_j]}{|\text{vec}[\Delta\Phi]^{\text{T}}\text{vec}[\delta\Phi_j]|} \tag{2.5}$$

其中，$\text{vec}[\Delta\Phi]$ 和 $\text{vec}[\delta\Phi]$ 分别表示确定的和预测的振型变化的堆栈矢量。

2.1.5　相关性

另一种用于损伤检测和定位的方法是利用相关函数。两个离散时间信号 $x[n]$ 和 $y[n]$（$0 \leqslant n \leqslant \infty$）之间的相关性函数 $C_{xy}(\omega)$ 是两个信号互相关函数频率的标准化函数：

$$C_{xy}(\omega) = \frac{S_{xy}}{S_{xx}S_{yy}} \tag{2.6}$$

相关函数用来衡量信号在每个频率上彼此的线性相关程度。"1"值表示信号在给定的频率上高度相关，而"0"值则表明信号在这个频率上是互不相关的。相关性是一个复杂的量纲，但是经常可以用幅值平方相关（magnitude squared coherence）来近似表示：

$$\left|\gamma_{xy}(\omega)\right|^2 = \frac{\left|S_{xy}(\omega)\right|^2}{S_{xx}(\omega)S_{yy}(\omega)} \tag{2.7}$$

如果两个信号是完全相同的，则在所有的频率上，相关性的值是 1。如果两个信号描述的是毫不相关的随机过程，则在所有频率上，相关性的值都为零。例如，安全结构的地震响应在大多数频率上具有高度的相关性（接近 1），而受损结构和非安全结构对于地震响应的互相关性则很低（接近 0）。

如果采用一个单窗口估计谱密度，则式（2.7）在大多数的频率上将总是得到值"1"（尽管虚数部分可能不是 1）。一种普遍使用的多窗口方法称为重叠段加权平均法（weighted overlapped segment averaging），它将两个信号 X、Y 分解为等长度的窗口段，这些窗口段采用快速傅里叶变换，然后对结果求平均来估计谱密度。段重叠（50%的重叠是常用的）可降低谱估计的方差，但是重叠的计算代价很大。一般地，更多的窗口可以提供变化量小且更平滑的相关性，但会增加计算量。

测量在每个可能频率上两个信号的相关程度，需要这些信号在每个频率上具有很好的代表性，也就是说，在每个频率上的信号的功率应该足够大，而且这两个信号应当同步。这就需要精密的传感器，窄带滤波器用来从高次谐波和高速率的采样信号中分离出所需要的频率成分。因此，除了估计信号在每个频率上的相关性，还可以在给定的频率范围内对相关曲线进行积分，可以用结构响应方面的知识来确定积分上下限的范围，例如，对于大型的桥梁，范围在 10Hz 以下，在 0～10Hz 范围内对曲线积分，相关性的值介于 0～1 之间。

$$P_{xy} = \frac{1}{10}\int_0^{10} C_{xy}(\omega)\mathrm{d}\omega \tag{2.8}$$

2.1.6 压电效应

到目前为止，损伤检测技术的输入默认都是从加速度传感器或者斜率传感器中获得的，采用加速度传感器获取地震响应相对简单，也可以采用压电材料获取地震响应。当机械应力作用于压电材料时，会产生电荷；当电场作用于压电材料时，它的尺寸会随着电场的强度成比例地变化。这种属性使得压电材料适用于地震感知和响应。

作用于压电材料上的机械应力和电场的变量之间的关系可描述为：

$$S_i = S_{ij}^E T_j + d_{mi} E_m \tag{2.9}$$

$$D_m = d_{mi} T_i + \varepsilon_{mk}^{\mathrm{T}} \tag{2.10}$$

用矩阵表示为：

$$\begin{bmatrix} S \\ D \end{bmatrix} = \begin{bmatrix} s^E & d_t \\ d & \varepsilon^{\mathrm{T}} \end{bmatrix} \begin{bmatrix} T \\ E \end{bmatrix} \tag{2.11}$$

式（2.9）～式（2.11）中的各参数定义如下：

- S 是机械形变；
- T 是机械应力；
- E 是电场；
- D 是电荷密度；
- s 是力顺（mechanical compliance）；
- d 是压电形变常量；
- ε 是介电常量；
- 下标 i、j、m、k 分别表示压力、形变和电场的方向。

式（2.9）描述了电场作用于压电材料时，材料尺寸的变化；式（2.10）描述了压力作用于压电材料时，电场的变化。

式（2.10）对于结构安全监测非常重要，因为它定量地描述了由于结构体损坏而产生的机械阻抗的变化。更确切地说，采用压电材料结合机械和电阻抗，可以通过测量电场阻抗获取结构信息。数学上，机械阻抗和电场阻抗的关系表达式为：

$$Y(\omega) = \mathrm{j}\omega \frac{w_a l_a}{h_a} \left(\varepsilon_{33}^{\mathrm{T}} (1 - \mathrm{j}\delta) - \frac{Z_S(\omega)}{Z_s(\omega) Z_a(\omega)} d_{3x}^2 Y_{xx}^E \right) \tag{2.12}$$

其中，

- Y 是电导纳；
- Z_a 是压电材料的机械阻抗；
- Z_s 是结构体的机械阻抗；
- Y_{xx} 是无电场时压电材料的杨氏模量（抗性）；
- d_{3x} 是无作用力时的压力形变常量；
- $\varepsilon_{33}^{\mathrm{T}}$ 是无作用力时的介电常量；
- d 是压电材料的介电损耗因数；
- w_a 是宽度，l_a 是长度，h_a 是压电材料的厚度。

在电气工程中，电导纳是阻抗 Z 的倒数。阻抗 Z 可以是电阻元件、电感元件、电容元件或者它们的组合。如果材料只是电阻，那么它的阻抗等于电阻值 R，简写为：

$$R = \frac{v(t)}{i(t)} \tag{2.13}$$

其中，$v(t)$ 是电阻两端的瞬时电位差，$i(t)$ 是流经电阻的瞬时电流。R 为实数，意味着电流和电压的相位相同。如果材料是电阻为 0 的线圈，则阻抗 Z 可以表示为：

$$Z(\omega) = \frac{v(t)}{i(t)} = j\omega L \tag{2.14}$$

其中，L 是材料的电感，$\omega = 2\pi f$ 为角速度，表示相位差的改变速率。j 表示电压和电流的相位相差 90°（由电感效应导致），正 j 表明电流超前电压。材料的电感取决于导体的长度、线圈的圈数和导体的导电性。实际中不存在纯电感的线圈，都会含有电阻成分 R。因此，对于实际有电阻成分的线圈，阻抗的等式改写为：

$$Z(\omega) = \frac{v(t)}{i(t)} = R + j\omega L \tag{2.15}$$

如果材料是电容性的（即两导体之间被介电材料隔开，而且导体间存在电势差），那么材料的阻抗表示为：

$$Z(\omega) = \frac{v(t)}{i(t)} = \frac{1}{j\omega C} \tag{2.16}$$

式中，C 是材料的电容，j 表示电压和电流的相位相差 90°，电压超前于电流。

材料的电容 C 取决于导体相对截面积、相隔的距离以及分隔它们的介电材料。一般地，阻抗通过材料两端的电势差 v 和由此导致的电荷流动来表示：

$$Z(\omega) = \frac{v(t)}{i(t)} = \frac{R + j\omega L}{j\omega C} \tag{2.17}$$

如果压电材料的阻抗和压电材料上产生电场的大小和频率已知，则可由式（2.12）求得机械应力。图 2.1 表示了通过使用压电材料将机械导纳转换为电导纳的过程。

相应地，

$$Z_s(\omega) = Z_a(\omega)\left(\frac{\varepsilon_{33}^{\mathrm{T}}(1 - j\delta) - \dfrac{Y(w)h_a}{j\omega w_a l_a}}{(d_{3x})^2 Y_{xx}^E - \varepsilon_{33}^{\mathrm{T}}(1 - j\delta) + \dfrac{Y(\omega)h_a}{j\omega w_a l_a}} \right) \tag{2.18}$$

式（2.18）说明了结构的机械阻抗可以由结构体上的压电材料的电导纳确定，换言之，通过测量压电传感器的电阻抗可以估计结构体的完整性。

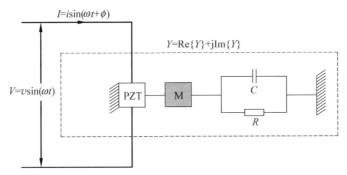

图 2.1　一种用于获取机械阻抗的压电材料

PZT 通常用高强度黏合剂直接黏合在结构体表面，以确保获得更好的机械接触，这用一个灰盒子 M 表示，虚线表示耦合机电导纳 Y（Park 等，2000）

2.1.7　原型

由南加州大学开发的 Wisden 是第一个采用 WSN 来监控结构安全性的原型：（a）部署在一个地震测试结构中，（b）部署在洛杉矶的一栋废弃的、上万平方英尺的办公大楼中（1994 年在 Northridge 地震中受损）。使用地震测试结构作为平台来模拟一个全尺寸为 28×28 平方英尺的医院天花板，进行地震实验。它可以支撑 10000 磅的重量，经受峰峰振幅在 10 英寸的单轴移动（由 ±5 英寸振幅的 55000 磅液压驱动器提供）；液压泵以每平方英寸 3000 磅的力道每分钟传送 40 加仑，测试结构的运动部分的总重量大约有 12000 磅。

Wisden 传感器网络（Xu 等，2004；Chintalapudi 等，2006）包括 25 个节点和一个 16 位的振动卡，这种卡是为高质量、低功耗的振动感应而专门设计的，振动卡上附有一个高灵敏度的三轴加速度计。

节点自组织建立起一个树状拓扑结构的无线传感器网络，网络的拓扑结构通过动态地调整来适应新加入的节点和取消现有的节点（比如由于故障或电池耗尽）。网络的任务是通过多跳路由把时间同步的振动数据可靠地发送到远端的汇聚点，为了保证传输的可靠性，Wisden 采用了否定确认机制（negative acknowledgment，NACK），一种混合的跳到跳/端到端的传输模式。跳到跳模式通过观察接收到的序列号之间的不同，使中间节点能够识别和重传丢失的信息。因此，每个节点需要在信息缓存中存储传输信息。Wisden 确保在 30% 丢包率的情况下可以可靠地传输传感数据。

另一个原型是由加州大学伯克利分校开发的，它部署在旧金山金门大桥上

（Kim 等，2007），这座桥可以承受偏离中心最大横向偏差（由于风或地震的作用）跨度为 27.7 英尺，或者分别为 5.8 英尺、10.8 英尺的最大向上、向下变形量。桥塔顶端距离路面 500 英尺，距离水面 746 英尺，塔顶的横向偏差可以达到 12.5 英寸，朝着岸的方向的纵向偏差可以达到 22 英寸。在这座桥上，部署了 64 个无线传感器节点用来构建桥梁结构安全监测网络。节点分布在主要的跨段和桥塔上，以 1kHz 的速率同步地收集环境振动量（这些震动的差别小于 10μs，精确到 30μG），这些数据通过一个 46 跳的网络进行可靠地收集。图 2.2 示意了金门大桥上的节点部署情况。

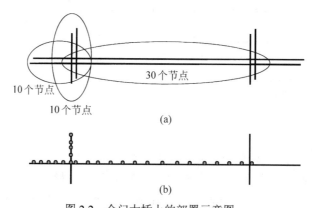

图 2.2　金门大桥上的部署示意图

(a) 节点部署在桥的两边；(b) 桥上节点布置的一个二维视图

　　部署的目标是确定周边环境与极端条件下的结构响应和比较实际工作性能与设计目标预期。网络通过紧密部署的节点测量出风力来估算周围的结构加速度（structural acceleration），它还可以测量潜在地震造成的强烈振动，安装和监测的过程都不会影响桥梁的正常使用。

2.2　交通控制

　　地面交通系统是社会经济中重要且复杂的基础设施，它与许多系统相关联并提供服务支撑，比如供应链系统、紧急响应系统和公共保健系统。在城市中，交通系统经常会存在拥堵现象。德克萨斯交通研究所发布的《2009 年市区内移动报告》中指出，2007 年由于拥堵导致美国人在路途中多耗费了 42 亿小时和多消耗了超过 28 亿加仑的燃料，总代价约为 872 亿美元。这与 10 年前相比，消耗量增长超过 50%。

　　遗憾的是，对许多城市而言，由于缺少空闲区域和高昂的建设费用，修建新的道路是不太可行的。许多人认为，制订更好的交通系统规范是唯一的可持续解决道路拥堵的方法。

解决道路拥堵的一种方案是应用分布式传感器网络，这种系统收集行驶在道路上的车辆密度、车辆大小、行驶速度等信息，推测道路拥堵情况，并建议司机选择其他道路或紧急出口来绕行拥堵路段。

2.2.1 感知任务

在交通控制系统中会用到很多设备，包括视频、声呐、雷达、感应线圈、磁力计、微环探针（microloop probe）、压电线缆、PVDF 线、充气踏板等。视频和基于声呐的传感系统需要安装在电线杆上，感应线圈、磁力计和充气踏板可以安装到交通基础设施中。基于摄像头的系统需要人工参与处理图像、识别交通事故以及划分行驶速度等级。显然，这项技术花费很大却只能应用在特定的道路上，比如那些交通繁忙的路段。

另一种方案是自动识别交通拥堵。实现方法有几种，比如，自动拍照系统利用机器视觉对机动车辆进行计算和分类。另外，它们通过通行车辆的牌照号和相关的驾驶记录来估计拥堵原因，只要摄像头获得的数据是可靠的，这些方法都是适用的。但是，当有雾、烟、尘土和雨雪的时候，路上的摄像头就不可靠了。

2.2.1.1 感应线圈

最近，道路感应设备发展成为交通控制的补充系统，这些设备不受天气影响，可以提供直接、准确的信息。其中最常见的道路传感器是感应线圈（Knaian，2000），它们是一些直径数米、埋在路面下面的线圈，线圈连接到路边的控制盒，控制盒传输电流。通过建立电流和电流引起的磁场强度与通行车辆的速度和大小的关系，就能够推测交通流量，准确的电流与车辆的关系可以通过法拉第电磁感应定理得到。

根据法拉第定律，当电流通过导体时，会在电感周围产生磁场，磁场的方向与电流的方向成法线方向，磁场强度和密度取决于导体长度、横截面积以及导体制作材料（即电导率 μ）。磁通量 Φ 与电流之比称为电感 L，定义为：

$$L = \frac{\Phi}{i} \tag{2.19}$$

如果不是直导线，电流流过长度为 l、线圈匝数为 N 的螺线管（由长、细卷线绕成，且长度远大于直径）时，所引起的磁场强度 B 可以表示为：

$$B = \mu_0 \frac{Ni}{l} \tag{2.20}$$

其中，μ_0 是自由空间磁导率，N 是线圈匝数，i 是电流，l 是卷线长度。通过卷线的磁通量可以由磁场强度 B 乘以横截面积 A 及线圈匝数 N 得到：

$$\Phi = \mu_0 N^2 i \frac{A}{l} \tag{2.21}$$

式（2.21）变形可得：

$$L = \mu_0 N^2 \frac{A}{l} \tag{2.22}$$

当车辆在路面上行驶过，螺线管的感应系数会发生变化，引起磁通量变化，磁通量变化的幅度取决于车辆的大小和行驶速度。在相隔距离为 d 的地方，放置两个已知长度的感应线圈就可以测出车辆行驶的速度。

测量电压和电流比测量电场强度或磁通量的变化要容易。在闭合的线圈里产生的感应电动势与通过线圈的磁通量变化成比例，这可以通过使用在磁场中移动导体使导体两端产生电压的方法来得出更好的解释。产生的电压与导体移动的速度、长度、横截面积以及磁场强度成正比。如果导体为螺线管形式，那么线圈匝数也会影响感应电压。

磁场强度、移动方向和感应电压相互正交，可以用 Fleming 的右手定则来确定它们之间的准确方向，也可以保持导体静止，通过变化磁场的幅度和方向来产生导体感应电压，数学上可以表示为：

$$\varepsilon = -N \frac{\mathrm{d}\Phi_B}{\mathrm{d}t} \tag{2.23}$$

其中，ε 是感应电动势，N 是线圈匝数，Φ_B 是通过环路的磁通量，以韦伯为单位，等式中的负号表明感应电动势的方向与磁通量的方向成反比。磁通量是导体横截面积、磁场强度的函数，磁通量与导体成法线方向。可以用伦兹定律来确定产生的感应电动势和电磁感应电流的方向。

$$\frac{\mathrm{d}\Phi}{\mathrm{d}t} = \frac{A\mathrm{d}B}{\mathrm{d}t} \tag{2.24}$$

一般地，通过表面积 S 的磁通量变化率、周长 C 以及围绕周长的电场强度之间的关系表达式为：

$$\oint_C E \cdot \mathrm{d}l = -\frac{\mathrm{d}}{\mathrm{d}t} \int_S B \cdot \mathrm{d}A \tag{2.25}$$

其中，E 是电场强度，$\mathrm{d}l$ 是周长 C 上的无穷小线段，B 是磁场强度。周长 C 的方向和 $\mathrm{d}A$ 符合右手定则。

同样地，法拉第电磁感应定律可以表示为：

$$\nabla \times E = -\frac{\partial B}{\partial t} \qquad (2.26)$$

感应线圈的唯一局限性是物理尺寸。首先，拆除时需要整条路彻底拆除。其次，当车流量很大时，两辆机动车可能会同时穿过感应线圈，导致在这种情况下很难区分不同车辆。

2.2.1.2 磁传感器

应用磁传感器可以测出车辆的存在、行驶方向和移动速度。这项技术需要存在已知强度和方向的磁场，移动的车辆会产生它自己的磁场或者切割磁力线扰乱已知磁场的分布。由于扰乱的幅度和方向取决于车辆的速度、大小、车流密度和磁导率，所以可以使用磁传感器去量化扰动幅度。

磁传感器根据测量范围的不同可分为低磁场传感器、中磁场传感器和高磁场传感器（Caruso 和 Withanawasam，1999）。低磁场传感器检测低于 1μG 的磁场，中磁场传感器检测从 1μG～10G 的磁场，高磁场传感器检测高于 10G 的磁场。地球磁场是一种中磁场。

磁场由电荷的运动而产生，比如，磁条的磁场是由在铁原子内的负电荷运动产生的。地球磁场产生的原因至今还不完全清楚，但认为它与地球外壳铁和镍液体绕地轴的流动以及对流耦合效果有关，地球磁场在很广阔的区域内（几公里范围）是一致的。高斯在 1835 年首先测量到地球磁场，从那以后被重复测量，在过去的 150 年中，地球磁场仅仅衰弱了 5%。

能够测量地球磁场的传感器是由镍与铁的合金组成的。典型的例子是异向性磁阻磁传感器（AMR 磁传感器），它的磁阻特性根据地球磁场强度的变化而改变，AMR 传感器可以测量地球磁场的线性位置和角度位置以及其相应的位移。

几乎所有行驶在道路上的机动车辆，包括那些有复合材料外壳的车辆，都含有大量的钢铁成分。钢铁的磁导率比周围空气高得多，它能够汇聚地球磁场的磁力线。当车辆移动时，磁力线（扰动）汇聚的特定位置也随之改变，最远能够在 15m 范围内监测到车辆的移动。图 2.3 显示了 AMR 传感器是怎样用来测量移动车辆引起的地球磁场磁扰动的。

通过把车辆建模为多个双极性磁铁组成的模型，可以区分不同类型的车辆（小轿车、公共汽车、迷你公共汽车、卡车等）（Caruso 和 Withanawasam，1999），这些双极性磁铁具有在地球磁场中引起磁扰动的南-北极化方向。双极性磁铁扰动程度取决于它的磁导率，比如，引擎和车轮处会比车辆的其他部位产生更强的磁扰动，对于特定的车辆类型，可以设计一个唯一的模型。当车辆接近某个磁传感器或者通过传感器时，传感器能探测到车辆不同部位产生的双极性磁铁效应。磁场的变化显示了更加具体的磁场特征。

图 2.3   用 AMR 磁传感器测量移动的车辆（Caruso 和 Withanawasam，1999）

2.2.2   原型

Knaian（2000）将 WSN 应用于城市交通监测中。在马萨诸塞州剑桥的瓦萨大街上应用了一个原型，无线传感器节点包括两个用来探测车辆活动的异性磁阻（AMR）磁传感器，还有一个用来监测路况（冰雪、水）的温度传感器，通过观测车辆在地球磁场中产生的磁扰动获取车辆的运动和速度。该原型采取一个先低于后高于一个预先定义的基线的偏移形式，因为车辆在接近传感器时，磁场线会远离传感器，而当车辆离开传感器时，磁场线趋向传感器。

为了测量车辆的速度，节点等待检测磁通量偏移基线，检测到偏移后节点开始以 2kHz 的频率采样，节点的前面和后面各有一个 AMR 磁传感器。传感器的输出波形是完全一样的，只是它们在时间上发生了偏移，而且有可能会被噪声影响。当来自后方传感器的信号超过了基线，节点开始对采样计数直到前面传感器的信号超过了基线，通过这样的计数就可以计算通过车辆的速度。

为了能够在车流中检测到一辆汽车，它的平均车速是 20m/s，发动机尺寸为 60cm，那么至少需要以 100Hz 的频率采三个样本，即采样频率应该是：

$$f_s = 20 \text{ m/s} \times 3 \times 100/60\text{cm} = 100\text{Hz} \tag{2.27}$$

以这个速率采样可以使节点检测到车速高达 200mph 的高速行驶车辆，最小分辨距离可达 3m。图 2.4 为 MIT 开发的传感器节点的系统结构框图。

Arora 等（2004）在佛罗里达州坦帕麦克迪尔空军基地部署了一个有 90 个 Mica2 传感器节点的网络用来监测车辆、士兵和人的移动，其中 78 个磁传感器部署在一个 60×25 平方英尺的空间中，另外 12 个雷达传感器覆盖了整个网络。

磁传感器节点有规律地放置在网络中，形成了一个自组织网络，并通过一个基站和一个长距离中继站连接到远程计算机。

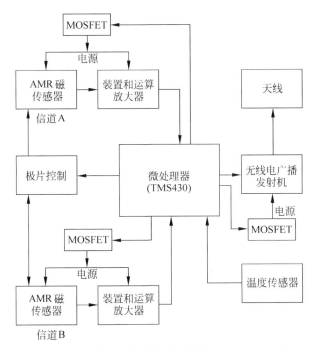

图 2.4　MIT 开发的交通监控节点框图（Knaian，2000）

Mica2 节点使用 4MHz 的 Atmel 处理器，该处理器有 4kB 的 RAM、128 kB 的 flash 和 512 kB 的 EEPROM 存储器（用来数据记录）。节点上运行 TinyOS 操作系统，使用内置磁力计来感知磁场，使用 TWR-ISM-002 雷达来监测目标移动。

2.3　医疗保健

WSN 被提议应用于多种医疗保健系统中，包括监测患有帕金森病、癫痫病、心脏病的病人，监测中风或心脏病康复者和老人等。与之前讨论过的其他应用类型不同，健康监护应用并非一个独立的体系，而是一个综合的、复杂的医疗救援系统中重要的组成部分。

根据美国医疗保险与医疗救助服务中心（CMS）的报告，2008 年国民健康医疗花费约为 2.4 万亿美元，其中治疗心脏病与中风的花费约为 3940 亿美元。报告还显示，同许多西方国家一样，美国的医疗支出也在不断增长。显然，这已成为政策制定者、医疗保健服务提供者、医院、保险公司以及病人都在关注的焦点问题。

但是，不断增长的高额开支却并不一定等同于高质量的服务和寿命的延长（Kulkarni 和 Öztürk，2007）。例如，2002 年，美国的医疗花费世界第一（人均 4500 美元），但是人均寿命却只排在世界第 27 位。许多国家以较低的支出获得了更高的预期人均寿命。

很多人主张以预防保健的方式来减少医疗支出与降低死亡率，但研究显示，一些患者认为这种方式不够便利，而且有些复杂，影响了他们的日常生活（Morris，2007）。比如，因为与已经形成的生活、工作习惯相冲突、过度恐惧或者是交通费用等原因，很多人会错过体检以及与医生的会诊。

为了解决这些问题，研究人员试图提供一种更易于接受的方法，包括以下几方面内容：

- 建立普适的医疗系统，为病人提供相关疾病与预防机制的丰富信息；
- 医疗基础设施、应急救援与交通系统的无缝集成；
- 开发可靠且不易被察觉的健康监护系统，可穿戴在病人身上，减少医护人员的工作量；
- 必要时通过向医生与护士报警来实施一定的医疗干预；
- 在健康监护系统与医疗机构之间建立可靠的联系，减少繁琐、昂贵的健康检查。

2.3.1　可用的传感器

研究团体正积极研发种类繁多的可穿戴式无线系统，用来密切监测心率、含氧量、血流量、呼吸率、肌肉活动、模式运动、身体倾斜、耗氧量（VO_2）等人体生理参数。以下是一些市场上已有的用于健康监测的无线传感节点：

- 血氧饱和度传感器：用于测量氧饱和（S_pO_2）的血红蛋白（Hb）百分比与心率（HR）；
- 血压传感器；
- 心电图（ECG）；
- 肌电图（EMG）：用于测量肌肉活动；
- 温度传感器：用于测量体内与体表温度；
- 呼吸传感器；
- 血流量传感器；
- 血氧水平传感器（血氧仪）：用于监测心血管状况（心区不适）。

2.3.2　原型

2.3.2.1　人工视网膜

Schwiebert 等人（2001）开发了一种微型传感器阵列，可作为人工视网膜植入眼睛内来帮助那些有视觉损伤的人恢复视力。该系统包括一个集成电路和一个传感器阵列，集成电路由一个带有片上开关的多路转换器和用于支持一个10×10 网格连接的衬垫组成，工作频率为 40kHz。此外，它还装有一个嵌入式接收器，用于有线与无线通信，片上的每个连接都是通过一个铝探针表面与传感器接触。在黏合前，整个集成电路除了探针区域都要涂上一种生物惰性物质。

每个传感器都是一个微焊点，就是以长方形的形状开始进行焊接，快要结束时逐渐减小到一点，在视网膜组织处轻轻地结束。这些传感器要足够小且轻，使它能以相对小的压力置于焊点上，两个相邻微焊点间的距离仅为 70μm。传感器产生的电信号与从被接收物体反射来的光成比例。神经元与其他组织将电能转化为化学能，此过程中先转换为光信号，再通过视神经传送到大脑。转换能量的幅度和波形与一个正常视网膜对光的刺激所产生的响应情况是相同的。

该系统为一个全双工系统，可以进行反向的通信。除了将电信号转换为光信号外，来自神经元的神经信号可被微型传感器所采集，并传送到传感系统之外的外部信号处理器。因此，传感阵列在一个反馈回路中同时作为接收与传输系统。

可以预知无线通信的两种方式。首先，因为信号处理是一个计算密集过程，仅通过传感系统，不能在内部识别一个输入的电信号到大脑模式的可能映射。其次，诊断与维护操作需要从传感系统提取数据。因此，将传感系统与外部系统相互连接就很有必要。除了这些要求，还需要把从电荷耦合装置（charge-coupled device）摄像头（嵌入在眼镜中）得到的数据传送到传感阵列。图 2.5 说明了人工视网膜的信号处理过程。嵌入在眼镜中的摄像头直接把输出发送到一个实时数字信号处理器，进行数据压缩与处理。摄像头与激光指针相结合，可进行自

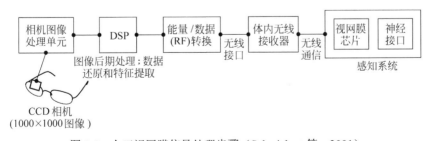

图 2.5　人工视网膜信号处理步骤（Schwiebert 等，2001）

动对焦。DSP 的输出信号被压缩后，通过无线链路传输到植入的传感器阵列，解码图像，产生相应的电信号。

2.3.2.2　帕金森病

Lorincz 等人（2009）与 Weaver（2003）提出将 WSN 用于对患有帕金森病（PD）病人的监护，旨在完全替代监护人员并协助医生调整药物剂量。

帕金森病是一种中枢神经系统退化性疾病，它是由大脑控制行动区域的神经元发生退化引起的（黑质），导致神经递质多巴胺的不足，多巴胺的缺乏会导致严重的运动技能与语言表达方面的损伤：表现在双手、四肢和下巴的不自主颤抖；走路摇摆、行动迟缓；身体难以平衡且动作不协调。

根据帕金森氏症基金会的数据，多达 100 万美国人患有帕金森病。除去成千上万未被发现的病例，每年大约有 6 万人被诊断患有这种疾病。该基金会估计全世界约有 400 万人患有帕金森病。那些由 PD 引起的直接与间接的费用，包括治疗费用、社会保障金以及因丧失工作能力而损失的收入，仅美国就已达到每年 250 亿美金。

接受治疗的病人（通常为给脑黑质中的剩余细胞外部刺激，使其产生更多巴胺）通常会处于以下三个治疗阶段中的某一个（Weaver，2003）：

1. 当刺激逐渐消失，颤抖和行动迟缓等典型症状便会出现，称为"关期"。
2. 当药物摄入稳定，一般的动作不会导致颤抖，称为"开期"。
3. 当药物浓度过高，就会出现夸张的不由自主的动作，称为"运动功能障碍"。

帕金森病的治疗需要根据个例来进行，即医生有针对性地监控病人并提供恰当的医疗措施来延长"开期"的持续时间，这就需要密切跟进并频繁调整用药周期。显然，这种跟进代价非常高。根据帕金森氏症基金会提供的数据，一个病人一年的药物花费约为 2500 美元，且每个病人实施手术治疗的成本最高可达 10 万美元（Foundation P.D.，2009）。

Weaver（2003）开发了一种可穿戴系统，在减少病人个人花费的同时，帮助医生调整药物剂量。该系统由一个轻质传感器节点（含三维加速度传感器）、一个处理器核心和一个录入数据用（供后续检索）的存储系统组成，可记录 17 小时的加速度计数据。加速度传感器以 40Hz 的速率进行采样。

该系统被有效地利用在剑桥纪念医院帕金森护理中心的 PD 患者身上。患者将传感器戴于脚踝和手腕上，节点在他们进行日常活动（走路、坐着轻声阅读、坐着进行热烈的交谈等）时采集了大量数据。报告显示，该系统对发生运动障碍的识别率达到 80%。

近年来，哈佛大学的 Lorincz 等人（2009）投入使用了一种更精密复杂的无线传感器节点——微光无线传感器平台（Sensor platform TSW 2009），用于监护 PD 和癫痫病患者。节点含有一个 TI MSP430 处理器、CC2420 射频芯片、三轴加速度计和可充电锂电池，还有一个支持闪存的存储卡槽，用于存储加速度计的数据。这样，节点便可以 50Hz 的采样频率连续存入三维加速度传感器传输的超过 80 天的数据。除了三维加速度传感器，该平台还提供了接口，可用于陀螺仪、ECG、EMG、倾斜和振动传感器、被动红外动作传感器等。

这些节点部署在 7 个病人身上，对他们进行为期一周的监测。每个病人身上放置 9 个节点，四肢各两个，背部一个。三维加速度计传感器和陀螺仪的数据以 100Hz 的频率被采样。在各种环境中都做了初步的临床评估，其中包括调整深部脑刺激参数。

2.4　管道监测

石油天然气传输管道的监测是 WSN 的另外一个应用。由于管道的长度长，造价高，危险大，而且不容易接触，使其需要长时间的持续监测。这就给管道的管理带来一个巨大的挑战。由地震、山体滑坡、外力碰撞所引起的管道变形可能会导致管道泄漏；当然，像结构的腐蚀、磨损、材料缺陷甚至故意损坏也都可能会导致管道泄漏。

要检测泄漏就要了解管道传输特性。例如液体泄漏时会在泄漏点产生一个热点，而天然气泄漏处则会产生一个寒点。类似的，液体在金属管道中以非常高的速度传输而在 PVC 管中却不会那么快。目前已有许多用于检测与定位热能异常的商用传感器（光纤、温度传感器、声音传感器等）。

2.4.1　原型

管道网络原型最初是由伦敦帝国大学、英特尔研究院和麻省理工学院共同开展的一项城市供水管道监测项目，它的主要任务是：（1）通过测量压强与 pH 值来检测液压和水质；（2）监测混合污水系统（污水收集和混合排放）中的水平面高度。污水系统把家庭污水、雨水和工业废水传送到污水处理厂。以前，这些系统在遇到类似长时间强降雨等流量远超设计负载的情况时，会选择将其排放到附近的溪水河流中，因此主干水源的水质因为这些污水的排入而变得很糟糕。在美国，大约有 770 个大城市的一些老社区，拥有混合排污系统（Stoianov 等，2007）。

管道网络被部署在三种不同的场景中。第一种场景中，压力和 pH 传感器被安置在供饮用水的 12 英寸铸铁管道中，压力数据每五分钟会收集一次，每次以 100Hz 的速率持续 5s。这些无线传感器节点可以在本地进行最大值、最小值、平均值和标准差的计算，并且可以把计算结果传输到远端网关。同样的，pH 数据会每五分钟采集一次，每次以 100Hz 的速度持续 10s。传感器节点使用蓝牙传输模块进行无线通信。

压力传感器是一个改进型的 OEM 版的压阻硅传感器，它有一个差错补偿器械用来消除非线性与磁滞效应带来的影响，它的启动时间不到 20ms，响应快速，功耗不到 10mW。pH 传感器是由一个玻璃电极与一个银/氯化银参考电池组成的。

在第二种场景中，压力传感器被放置在一个 8 英寸的铸铁管道中来监测压力。数据每 5 分钟采集一次，每次以 300Hz 的采样频率采集 5s。在这一场景中，原始数据不会在本地进行处理，而会被直接发送到远端的网关。

最后，在第三种场景中，监测混合污水排污收集容器的水平面，两个压力变送器被放置在容器的底部，顶部放置一个超声波传感器。压力传感器所需供电电源电压低，功耗不到 10mW；超声波传感器需要高电压，功耗为 550mW。为了有效地利用能量，一般压力传感器要周期地进行监测，而超声波传感器只有在压力传感器的变化值超过一定的阈值，或者水平面超过了一定高度才启动进行测量。在这一场景中，数据收集每 5 分钟执行一次，每次以 100Hz 的频率收集 10s。更重要的是，本地数据收集有利于减小网络传输量，该网络支持远程配置，可以将采样速率提高到 600Hz。

2.5　精细农业

另一个能够激起许多研究者兴趣的 WSN 应用领域是精细农业。传统观念上，大型农场在资源配置以及应对气候变化、杂草、病虫害等方面，被认为是均质土壤，农民相应地进行施肥、灭虫、除草、灌溉等工作。而现实中，一个大型农场每片区域的土壤类型、营养成分和其他重要因素都会千差万别，因此，将其看成一个划一的整体就会导致资源利用率低、生产效率低。

精细农业是一种农业管理方式，它通过节约资源使用来使农民获得更高的生产率。这包括许多不同的方面，例如监控一块土地中土壤、农作物、气候的变化，并提供一个决策支持系统（decision support system）。精细农业通过使用地理信息系统、GPS、雷达、航空拍照等，来精确检测一块土地并提供重要的农业资源。

近几年，大量技术被应用到精细农业上，以使农耕更加便利和自动化。这些技术包括：

- 产量监测器：这些设备使用了质量流量传感器、湿度传感器和一个 GPS
  接收器等，以便对产量进行远程实时监测。这些传感器能够测量谷物流
  量的体积或质量（谷物流量传感器）、种子清选机的速度、碾磨速度、谷
  粒的含水量和穗高。
- 产量分布：搭配使用 GPS 接收器和产量监测器，为产量监测数据提供
  空间坐标。
- 自动施肥器：控制液态和气态的肥料使用。
- 杂草分布：使得农民可以在混合、播种、喷洒和土地侦测的时候了解
  杂草分布。
- 变量喷药：通过杂草分布获取杂草分布位置，就可以现场控制喷洒了。
  不仅可以电动控制喷洒，而且还可以调整除草剂的用量及混合比。
- 地形和边界：能够生成非常准确的地形图，可用来诠释产量分布、杂
  草分布，也能用来规划草皮水道以及农田的划分。农业用地边界、道路、
  禽畜圈、林地植被、湿地等都可以被精确地标记出来以帮助农业规划。
- 盐分分布：有助于标定出那些受盐分影响的土地。盐分分布对诠释产
  量分布、杂草分布甚至追踪以往盐分变化都是十分有价值的。
- 导向系统：在 12 英寸的半径内能精确定位出一个移动车辆的设备，对
  于药物喷洒、播种甚至土地侦测都是很有帮助的。

精细农业技术应用中最大的挑战就是需要收集数天的大量数据，只有足够
多的数据才能反映出土地的整体特性。从这个角度讲，WSN 无疑可成为大规模
感知技术的最佳工具。

2.5.1　原型

许多原型已经被应用在西班牙（López Riquelme 等，2009）、美国（Pierce
和 Elliott，2008）、加拿大（Beckwith 等，2004）、荷兰（Baggio，2005）、印度
（Panchard 等，2007）和意大利（Matese 等，2009）等国家。本小节会给出一
些原型的简要介绍。

2.5.1.1　红酒葡萄园

在加拿大不列颠哥伦比亚省布奥克那根谷的一个葡萄园里，Beckwith 等人
（2004）在某个管理区域部署了一个 WSN，用来监控和获取温度的重大变化（热
量总和与冻结温度周期）。在葡萄园中，温度是最重要的参数，它既影响产量又
影响品质。例如，酿酒用的葡萄只有在 10℃ 以上才会真正生长，更重要的是不
同品种的酿酒用葡萄需要不同的热量，也就是不同的区域适宜不同的葡萄生长。

因此，该网络的部署主要是为了测量在生长季节里该地温度超过 10℃ 的时间。

网络包括了 65 个节点，布置成网格状，两个节点之间相距 10～20m，覆盖了 2 英亩的区域。经验表明，由于网络本身的自我配置属性和葡萄园的内在结构布局，部署的计划与执行都非常容易，研究者们只花了大约 24 个工时就完成了整个网络的部署。

网络拓扑结构取决于两大制约因素：一是葡萄种植区域内节点的放置，二是对多跳通信的支持。这片区域的网络铺设得十分成功，从葡萄的成熟期开始到第二个寒流结束的这段时间内，性能稳定，其数据被用来研究以下几个方面的问题：

- 传感网采集的温度数据和已知农业重要数据间存在的协方差；
- 生长度每天的差异性；
- 潜在的冰霜灾害。

根据数据的平均值能够观察该期间热量积累的相对差异。根据作者的报告，均值从 7.95～11.94℃ 不等，而且低温区只积累了最高温区三分之二的热量。把温度数据覆盖到拓扑图上可以观察到，温度随海拔和方向有所变化，但不能精确地预测温度值。一个有意思的结论是，葡萄园的温度变化范围相当大，仅在百米范围内就会有超过 35% 可测量的热量总和的差异。

2.5.1.2　Lofar Agro 农业项目

Baggio（2005）报告了芬兰 Lofar Agro 项目中的一个 WSN，这个网络的任务是监测一块马铃薯田地里的疫霉属（一种由真菌引起的疾病），这种疾病是由多种因素导致的，气候因素被认为是主要因素。通过观察田里空气湿度、温度条件和马铃薯叶的湿度级别，研究人员们尝试着确定该疾病爆发的潜在危险和杀菌剂发挥药效的条件。

为此，在一块马铃薯田地中部署了 WSN，这个网络包含 150 个无线传感器节点，每个节点都集成了温度和湿度传感器。由于在马铃薯开花时节，传感器节点的无线通信范围急剧减小，又额外放置了 30 个节点作为通信中继节点，以保证数据传输。中继节点放置在 75cm 高的地方以增强通信能力，感知节点放置在 20、40、60cm 高的地方。

另外，这块田地还配备了天气监测站来测量光照、气压、降雨量以及风力强度与风向。考虑到湿度是微气候中最重要的因素，还部署了大量的土壤湿度传感器。

这些节点对周围温度和湿度以每分钟一次的频率采样，并暂时存储采样数据，之后数据会每 10 分钟传送给远处基站一次。为了有效利用能量，采用增量编码方式（10 个采样数据编码成 1 个数据包）和周期睡眠（只有 7%的时间用来工作）模式。

采样数据通过网关和主干网被记录在服务器上。该服务器记录数据，滤除掉错误的读数，并将积累的数据传送给疫霉属决策支持系统（DSS）服务器。最后，DSS 结合田地数据和详细的天气预报来决定对治策略。

2.6 活火山

监测活火山是 WSN 的另一个应用领域。

当地球外壳的破裂板块（如岩石圈）漂浮在更软更热的地幔层之上时，火山就会爆发。这种现象会引起岩石圈板块间的偶然碰撞，也是大部分火山爆发的原因。

在大多数情况下，地球上的火山是看不到的，它们都沿着扩张脊隐藏在海底。科学家们试图通过使用地震和声学传感器并采集地震和次声信号来获取和研究活火山的自然特性。目前，一些典型的活火山是通过一些昂贵的设备来监测的，这些设备不便移动或者需要外部电源电压来供电，其安装和维护需要车辆或直升机协助。数据存储也是一个大家比较关注的问题。一般情况下，基站应该将数据记录到一个必须定期进行取回的闪存卡或者硬盘里。

WSN 对于火山监测是非常有用的。首先，很多体积小、价格低廉、自组织的节点可以部署在一片广阔的区域上，与目前使用的昂贵、庞大笨重的设备相比，WSN 的部署是比较迅速和经济的。其次，通过高密度和广范围的覆盖，可以实现高空间分布多样性。再次，WSN 不需要严格的日常维护就可以运行。

2.6.1 原型

哈佛大学的 Werner-Allen 等人（2006）提议并在两个地方部署了 WSN 原型，分别在厄瓜多尔中部的通古拉瓦火山地区和北部的瑞本达道尔火山地区。第一阶段（2004）在厄瓜多尔中部部署了 3 个集成了麦克风的无线传感器节点。第二阶段（2005）的部署由一个更大的网络组成，它包括 16 个集成了震声传感器的节点，该网络是线性拓扑结构并延伸到 3km 以外的范围。

在活火山监测中，一个重要的任务就是获取离散事件，比如喷发、地震或其他一些震颤活动。一般来说，这些事件都是短暂的，不超过 60s 并且一天可发生数次，因此，节点被用来采集与这些事件相关的数据并与其他的节点相互协作以支持多跳的通信链路。

研究人员使用一些原始的数据来调查火山活动，结果他们能够在三周内获取 230 个火山事件。有意思的是，原型部署也被用来研究大型传感器网络在采集高分辨率火山数据时的表现。研究人员注意到研究活火山需要很高的数据传输率和数据保真度，以及节点间高空间分离度的稀疏阵列。

据报道，一个丢失或者损坏的采样数据就可以使整个记录变的毫无价值，两个节点间采样率的微弱差异也可能导致分析的失败。这就暗示了这些采样数据必须带有准确的时间标识，才能对相关的测量做出分析比较。

部署的传感器架构由一个 8dBi、2.4GHz 的外部全向天线、一个地震仪、一个扩音器和一个定制的硬件接口组成。16 个节点中的 14 个安装了地球空间工业 GS-11 地震检波器和角频率为 4.5Hz 的单轴垂直导向测震仪。剩下的两个节点集成了三维的地球空间工业 GS-1 地震检波器，其角频率为 1Hz，每个轴产生一个单独的数据集。

节点的硬件包括 TI-MSP430 微处理器、48kB 的程序存储器、10kB 的静态 RAM、1MB 的外部闪存和一个 2.4-GHz Chipcon CC2420 IEEE 802.15.4 射频，操作系统采用 TinyOS，闪存用来缓存原始数据。震声传感器通过一个外部的电路板与节点互连，板上集成了 4 个 TI-AD7710 模数转换器（ADC）用来获得高分辨率（每信道 24 位）的数据。尽管微处理器提供了 16 位的板上 ADC，但仍被认为不够充分。因为，第一，分辨率要求至少是 20 位的，而板上 ADC 只提供 16 位的分辨率；第二，震声信号需要一个中心频率是 50Hz 的滤波器。这种类型的滤波器无法实现模拟信号的滤波，但可近似实现数字滤波，不过这一过程需要过采样。因此，AD7710 的采样率超过了 30kHz，并提供字速率为 100Hz 的可编程输出。所以数字滤波所需要的高采样率和高计算能力就需要通过一个专门的设备来实现了。

部署的网络可以使研究人员明确区分出可以由 WSN 来执行完成的任务和可以由传统技术完成的任务。例如，基于恰当的空间分布，WSN 可以使大量内部节点分离，以此来获取正在大规模传播的地震和次声信号的分离视图。而且，它们还适合用于获取突发事件。不过，WSN 不能获取持续时间较长的完整波形。

2.7   地下采矿

最后，WSN 的另一个典型应用领域是地下采矿。

地下采矿是世界上最危险的工作之一。2007 年 8 月 3 号发生在美国犹他州兰德尔峡谷矿井的矿难就是一个关于地下采矿危险性的例子。这也凸显了 WSN 在促进安全作业和救援措施等方面的贡献。

在此次重大事故中，六名矿工被困在矿井中。尽管并不确定他们所处的准确位置，专家们还是估计出他们被困在离井口 5.5km，地下 457m 深处。关于矿难的确切原因有不同看法，矿主们声称是地震造成的，犹他大学的地震学家观测到在同一天矿区有 3.9 级的震波，而这又引起一些科学家怀疑是因为矿井施工引起的震波。

事故之后，一系列费用高昂而又繁琐的营救活动开始进行。营救人员分别打通了两个直径 6.4cm 和 26cm 的钻孔，向钻孔内放入一个全向麦克风和一个摄像头，并采集了空气样本。样本显示空气中含有充足的氧气（20%）和少量的二氧化碳，没有甲烷成分。麦克风没有检测到任何声音，摄像头捕捉到一些设备，但没有发现那 6 位失踪矿工。

这些迹象引起了各种猜测。如果矿工还活着，下面充足的氧气足以维持他们再活几天。而且，甲烷的不存在也给人们带来了希望——不会因为钻孔导致立即爆炸。然而，二氧化碳的缺乏和麦克风、摄像头中获取的证据又降低了这些人依然存活的期望。救援人员用了 6 个高强度的工作日收集到上述证据。

不幸的是，尽管救援人员做出了种种努力，救援任务还是不得不因故暂停。因为山上的又一地震使矿山的另一部分发生了坍塌，导致了救援者附近的煤矿爆炸。向下传播的地震波表明在煤矿内有再次的下沉和坍塌，这个事实强化了地震学家认为是人为原因导致首次事故的论点。三名救援者丧命，另有人员受伤。

2.7.1　事故起因

地震并不是地下采矿唯一的威胁，由沼气和煤尘所引起的爆炸同样会造成重大灾害。以下是甲烷产生的一些原因：

1. 大部分的甲烷或者沼气是在煤化过程中产生的（这一过程就是植被因生物和地质作用转化为煤炭的过程，甲烷就在煤层和周围的地层中被存储起来，很可能在煤炭开采中被释放出来）。

2. 通风不畅。

3. 来自一些坠落中的煤块的甲烷。

4. 来自矿藏表面的甲烷。

5. 来自煤岩巷道墙壁和顶面的甲烷。

6. 来自煤凝块的甲烷。

地下矿藏中甲烷气的泄漏不仅是煤矿爆炸的原因，还会对生态环境造成严重威胁。例如，美国环保署预测，截至 2010 年美国煤炭业释放的甲烷将达到 28.0MMTCE（百万公吨碳当量），这还不包括因为气候变化行动计划（CCAP）而可能减少的甲烷排放量。这是因为地下煤矿的产量——随着开采越来越深——预计会超出露天煤矿的产量。目前，因地下采矿而泄出的沼气大约占了美国人为排放沼气总量的 10%。

采矿过程中的每一步都会产生煤粉，它们随着空气流动和煤的运输而聚集在矿井的地面、墙壁、天花板上，从矿井的入口处到最深处。当气体密度较大时，沼气爆炸会产生一氧化碳；当密度不太大时，它会被分散到空气中。当煤尘爆炸发生时，煤尘并不会完全燃烧，因为它毕竟是固体物质。爆炸会形成高密度的尘雾，它会导致空气流通不畅，而这又会促进一氧化碳的形成。即使煤尘爆炸不会波及整个矿井，但一氧化碳气体则会，这种情况下所有的工人都会暴露在这种有毒气体中。

2.7.2 感知任务

WSN 可以承担一些感知任务。第一，在一些正常或者不正常的情景下（比如在一个陷阱中），可以部署网络来定位个体。第二，它们可以用来定位坍塌的洞口。第三，它们可以用来测量和预测由于内部（采矿作业）或者外部（地震）的原因而引起的剧烈变化。第四，它们可以测量空气中一些气体的浓度，包括甲烷、氧气和二氧化碳。

截至 2008 年 11 月，美国矿山安全与健康管理局（MSHA）以一季度为单位，预测了通风系统排出的甲烷量。根据这些测量结果，MSHA 估算了每一个地下矿井的日平均甲烷排出量。MSHA 承认，这种方法有一个明显的测量和报告错误，因为四个季度的平均测量值并不能代表一个特定矿井真实的平均排放量，它们有可能被高估或者低估了。

话虽如此，在地下矿井中部署传感器网络还是面临艰巨挑战的，因为在那种极端恶劣的环境下进行无线通信都是很困难的。首先，由于地下隧道的迂回曲折，很难保证整个通信链路都在视野范围内，而信号到达目的地时也已经过了大量的反射、折射、分散。其次，由于地下相对湿度比较高，信号吸收和衰减也非常严重。

因此，尽管有一些有关传感器原型部署的报告（如 Li 和 Liu，2009；Chehri等，2009），然而通信方面艰巨的挑战限制了这些成果的应用。

练习

2.1 大多数无线传感器网络中的应用，通过提取时域和频域特性来检测感兴趣的事件。给出以下特性的定义：

（a）自相关函数；

（b）相关系数；

（c）互相关函数；

（d）自回归函数；

（e）相干性。

2.2 解释时域和频域特性之间的差异。

2.3 二维加速度传感器测量结构受到环境激励后的运动。1s 内收集到的 x 轴和 y 轴的归一化原始数据给出如下。每一种情况下的测量都是一维的，并且读取顺序为从左到右，由上至下。

$$x = \begin{bmatrix} 0.13 & 0.13 & 0.13 & 0.11 & 0.09 & 0.08 & 0.06 & 0.05 & 0.04 & 0.02 \\ -0.01 & -0.02 & -0.01 & -0.02 & -0.04 & -0.06 & -0.11 & -0.12 & -0.13 & -0.10 \\ 0.12 & 0.00 & -0.06 & -0.03 & 0.00 & 0.02 & 0.02 & 0.03 & 0.03 & 0.03 \\ 0.03 & 0.03 & 0.03 & 0.02 & 0.03 & 0.03 & 0.02 & 0.03 & 0.02 & 0.02 \\ 0.03 & 0.02 & 0.02 & 0.03 & 0.03 & 0.02 & 0.01 & 0.05 & 0.05 & 0.03 \\ 0.08 & -0.04 & 0.02 & -0.03 & -0.07 & 0.06 & 0.18 & 0.14 & 0.08 & 0.04 \\ 0.03 & 0.03 & 0.02 & 0.00 & -0.03 & -0.07 & -0.13 & -0.21 & -0.31 & -0.31 \\ -0.42 & -0.37 & -0.28 & 0.31 & -0.01 & -0.28 & 0.12 & -0.12 & 0.04 & -0.01 \\ 0.03 & 0.03 & 0.02 & 0.03 & 0.03 & 0.03 & 0.03 & 0.03 & 0.03 & 0.02 \\ 0.03 & 0.02 & 0.03 & 0.03 & 0.03 & 0.03 & 0.02 & 0.02 & 0.03 & 0.12 \end{bmatrix}$$

$$y = \begin{bmatrix} -0.01 & -0.02 & -0.02 & -0.02 & -0.04 & -0.04 & -0.03 & -0.02 & -0.02 & -0.02 \\ -0.03 & -0.03 & 0.01 & 0.02 & 0.02 & 0.03 & 0.02 & 0.03 & 0.05 & 0.13 \\ -0.01 & 0.04 & -0.02 & -0.06 & 0.02 & -0.01 & 0.01 & 0.00 & 0.01 & 0.01 \\ 0.01 & 0.01 & 0.01 & 0.01 & 0.01 & 0.01 & 0.01 & 0.01 & 0.01 & 0.01 \\ 0.01 & 0.02 & 0.02 & 0.01 & 0.01 & 0.01 & 0.01 & 0.01 & -0.02 & -0.07 \\ 0.03 & -0.09 & -0.05 & -0.06 & -0.14 & -0.18 & -0.03 & 0.05 & 0.01 & -0.05 \\ -0.04 & -0.02 & -0.02 & -0.03 & -0.04 & -0.05 & -0.07 & -0.04 & 0.00 & 0.01 \\ 0.02 & 0.11 & 0.00 & -0.07 & 0.40 & -0.06 & -0.09 & 0.17 & -0.03 & 0.04 \\ 0.01 & 0.01 & 0.01 & 0.01 & 0.01 & 0.00 & 0.01 & 0.02 & 0.01 & 0.01 \\ 0.01 & 0.02 & 0.02 & 0.02 & 0.01 & 0.01 & 0.01 & 0.02 & 0.00 & -0.02 \end{bmatrix}$$

（a）计算两个序列的自相关。

（b）计算两个序列的相关系数。

（c）计算两个序列的快速傅里叶变换（FFT）。

2.4 为了提高频域特性的可表达性，选择计算时间序列的短时傅里叶变换（STFT），而不是计算整个帧的 FFT。

（a）将 1s 的帧分成 10 个小的分帧，这样除了开始和结束处，每个分帧之间就有 50% 的重叠。

（b）计算每个窗口的 STFT。

（c）将重叠降低到 25%，计算 STFT 并与（a）中的计算结果比较。

2.5 如何解决传感器过采样数据的噪声问题？

2.6 过零率是时间域中的一项指标，用来识别感兴趣的事件，可以被表示为：

$$ZCR(s) = \frac{1}{T}\sum_{i=0}^{T-1}F(s(i)\cdot s(i-1) < 0)$$

其中，s 代表一个离散的时间序列；$s(i)$ 和 $s(i-1)$ 代表两个相邻的数据。$F = 1$ 表示估计为真；$F = 0$ 表示其他情况。

（a）计算以上两个时间序列的过零率。

（b）从过零率中可以得出什么样的结论？

2.7 另一项指标是频谱中心，这是一种频域的指标，表示光谱频率分布的平衡点，如下公式：

$$C_t = \frac{\sum_{n=1}^{N}M_t[n]\cdot n}{\sum_{n=1}^{N}M_t[n]}$$

其中，$M_t[n]$ 表示 n 点的光谱量级（频率上）。

计算以上两个时间序列的中心频谱。

2.8 在结构安全监测中，探测技术分为全局和局部两种。请解释这些技术之间的差异。并说明这些技术中哪些适合无线传感器网络。

2.9 当油气发生渗漏时，请解释管道渗漏处的性质会如何变化。

2.10 请说明如何利用声音传感器来监控管道里的物质。

2.11 请解释压电传感器检测物体运动的原理。

2.12 如何使用磁性传感器来测量车辆的运动？

2.13 什么是肌肉神经电探器？它可以在什么应用中使用？

2.14 请描述帕金森氏病发病的三个阶段。

2.15 什么是热单位？

参考文献

Arora, A., Dutta, P., Bapat, S., Kulathumani, V., Zhang, H., Naik, V., Mittal, V., Cao, H., Demirbas, M., Gouda, M., Choi, Y., Herman, T., Kulkarni, S., Arumugam, U., Nesterenko, M., Vora, A., and Miyashita, M. (2004) A line in the sand: A wireless sensor network for target detection, classification, and tracking. *Comput. Netw.* **46** (5), 605–634.

Baggio, A. (2005) Wireless sensor networks in precision agriculture. *ACM Workshop Real-World Wireless Sensor Networks*.

Beckwith, R., Teibel, D., and Bowen, P. (2004) Report from the field: Results from an agricultural wireless sensor network. *LCN'04: Proceedings of the 29th Annual IEEE International Conference on Local Computer Networks* (pp. 471–478). IEEE Computer Society, Washington, DC, USA.

Caruso, M., and Withanawasam, L. (1999) Vehicle detection and compass applications using AMR magnetic sensors. *Sensors Expo Proceedings* (pp. 477–489).

Chehri, A., Fortier, P., and Tardif, P.M. (2009) Uwb-based sensor networks for localization in mining environments. *Ad Hoc Netw.* **7** (5), 987–1000.

Chintalapudi, K., Fu, T., Paek, J., Kothari, N., Rangwala, S., Caffrey, J., Govindan, R., Johnson, E., and Masri, S. (2006) Monitoring civil structures with a wireless sensor network. *IEEE Internet Computing* **10** (2), 26–34.

Foundation, P.D. (2009) http://www.pdf.org/. Last updated, 15 November 2009.

Kim, S., Pakzad, S., Culler, D., Demmel, J., Fenves, G., Glaser, S., and Turon, M. (2007) Health monitoring of civil infrastructures using wireless sensor networks. *IPSN'07: Proceedings of the 6th International Conference on Information Processing in Sensor Networks* (pp. 254–263). ACM, New York, NY, USA.

Knaian, A. (2000) *A wireless sensor network for smart roadbeds and intelligent transportation systems*. Master's Thesis, Massachusetts Institute of Technology.

Koh, B.H., and Dyke, S.J. (2007) Structural health monitoring for flexible bridge structures using correlation and sensitivity of modal data. *Comput. Struct.* **85** (34), 117–130.

Kulkarni, P., and Öztürk, Y. (2007) Requirements and design spaces of mobile medical care. *SIGMOBILE Mob. Comput. Commun. Rev.* **11** (3), 12–30.

Li, M., and Liu, Y. (2009) Underground coal mine monitoring with wireless sensor networks. *ACM Trans. Sen. Netw.* **5** (2), 1–29.

López Riquelme, J.A., Soto, F., Suardíaz, J., Sánchez, P., Iborra, A., and Vera, J.A. (2009) Wireless sensor networks for precision horticulture in southern Spain. *Comput. Electron. Agric.* **68** (1), 25–35.

Lorincz, K., Chen, Br., Challen, G.W., Chowdhury, A.R., Patel, S., Bonato, P., and Welsh, M. (2009) Mercury: A wearable sensor network platform for high-fidelity motion analysis. *SenSys'09: Proceedings of the 7th ACM Conference on Embedded Networked Sensor Systems* (pp. 183–196). ACM, New York, NY, USA.

Matese, A., Di Gennaro, S.F., Zaldei, A., Genesio, L., and Vaccari, F.P. (2009) A wireless sensor network for precision viticulture: The NAV system. *Comput. Electron. Agric.* **69** (1), 51–58.

Morris, M. (2007) Technologies for heart and mind: new directions in embedded assessment. *Intel Technology Journal*. **11** (1), 67–75.

Panchard, J., Rao, S.T.V.P., Hubaux, J.P., and Jamadagni, H.S. (2007) Commonsense net: A wireless sensor network for resource-poor agriculture in the semi-arid areas of developing countries. *Inf. Technol. Int. Dev.* **4** (1), 51–67.

Park, G., Cudney, H., and Inman, D. (2000) Impedance-based health monitoring of civil structural components. *Journal of Infrastructure Systems* **6** (4), 153–160.

Pierce, F.J., and Elliott, T.V. (2008) Regional and on-farm wireless sensor networks for agricultural systems in eastern Washington. *Comput. Electron. Agric.* **61** (1), 32–43.

Schwiebert, L., Gupta, S.K., and Weinmann, J. (2001) Research challenges in wireless networks of biomedical sensors. *MobiCom'01: Proceedings of the 7th Annual International Conference on Mobile Computing and Networking* (pp. 151–165). ACM, New York, NY, USA.

Sensor platform TSW (2009) http://shimmer-research.com/wordpress/?page_id = 20. Last visited 16 November 2009.

Stoianov, I., Nachman, L., Madden, S., and Tokmouline, T. (2007) Pipenet: A wireless sensor network for pipeline monitoring. *IPSN'07: Proceedings of the 6th International Conference on Information Processing in Sensor Networks* (pp. 264–273). ACM, New York, NY, USA.

Weaver, J. (2003) *A wearable health monitor to aid Parkinson disease treatment*. Master's Thesis, MIT.

Werner-Allen, G., Lorincz, K., Welsh, M., Marcillo, O., Johnson, J., Ruiz, M., and Lees, J. (2006) Deploying a wireless sensor network on an active volcano. *IEEE Internet Computing* **10** (2), 18–25.

Xu, N., Rangwala, S., Chintalapudi, K.K., Ganesan, D., Broad, A., Govindan, R., and Estrin, D. (2004) A wireless sensor network for structural monitoring. *SenSys'04: Proceedings of the 2nd International Conference on Embedded Networked Sensor Systems* (pp. 13–24). ACM, New York, NY, USA.

第 3 章 节 点 架 构

无线传感器节点是 WSN 的关键组成部分，因为感知、处理和通信都是靠节点来完成。节点存储数据并执行通信协议和数据处理算法。从网络中获取的感知数据的质量、大小和频率受该节点可用物理资源的影响，因此，无线传感器节点的设计与实现是一个关键步骤。

节点由感知、数据处理、通信和电源子系统构成。对于如何建立，并把这些子系统集成到一个统一的、可编程的节点，设计者有很多可选的方案。处理器子系统是节点的核心单元，选择合适的处理器，需要从能耗和性能两方面考虑如何实现灵活性和效率的平衡。有多种处理器可供选择：微控制器、数字信号处理器、专用集成电路以及现场可编程门阵列。

连接感知子系统和处理器的方式有很多种。使用多通道 ADC 系统（将多个高速的 ADC 集成至一个 IC 上的系统）连接两个或多个模拟传感器是一种设计方法。然而，这些类型的 ADC 会产生串扰和增加不相关的噪声，降低了单个信道的信噪比（SNR）。此外，耦合信号能产生和谐波项相类似的杂散信号，可降低无杂散噪声动态范围（SFDR）和总谐波失真（THD）。但是，对于低频信号，其效果并不显著。一些传感器有内置的 ADC，可以通过标准的芯片到芯片协议直接与处理器连接。大多数微控制器都具有一个或多个用来连接模拟设备的内部 ADC 接口。

同样地，通信子系统可以以不同的方式与处理器子系统连接。一种方法是使用 SPI 串行总线。一些收发器具有其自己的处理器板，用来执行与物理层和数据链路层有关的低级别信号处理，从而减轻了主处理器在这方面的负担。通信子系统是能源密集型子系统，它的功耗应该加以控制。市场上几乎所有的收发器都提供用来切换各种运行状态、空闲和休眠状态的控制功能。

电源子系统向所有其他子系统的有源部件（如晶体振荡器、放大器、寄存器和计数器）提供直流电源。此外，它还提供 DC-DC 转换器，使每个子系统可以得到合适的偏置电压。

图 3.1 显示了无线传感器节点不同的子系统以及不同的集成技术。电源子系统以及它与其他子系统的关系没有包括在图中。

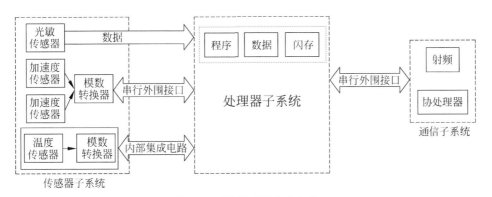

图 3.1 无线传感网节点架构

3.1 传感子系统

感知子系统集成一个或多个物理传感器,提供一个或多个数模转换器,并使用多路复用机制来共享它们。传感器将虚拟世界与物理世界连接了起来,感知物理世界并不是新鲜事物。中国天文学家张衡,早在公元 132 年就发明了候风地动仪,用来测量季风的级别和地球的运动。同样,磁力也已被应用了 2000 多年。

但是,微型机电系统(MEMS)的出现才使传感成为一种普遍存在的现象。如今,有大量的用于测量和量化物理属性的廉价传感器。物理传感器包含一个换能器,就是一种可以把能量从一种形式转换成另一种形式的装置,通常是转换成电能(电压)。该换能器的输出是一个模拟信号。因此,需要一个模数转换器来连接传感子系统与数字处理器。

表 3.1 详细总结了目前在 WSN 中使用的传感器类型,还总结了它们采集的事件和事件的一些说明。这个表虽然不详尽,但它突出了传感器用于 WSN 的应用范围和实用性,以及传感器可以带来的商用价值。

3.1.1 模数转换器

模数转换器(ADC)将传感器输出的连续模拟信号转换为数字信号。此过程包含两个步骤:

1. 量化模拟信号,即将连续信号转换成时间和幅值都离散的信号。这个阶段最重要的任务是确定离散值的数量,这一任务又受两个因素的影响:(a)该信号的频率和幅值,(b)可用的处理和存储资源。

2. 采样频率。在通信工程和数字信号处理中,采样频率由奈奎斯特定理决定。然而,在 WSN 中,奈奎斯特速率是不够的,由于噪声的存在,过采样是必要的。

表 3.1　在 WSN 中应用的典型传感器

传感器	应用领域	监测事件	备注
加速计	活火山运动（Werner-Allen 等，2006）	人或物体的二维或三维的加速运动	通过捕获初级和次级地震波来监测火山活动
	结构安全监测（Xu 等，2004）		由于结构中模型的改变引起的刚性改变
	医疗保健（Benbasat 和 Paradiso，2007）		骨骼、四肢、关节的强度；倾斜，用力
			帕金森氏病的症状波动（检测运动迟缓，运动机能亢进）
	运输（Department，2000）		铁路、桥箱或火车车轮非正常振动
	供应链关系管理（Malinowski 等，2007）		易碎物品在运输过程中的破损（在装卸货物时，不规范的驾驶）
声发射传感器	结构安全监测(Staszewski 等，2004)	裂纹扩展过程中释放的能量产生的弹性波	测量微观结构的变化或位移
声学传感器	运输（Chellappa 等，2004）管道（Sinha，2005）	声压振动	车辆检测 检测结构的异常变化；检测 ppm 级的气体泄漏
电容传感器	精细农业	溶质浓度	测量土壤中的水含量
心电图	医疗保健（Lorincz 等，2009）	心率	
脑电图		脑电波活动	
肌电图		肌肉活动	
电气/电磁感应	精细农业	受土壤成分的影响，电容的电阻率/电导率或电感	测量养分含量及分布
陀螺仪	医疗保健（Jovanov 等，2005）	角速度	检测步态（步伐检测）
湿度传感器	精细农业（Szewczyk 等，2004）HM	相对和绝对湿度	
次声传感器	活火山运动（Werner-Allen 等，2006）	地震或火山喷发产生的震荡声波	
磁传感器	运输（Haoui 等，2008）	磁场的存在、强度、方向、旋转和变异	一条街道上车辆的状况、速度和密度；拥堵情况
血氧仪	医疗保健（Morris 和 Guilak，2009）	病人的血红蛋白中的血氧含量	由行动引起的心血管疲劳（应力）和疲劳趋势
pH 值传感器	管道（water）（Stoianov 等，2007）	氢离子的浓度	指示水中酸性/碱性物含量，衡量水的清洁度
光声光谱	管道（Sinha，2005）	气敏	检测管道中气体泄漏
压电缸	管道（Sinha，2005）	气体速度	泄漏产生高频噪声，由此引发振动

续表

传感器	应用领域	监测事件	备注
土壤湿度传感器	精细农业（López Riquelme 等，2009）	土壤水分	肥水管理
温度传感器	精细农业 HM（López Riquelme 等，2009）	温度	
气压计传感器	精细农业 HM（Szewczyk 等，2004）	流体压力	
被动式红外传感器	医疗保健（Shnayder 等，2005） HM（Szewczyk 等，2004）	物体产生的红外辐射	运动检测
地震传感器	活火山运动（Werner-Allen 等，2006）	测量初级和次级地震波（体波，环境振动）	监测地震
氧传感器	医疗保健（Murphy 和 Heinzelman，2002）	血液中氧的数量及比例	
血流传感器	医疗保健（Murphy 和 Heinzelman，2002）	血液中超声波的反射波的多普勒频移	

步骤 1 的主要问题是会产生量化误差，而步骤 2 的问题主要是会产生混叠。

相对于其他参数而言，ADC 的分辨率是最重要的，它表示可用于编码数字信号输出的比特数。例如，24 位分辨率的 ADC 可以表示 16777216 个不同的离散值。由于大多数 MEMS 传感器的输出是模拟电信号，ADC 的分辨率也可用伏特为单位来表示。一个 ADC 的电压分辨率等于其整体电压测量范围除以离散时间间隔数。即

$$Q = \frac{E_{pp}}{2^M} \tag{3.1}$$

其中，Q 是分辨率，单位为伏每步（伏/输出值）；E_{pp} 是模拟电压的峰-峰值；M 是 ADC 的分辨率位数。

Q 表明离散步（值）之间的间隔是均匀的，但在现实中却并非如此。在大多数 ADC 中，最低有效位是 $0.5Q$，最高有效位为 $1.5Q$。那些处于中间位的电压分辨率为 Q。

在选择 ADC 时，被监测过程或活动的信息是很重要的。考虑一个工业化过程，其温度变化范围为–20～ +80℃。物理传感器以及 ADC 的选择取决于所关注的温度变化的类型。例如，如果需要精确到 0.5℃，使用一个具有 8 位分辨率的 ADC 就足够了；如果需要精确到 0.0625℃，那么则要选择具有 11 位分辨率的 ADC。

3.2　处理器子系统

处理器子系统汇集了所有其他子系统和一些额外的外围设备。主要目的是处理（执行）与感知、通信和自组织相关的指令。除了其他组件之外，它还包括一个处理器芯片、一个用于存储程序指令的非易失性存储器（通常是一个内部闪存）、一个临时存储感知数据的快速存储器和一个内部时钟。

构建一个无线传感器节点时，有众多现成的处理器可供选择，因此选择时需要慎重考虑，因为处理器的选择会影响节点的成本、灵活性、性能以及能耗。如果感知任务从一开始就很明确，并且不会随时间改变，那么，设计人员可选择一个现场可编程门阵列或一个数字信号处理器。这些处理器在能耗方面是非常高效的，而且对大多数简单的感知任务，这些处理器也能够完全胜任了。然而，因为这些并不是通用的处理器，因此其设计和实现过程是复杂且昂贵的。

然而，在许多实际案例中，感知的目标会改变或者可能要变化。此外，运行在无线传感器节点上的软件有时可能需要更新或远程调试，这样的任务在运行时需要大量的计算和处理空间。在这种情况下，专用、高效节能的处理器并不适合。

目前，大多数传感器节点使用微控制器。除了刚才提到的，还有其他一些原因。WSN 是新兴技术，而且学术界仍然在积极研究开发节能高效的通信协议和信号处理算法。由于这需要动态的代码安装和更新，因此微控制器是最好的选择。

3.2.1　体系结构概述

资源有限的处理器需要考虑的一个重要问题是算法的执行效率，因为这需要从内存中读写数据信息，包括程序指令和需要处理的数据。例如，在 WSN 中，数据来源于物理传感器，程序指令是与通信、自组织、数据压缩和数据汇聚算法相关的。

处理器子系统架构设计可采用三个基本的计算机体系结构：冯·诺依曼体系结构、哈佛体系结构和超哈佛体系结构（SHARC）。冯·诺依曼体系结构提供了一个供程序指令和数据使用的单一的内存空间，它提供了一条总线供处理器和存储器之间传输数据。这种体系结构的处理速度相对缓慢，因为每个数据传输过程需要一个单独的时钟。图 3.2 简单示意了冯·诺依曼体系结构。

哈佛体系结构在冯·诺依曼结构基础上做了修改，它为存储程序指令和数据提供了独立的内存空间。每个存储空间通过一个单独的数据总线与处理器连接，在这种方式中，可以同时访问程序指令和数据。另外，该架构支持特殊的

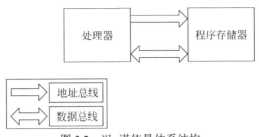

图 3.2　冯•诺依曼体系结构

单指令多数据（SIMD）运算、特殊的算术运算和位反向寻址。它可以很容易地支持多任务的操作系统，但它没有虚拟内存或内存保护。图 3.3 给出了哈佛体系结构的简化图。

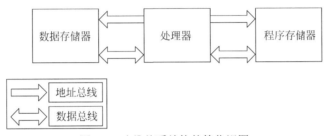

图 3.3　哈佛体系结构的简化视图

下一代处理器架构是超级哈佛体系结构，即著名的 SHARC，它是在哈佛系统的基础上增加了两个重要组成部分，并在处理器子系统的内部提供了另一种访问 I/O 设备的方式。组件之一是内部指令缓存器，它增强了处理器单元的性能。它被用来临时存储频繁使用的指令，从而减少了从程序存储器中反复取出指令的过程。此外，该架构还允许使用一个未充分利用的程序存储器作为数据的暂存地。

在 SHARC 中，外部 I/O 设备通过一个 I/O 控制器可以直接与存储单元连接。该配置能够实现数据流直接从外部硬件传到数据存储器中，而无需涉及微控制器。这就是所谓的直接存储器存取（DMA）。

DMA 可行的原因有两个：（1）CPU 周期可以用于另一个任务，（2）它提供一个额外连接至芯片外存储器和外围设备的接口，使程序存储器总线和数据存储器总线可以从芯片外部访问。图 3.4 示意了 SHARC 结构的框架。

3.2.2　微控制器

微控制器是单一集成电路上的一个计算器，包括一个比较简单的中央处理单元和附加组件，如高速总线、一个存储器单元、一个看门狗定时器和一个外

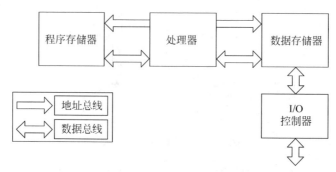

图 3.4   超级哈佛体系结构概述

部时钟。现在，微控制器集成在许多产品和嵌入式设备中，如电梯、通风设备、办公设备、家用电器、电动工具和玩具等这些简单的系统，到处都在使用微控制器。

3.2.2.1　微控制器的结构

通常情况下，一个微控制器集成了以下组件：

- 一个 CPU 内核，从小而简单的 4 位处理器到复杂的 32 位或 64 位处理器；
- 易失性存储器（RAM），用于存储数据；
- 一个用于存储相对简单的指令程序代码的 ROM、EPROM、EEPROM 或闪存；
- 并行 I/O 接口；
- 离散输入和输出位，可以控制或检测一个单独封装引脚的逻辑状态；
- 一个时钟发生器——通常是一个石英计时晶体振荡器；
- 一个或多个内部模数转换器；
- 串行通信接口，如串行外围接口和控制局域网互连系统外围设备（如事件计数器、定时器和看门狗）。

3.2.2.2　优点和缺点

相比其他类型的小规模处理器，可以选择微控制器，因为它更具编程灵活性。微控制器的结构紧凑，体积小，功耗低，成本低，适合于开发独立的、计算量小的应用程序。大多数商业的微控制器可以使用汇编语言和 C 语言编程。

使用高级编程语言提高了编程速度，简化了调试。现在已经有一些提供微控制器所有功能的抽象开发环境。这使得应用程序开发者无需了解底层的硬件知识就可以进行微控制器编程。

然而，微控制器并不像一些定制的处理器那么功能强大和高效，如 DSP 和现场可编程门阵列（FPGA）。此外，对于感知任务要求简单但需要大规模部署

（如精细农业和活火山监测）的应用，可能会更偏向于使用结构简单但耗能低、成本低的处理器体系，如专用集成电路。

3.2.3　数字信号处理器

对数字信号处理器（DSP）的全面理解需要了解数字信号处理的基础知识。从广义上讲，DSP 利用数字滤波器处理离散信号。这些滤波器将噪声对信号的影响降到最小，并选择性地增强或修改信号的频谱特性。

处理模拟信号需要复杂的硬件组件，而处理数字信号主要需要简单的加法器、乘法器和时延元件。DSP 是为高效处理复杂的数学运算而专门设计的微处理器，它可以在一秒钟内处理数以亿计的样本数据，并提供很好的实时性能。大多数市售的 DSP 都采用哈佛体系结构。

3.2.3.1　优点和缺点

功能强大且复杂的数字滤波器可使用普通的 DSP 实现。这些滤波器在需要大量的数值计算如信号检测与估计时表现非常出色，它们更适合用于无线多媒体传感网络，在这种网络中，音频和视频信号的处理可能需要压缩或汇聚大量数据。DSP 也可用于需要将节点部署在恶劣物理环境的应用中，此时信号传输可能会由于噪声和干扰而受损。

WSN 除数值计算外还需要执行其他任务（与网络管理、自组织、多跳通信、拓扑控制等相关的任务），这些任务的通信协议往往是传统数值计算工作所不必要的。此外，协议可能需要定期升级或修改，这就意味着灵活性在网络重编程中是至关重要的。

3.2.4　专用集成电路

专用集成电路（ASIC）是为某个特定的应用而定制的集成电路（IC）。设计方法主要有两类：全定制和半定制。要理解这两者之间的区别，首先需要了解 ASIC 的基本构件。

ASIC 架构是由一些小模块以及内部金属互连组成的。小模块是逻辑功能的抽象，逻辑功能往往由有源元件（晶体管）构成实现。当这些小模块通过金属互连时，它们便形成了一个专用集成电路。模块的制造工艺已达到了一个相当成熟的水平，它们已经能够提供一个包含低级逻辑功能的标准库，如实现基本门（与门、或门和反转门）、多路复用器、加法器和触发器。标准模块具有相同的大小，可以将它们布置在一行中以简化自动数字化布局的过程。利用模块库中预定义的小模块也可以使 ASIC 设计过程变得更加容易。

全定制的 IC 中，一些（可能是全部）逻辑单元、电路或布局是定制的。目的是优化模块的性能（如执行速度）并包含标准库里没有预定义的特性。全定制 ASIC 很贵，设计时间也很漫长。另一方面，半定制 ASIC 则可以使用标准库里的逻辑单元来构建。

在这两种情况下，最终的逻辑结构都是由终端用户配置的。由于不再需要估计集成电路的生产周期，减少了上市时间和经济风险。ASIC 是一种成本效益高的解决方案，因为内部器件的互连和逻辑结构都可以根据用户需求来制定，这也提供了极大的灵活性和可复用性。

3.2.4.1　ASIC 的优点和缺点

与微控制器不同，ASIC 可以很容易地被设计和优化，以满足特定客户的需求。即使使用半定制的设计，也可以在单个小模块中设计多个微处理器核和嵌入式软件。此外，即使是一个昂贵的全定制的 ASIC，采用混合的方法（全定制和标准单元设计），开发人员也可以对规模大小和执行速度进行控制。这样，可以实现性能和价格的最优化设计。ASIC 的主要缺点在于设计上的困难、缺乏可重构性和较高的开发成本。

3.2.4.2　ASIC 的应用

在 WSN 中，ASIC 最适合的角色或许不是要取代微控制器或 DSP，而是对它们的补充。本章的介绍部分中提到，一些子系统集成了客户定制的处理器来处理基本的和低层次的任务，并且将这些任务从主处理子系统中分离出来。例如，一些通信子系统附带嵌入式处理器内核以提高接收信号的质量、消除噪声并进行循环冗余校验，这些专用处理器都可以利用 ASIC 来有效地实现。

3.2.5　现场可编程门阵列

ASIC 与现场可编程门阵列（FPGA）之间的区别并不明显。事实上，生产可编程 ASIC 的公司调用其 FPGA 产品也是常事。虽然这两种体系结构内部基本上是相同的，但 FPGA 在设计时更复杂，在开发中更灵活。FPGA 重点在于（重复）编程和可重构方面，其典型特征总结如下：

- 在 FPGA 中，任何屏蔽层都不能定制；
- 一个 FPGA 包括一些可编程逻辑元件或逻辑块，它们是：一个 4 输入的查找表（LUT）、一个触发器和一个输出模块；
- 有明确定义的、标准的方法，用于基本逻辑单元和内部互连的编程；
- 基本逻辑单元周围有可编程互连矩阵，用于进行实际配置；
- 有环绕内核的可编程 I/O 单元。

可以通过修改封装好的模块来实现 FPGA 的电化编程，此过程可能需要几毫秒到几分钟不等，这取决于编程技术和模块尺寸。编程的实现需要电路图和硬件描述语言的支持，如 VHDL 和 Verilog。

3.2.5.1 优点和缺点

与 DSP 相比，FPGA 具有更大的带宽，在应用中更灵活，并且支持并行处理。然而，DSP 和微控制器可以包含一个内部 ADC，但 FPGA 却不可以。与 DSP 相类似，FPGA 可以处理浮点表示。此外，FPGA 对应用程序开发人员公开处理速度，从而让他们可以更灵活地加以控制。另一方面，FPGA 比较复杂，其设计和实现过程是昂贵的。

3.2.6 比较

如果设计目标是保证灵活性，那么选择微控制器更合适。如果考虑功耗和运算效率，则可以选择其他。然而微控制器的内存有限，研究人员正研究如何提高内存大小。最近，市场上出现了越来越多的颇具吸引力的微控制器，例如，TI MSP430F2618 与 MSP430F5437，RAM 分别为 8KB 和 16KB，闪存分别为 116KB 和 256KB。它们比早期型号功耗更低，性能更好。Atmel ATMega1281 及其后续版本 ATMega2561 也具有良好的体系结构、更大的内存和更好的性能，它们都有 8KB 的快存，其闪存分别为 128KB 和 256KB。Jennic 架构的 JN5121 和 JN5139 在一个独立模块中集成了一个微处理器和一个射频子系统，以提高处理速度，它们都有 128KB 的闪存，以及 96KB 和 192KB 的 RAM。

相比较而言，DSP 价格高、体积大、灵活性差。例如，微控制器 PIC 16F873 和 Sx28AC 的处理能力分别为每秒 5 百万条指令（MIPS）和 75MIPS，分别拥有 24 和 20 个通用 I/O、4KB 和 2KB 的 RAM，都拥有 28 个引脚，两个设备的售价大约在 5.81 美元和 4.05 美元。与此相比，DSP56364 处理能力为 100MIPS，16 个通用 I/O，1KB 的 RAM，100 或 112 个引脚，成本为 11.00 美元。此外，借助特定的算法，DSP 是信号处理的最佳选择。

FPGA 的运行速度比微控制器和数字信号处理器更快，并且可以支持并行计算。在 WSN 中，如果感知、处理和通信发生在同一时间，FPGA 可能更有用武之地。但是，生产成本高和编程难度高降低了它们的适用性。

ASIC 具有更大的带宽。与其他类型的处理器相比，它们的尺寸最小、性能更好、功耗更低。它们的主要缺点是，由于设计过程复杂、生产量低、可重用性低而导致生产成本高。性能方面可以采用能并行运行多个应用程序的多核系统来提高，在这种系统中，可以将 ASIC 集成到其他子系统中，当主处理器子系统处于空闲状态时应关闭，初级和基本的任务可以由更高效的 ASIC 来处理。

3.3 通信接口

选择正确类型的处理器对于传感器节点的性能和能耗至关重要，子器件与处理器子系统的内部互连方式也是非常重要的。

子系统与无线传感器节点之间快速且高能效的数据传输对于它所处网络的整体效率是至关重要的，但是系统总线受到了节点大小的限制。虽然使用并行总线进行的通信比使用串行总线通信速度更快，但是并行总线需要更多的空间。此外，并行传输对于每个比特都需要专门的链路同时进行传输，而串行总线则仅仅需要一条数据链路。考虑到节点的大小，设计节点时从来不采用并行总线。

因此，通信接口一般是在串行接口和 USB（Universal Serial Bus）接口中选择，串行接口有：SPI（串行外围接口）、GPIO（通用输入输出）、SDIO（安全数字输入输出）、I²C（内部集成电路）。在这些总线接口中，最常用的是 SPI 和 I²C。

3.3.1 串行外围接口

串行外围接口（SPI）是一种高速、全双工的同步串行总线，是 20 世纪 80 年代中期由 Motorola 公司开发的。它没有官方标准，但是为了能够支持正确的通信，厂商在生产使用 SPI 的设备时应该符合其他生产商所执行的规范，例如，各设备应该就首先传输最重要的位（MSB）还是先传输最不重要的位（LSB）达成一致。

SPI 总线定义了 4 个针脚：MOSI（主动设备输出/从动设备输入）、MISO（主动设备输入/从动设备输出）、SCLK（连续时钟）和 CS（片选）。一些生产商把 MOSI 叫做 SIMO，把 MISO 叫做 SOMI，但是他们的语义是相同的。CS 有时也被称为 SS（从动设备选取）。正如名称所指的那样，当一台设备被配置成主动设备时，MOSI 用于从主动设备向从动设备传输数据。当这个设备被配置成从动设备时，其端口用于接收相应的主动设备传来的数据。MISO 端口的语义则正好相反。SCLK 在主动设备端用于发送同步传输的时钟信号；在从动设备端用于读取这一同步传输的时钟信号。每次通信都是由主动设备发起的，主动设备通过 CS 端口向它想要通信的从动设备发送信号。由于 SPI 是一种单主动设备总线，微控制器通常被设置为无线传感器节点中默认的主动设备。因此，各组件之间无法直接通信，只能通过微控制器进行通信。例如，基于这种配置，一个 ADC（模数转换器）无法直接向一个 RAM 发送样本数据。图 3.5 给出了两种类型的配置，在(a)中单独的主动设备与单独的从动设备进行通信，在(b)中，一个主动设备和多个从动设备互连。

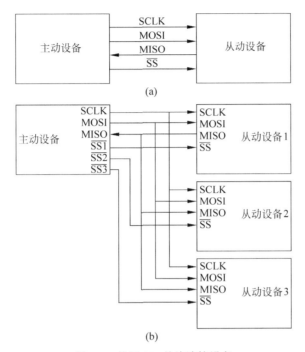

图 3.5　使用 SPI 总线连接设备

(a) 一个主动设备与一个从动设备连接；(b) 一个主动设备与多个从动设备连接

主动设备和从设备都有移位寄存器，大多数情况下，这些寄存器都是 8 位寄存器。当然，也允许是其他大小的寄存器。每两个寄存器连接成为环形的 16 位转移寄存器。这是连接的通用模式。假设 MSB（最重要的位）首先被传输，在一个传输周期中，主动设备发送的 MSB 被插入到从动设备的 LSB 寄存器中，而在同一个周期中，从动设备的 MSB 被转移到主动设备的 LSB 寄存器中。等到所有的字节都被发送完成的时候，从动设备寄存器中包含主动设备发送的字，主动设备的寄存器也拥有了从动设备的字。

由于主动设备与从动设备形成了通常使用的移位寄存器，每个设备在每次传输中都要发送和接收数据。如果设备不提供反馈信息（例如，LC 显示器不提供状态或错误信息）或者不请求输入数据（一些设备可能根本不接受任何指令），这就意味着向移位寄存器中添加伪字节。

SPI 支持同步通信协议，因此，主动设备和从动设备必须时钟同步。为达到这个目的，主动设备根据从动设备的最大时钟频率设置时钟——主动设备的波特发生器读取从动设备的时钟，并把读取速率除以一个内部定义的值来计算主动设备的时钟。此外，主动设备和从动设备的另外两个参数，时钟极性（CPOL）和时钟相位（CPHA）也要一致。CPOL 定义了时钟使用的是高电位还是低电位模式，CPHA 决定寄存器中的数据何时可以被改变以及写入的数据何时可以被读取出来，有 4 种不同的组合方式，如表 3.2 中所示，它们之间两两互不兼容。

表 3.2　通用 SPI 模式

SPI 模式	CPOL	CPHA	描　　述
0	0	0	SCLK 低电位有效，在奇数时钟脉冲边沿采样，在偶数时钟脉冲边沿跳变
1	0	1	SCLK 低电位有效，在偶数时钟脉冲边沿采样，在奇数时钟脉冲边沿跳变
2	1	0	SCLK 高电位有效，在奇数时钟脉冲边沿采样，在偶数时钟脉冲边沿跳变
3	1	1	SCLK 高电位有效，在偶数时钟脉冲边沿采样，在奇数时钟脉冲边沿跳变

3.3.2　内部集成电路

内部集成电路（I^2C）是一种多主、半双工的同步串行总线（如图 3.6 所示），它是由飞利浦半导体公司开发的，飞利浦半导体公司也是这一官方标准的拥有者。I^2C 总线仅仅使用两条双向线（不像 SPI 使用四条）。使用 I^2C 的目的是通过降低传输速率来使连接系统内部设备所需的代价最小。I^2C 定义了两种速率模式：快速模式（Fast-mode），使用最高达 400kbps 的比特率；高速模式（即Hs-mode），支持最高达 3.4Mbps 的传输速率。在早期版本中定义过 100kbps 的标准模式，为确保能够与旧版本的组件正常通信，快速模式和高速模式的组件是向下兼容的。

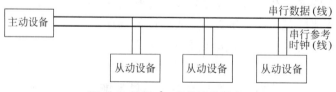

图 3.6　使用 I^2C 总线连接设备

由于这一标准没有指定 CS 或 SS 端口，使用 I^2C 的设备都需要有一个单独的地址用来和其他设备通信。在早期的版本中，使用的是一个 7 比特的地址，允许 112 个设备独立编址（有 4 比特被保留）。由于设备数量的不断增加，这一地址空间最终是不够用的。现在 I²C 使用的是 10 比特的编址。

在旧的协议中，主动设备标记起始条件并且传输从动设备的 7 比特地址。然后，主动设备判断读取还是写入。这时，从动设备发送 ACK 确认。然后，数据发送者发送 1 字节的数据，之后被接收者确认。如果仍然有数据需要传输，发送方继续发送并且接收方继续发回确认。最后，主动设备发出停止标记（停止条件），用以表示通信的结束。

新协议中，在起始条件之后，一串 11110 引导 10 比特的地址结构。第一个字节的最后两个比特连接到第二个字节的 8 个比特，形成完整的 10 比特地址。使用 7 比特地址的设备只需要忽略 11110 引导信息。

图 3.7 展示了旧的和新的 I²C 协议。图 3.7(a)中给出了旧的协议。图 3.7(b)中展示新的协议中传输的前两个字节和 10 比特的地址。

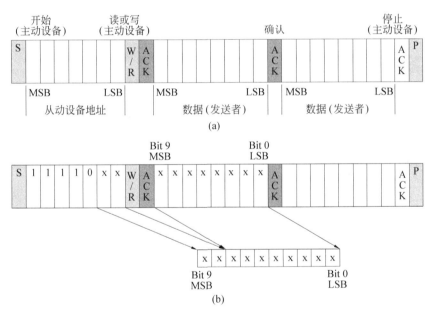

图 3.7 I²C 串行总线中使用的通信协议

正如前文提到的，I²C 提供两条链路：连续时钟（SCL）和连续数据分析器（SDA），高速模式（Hs-mode）的设备还有额外的 SDAH 端口和 SCLH 端口。由于每个主动设备都产生它们自己的时钟信号，通信设备之间必须对它们的时钟速率进行同步。假如它们不同步，当一个较快的主动设备给某个从动设备发送数据时，另一个较慢的从动设备可能会错误地通过 SDA 链路检测自己的地址。除了时钟同步，I²C 还要求能够对同时等待发送和等待接收的多个主动设备进行仲裁（判断谁先接入媒介）。I²C 没有明确定义公平的仲裁算法，而是占有 SDA

链路时间最长的主动设备最终获得媒介。另外，为实现快速传输 I^2C 允许一个设备逐字节读取数据。然而，这可能会需要更多的时间来存储接收到的字节，这种情况下，设备能够一直持续占用 SCL 直到它完成下个字节的读取或发送，这种类型的时钟同步叫做握手。

表 3.3 给出了 SPI 和 I^2C 的对比。

表 3.3　SPI 和 I^2C 的对比

SPI	I^2C
四条链路，允许全双工传输	两条链路，减少空间并且简化电路设计；费用更低
由于 CS 端口的存在无需地址；减少了头部长度，增加了有效数据的传输，但是需要额外的硬件配置来连接更多的从动设备	使用地址允许多个主动设备的模式，这可以使多个设备建立通信
只允许一个主动设备，避免发生冲突	多主动设备模式，当有两个或更多主动设备同时通信时更容易发生冲突，需要仲裁机制
硬件支持要求随着连接的设备数量的增加而增加，因此提高了费用	硬件要求与连接到总线上的设备数量无关
主动设备的时钟根据从动设备的时钟频率而定，这样从动设备无需计时；然而，速率适应降低了主动设备的速度	慢速设备可以通过增加潜伏因素以及使其他设备等待访问总线来延长时钟
速率取决于速率最低的设备的最大速率	速率被限定在 3.4MHz，所有设备都要能够支持系统的最高速率，否则低速设备可能会错误地探测到自己的设备地址
多种多样的寄存器大小为所支持的设备提供了灵活性	同种类型的寄存器减少了头部开销，因为无需传输额外的控制位信息
组合的寄存器方式意味着每个传输都要被读取	不进行读取或提供数据的设备，无需提供额外的字节
缺乏官方标准导致各种独特的应用实现	官方标准简化了设备的集成，因为开发者可以依靠某个具体执行标准

3.3.3　总结

总线是处理器子系统和其他子系统之间传输数据必不可少的高速公路。考虑到尺寸大小，只有串行传输总线才能被应用到无线传感器节点中。这些总线需要高时钟速率来获得与并行传输总线相当的吞吐量。然而，它们也可能成为瓶颈，在冯·诺依曼体系结构中尤其如此，因为同一条总线既用来传输数据也用来传输指令。它们与处理器速率的匹配情况也不理想，例如：I^2C 最新版本的最高时钟频率为 3.4MHz，但最常用的微控制器 TI MSP430x1xx 系列使用的时钟频率为 8MHz。

当有些设备运行不正常并且长期占用总线时，就会造成总线接入竞争，从而导致严重的时延。例如，当 I^2C 认为适合将通信挂起，并且需要为传输紧急数据的组件分配较高优先级时，它会允许相应的从动设备延长时钟信号。

3.4 原型机

在本节中，我们将介绍一些原型节点体系架构的示例。选择这些架构，不是因为它们的商业价值或有高的能效，而是因为它们证明了上一节中讨论的不同类型节点实现的可行性。

3.4.1 IMote 节点的架构

IMote 传感器节点的架构（图 3.8）是一个多用途的架构，该架构由一个电源管理子系统、一个处理器子系统、一个传感子系统、一个通信子系统和一个接口子系统组成。

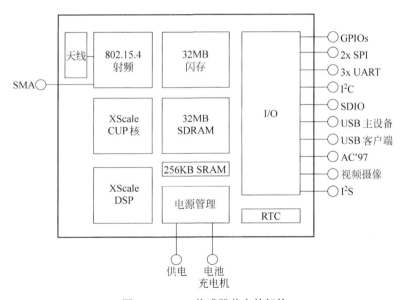

图 3.8　IMote 传感器节点的架构

传感子系统提供了一个可扩展的平台用来连接多个传感器基板。图 3.9 所示的传感器基板包含一个 12 位 4 通道的 ADC、一个高分辨率的温度/湿度传感器、一个低分辨率的数字温度传感器和一个光传感器。这些设备通过 SPI 和 I^2C

总线连接到处理子系统。如图所示，I²C 总线用来连接低数据速率的设备，而 SPI 总线用来连接高数据速率的设备。

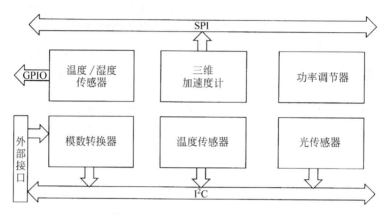

图 3.9   IMote 架构的传感子系统

处理子系统包含一个主处理器（微处理器）和一个数字信号处理器（DSP）。主处理器能在低电压（0.85V）和低频率（13MHz）的模式下运作，从而可以低功率运行。同样地，频率在最低电压水平下可扩展到 104MHz，使用动态电压调节（DVS）可以提高到 416MHz。此外，它还有多种低功耗模式，包括睡眠和深度睡眠模式。协处理器是为了加快计算密集型的多媒体业务。

与传感器子系统类似，通信子系统提供一个可扩展的接口，以适应不同类型的无线射频模块。比如，基于 Chipcon（ CC2420 ）的收发器实现了 IEEE 802.15.4 射频规范，该收发器在 2.4GHz 频段的 16 个信道上提供了 250 kbps 的传输速率。

3.4.2   XYZ 节点的架构

XYZ 架构由 4 个子系统组成，图 3.10 为节点架构的原理图。处理器子系统是基于 ARM7TDMI 内核的微控制器，该微控制器能够运行的最大频率为 58 MHz。ARM7TDMI 可以在 32 位和 16 位两种不同的模式运行，这取决于应用程序的要求。处理子系统提供了一个片上存储器，该存储器有 4KB 的引导 ROM 和 32KB 的 RAM，可以扩展到 512KB 的闪存。

处理子系统和其他子系统接口的外围组件包括嵌入式 DMA 控制器、4 个 10 位 ADC 输入、串行端口（RS232 ，SPI，I²C，SIO）和 42 个多路通用 I/O 引脚。大多数可多路复用的 GPIO 引脚在两个 30 引脚的接头和直流电压下可用，该直流电压由电源子系统提供或是直接由板上电压调节器提供。

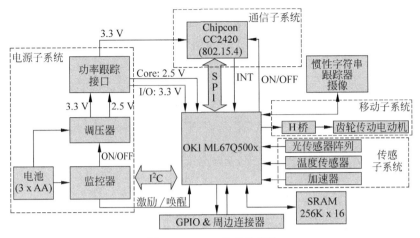

图 3.10　XYZ 节点的架构

通信子系统是基于 Chipcon CC2420 的射频模块，该模块通过一个 SPI 接口与处理子系统连接。CC2420 是一个与 IEEE 802.15.4 兼容的 2.4 GHz 单芯片射频收发器。处理器子系统通过关闭它或将它设置为睡眠模式来控制通信子系统。当射频消息已被成功接收时，通过 SPI 接口通信唤醒处于睡眠状态的处理器。

虽然在整个体系结构中，移动子系统是独立的，但它应被视作传感器子系统的一部分。

3.4.3　Hogthrob 节点的架构

Hogthrob 节点架构（Bonnet 等，2006）是为特定的应用设计的，用来在规模化养猪中监视母猪的活动。感知任务背后的基本假设是，母猪的运动和发情之间有直接关系。因此，把母猪身上携带的节点组成网络，来监视母猪运动以获取这一重要的状态信息，可以给予怀孕的母猪适当的照顾。例如，在丹麦正在研究制定相关法规：怀孕的母猪需要在一个大的围栏中自由活动。除此之外，其他重要情况也被传感器网络所监测，比如通过检测咳嗽或跛行判断母猪是否得病。

这个节点架构由通常的子系统组成。与许多现有架构不同，Hogthrob 节点的处理子系统有两个处理器、一个微控制器和一个现场可编程门阵列（FPGA）。微控制器执行不太复杂的、耗能低的任务，如控制通信子系统和其他外围设备。它也用于初始化 FPGA，以及作为一个外部时钟和 ADC 转换器。FPGA 执行母猪监测应用程序和协调传感器节点的功能。

图 3.11 给出了节点体系结构和各种接口总线的局部视图。处理子系统支持

多种接口，包括传感子系统的 I²C 接口、通信子系统的 SPI 接口、系统内编程和调试用的 JTAG 接口和与 PC 机互连的串行接口（RS-232）。

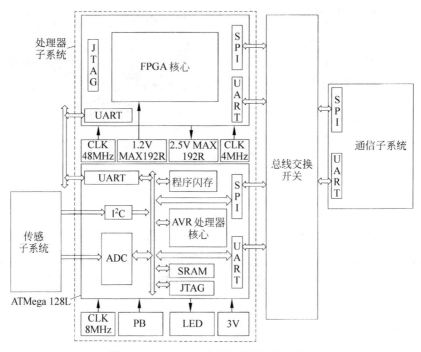

图 3.11　Hogthrob 节点架构的局部视图

习题

3.1　一个振动传感器输出的模拟信号峰-峰电压为 5V，频率为 100Hz。

（a）为了在数字化处理过程中信息不丢失，最小采样频率是多少？

（b）假设监测一个事件所需的分辨率为 0.025V，为了把模拟信号转换为数字信号，应选用多少位分辨率的 ADC？

3.2　多通道 ADC 的缺点是什么？

3.3　什么是混叠？

3.4　给出下列用于离散时间信号处理系统的术语的定义：

（a）线性；

（b）时不变性；

（c）因果性；

（d）稳定性。

3.5　虽然微控制器不是最高能效的解决方案，但它们是无线传感器网络中主要的处理器。请说明原因。

3.6　解释采用冯·诺依曼体系结构对无线传感器节点并不高效的原因。

3.7　为什么对于无线传感器节点，并行总线是不可取的？

3.8　使用支持全双工通信的串行总线的缺点是什么？

3.9　解释的下列术语在串行总线 SPI 环境下的意思：

（a）串行数据输出；

（b）串行数据输入；

（c）串行时钟。

3.10　陈述主动设备通过下列接口如何与多个从动设备通信：

（a）I^2C；

（b）SPI。

3.11　通过图示，解释 I^2C 总线的数据传输协议的功能。

3.12　说明 FPGA 和 ASIC 之间基本的异同。

3.13　说明超级哈佛体系结构的典型特征。

3.14　大量的商业无线传感器节点集成了三种类型的存储器结构：EEPROM（闪存）、RAM 和 ROM，说明它们各自的功用。

3.15　无线传感器节点的通信子系统，通常是通过 SPI 总线与处理器子系统连接，而不是通过 I^2C 总线，为什么？

3.16　内存管理是非常有用的，但无线传感器网络不支持，为什么？

3.17　什么是虚拟内存？

3.18　在大多数通信系统中，在接收过程中的最后阶段需要数模转换器（DAC）。但在本书中，没有讨论 DAC。你认为原因是什么？

3.19　说明模拟温度传感器与处理器子系统连接的两种不同方式。

3.20　如何利用一个串行总线使不同速率的两个硬件组件彼此通信？

参考文献

Benbasat, A.Y., and Paradiso, J.A. (2007) A framework for the automated generation of power-efficient classifiers for embedded sensor nodes. *SenSys '07: Proceedings of the 5th International Conference on Embedded Networked Sensor Systems* (pp. 219–232). ACM, New York, NY, USA.

Bonnet, P., Leopold, M., and Madsen, K. (2006) Hogthrob: Towards a sensor network infrastructure for sow monitoring (wireless sensor network special day). *DATE '06: Proceedings of the Conference on Design, Automation and Test in Europe* (p. 1109). European Design and Automation Association, 3001 Leuven, Belgium.

Chellappa, R., Qian, G., and Zheng, Q. (2004) Vehicle detection and tracking using acoustic and video sensors. *Proc. of IEEE Conf. on Acoustics, Speech, and Signal Processing.*

Department UT (2000) *Developed wheel and axle assembly monitoring system to improve passenger train safety.*

Haoui, A., Kavaler, R., and Varaiya, P. (2008) Wireless magnetic sensors for traffic surveillance. *Transportation Research Part C: Emerging Technologies*. **16** (3), 294–306.

Jovanov, E., Milenkovic, A., Otto, C., and de Groen, P.C. (2005) A wireless body area network of intelligent motion sensors for computer assisted physical rehabilitation. *Journal of Neuro-Engineering and Rehabilitation*. **2**: 6.

López Riquelme, J.A., Soto, F., Suardíaz, J., Sánchez, P., Iborra, A., and Vera, J.A. (2009) Wireless sensor networks for precision horticulture in southern Spain. *Comput. Electron. Agric.* **68** (1), 25–35.

Lorincz, K., Chen, Br., Challen, G.W., Chowdhury, A.R., Patel, S., Bonato, P., and Welsh, M. (2009) Mercury: A wearable sensor network platform for high-fidelity motion analysis. *SenSys '09: Proceedings of the 7th ACM Conference on Embedded Networked Sensor Systems* (pp. 183–196). ACM, New York, NY, USA.

Lymberopoulos, D., and Savvides, A. (2005) XYZ: A motion-enabled, power aware sensor node platform for distributed sensor network applications. *IPSN '05: Proceedings of the 4th International Symposium on Information Processing in Sensor Networks* (p. 63). IEEE Press, Piscataway, NJ, USA.

Malinowski, M., Moskwa, M., Feldmeier, M., Laibowitz, M., and Paradiso, J.A. (2007) Cargonet: A low-cost micropower sensor node exploiting quasi-passive wakeup for adaptive asynchronous monitoring of exceptional events. *SenSys '07: Proceedings of the 5th International Conference on Embedded Networked Sensor Systems* (pp. 145–159). ACM, New York, NY, USA.

Morris, M., and Guilak, F. (2009) Mobile heart health: Project highlight. *IEEE Pervasive Computing* **8** (2), 57–61.

Murphy, A.L., and Heinzelman, W.B. (2002) *MiLAN: Middleware linking applications and networks*. Technical Report, Rochester, NY, USA.

Shnayder, V., Chen, Br., Lorincz, K., Jones, T.R.F.F., and Welsh, M. (2005) Sensor networks for medical care. *SenSys '05: Proceedings of the 3rd International Conference on Embedded Networked Sensor Systems* (p. 314). ACM, New York, NY, USA.

Sinha, D.N. (2005) *Acoustic sensor for pipeline monitoring*. Technical Report, Los Alamos National Laboratory.

Stoianov, I., Nachman, L., Madden, S., and Tokmouline, T. (2007) Pipenet: A wireless sensor network for pipeline monitoring. *IPSN '07: Proceedings of the 6th International Conference on Information Processing in Sensor Networks* (pp. 264–273). ACM, New York, NY, USA.

Szewczyk, R., Mainwaring, A., Polastre, J., Anderson, J., and Culler, D. (2004) An analysis of a large scale habitat monitoring application. *SenSys '04: Proceedings of the 2nd International Conference on Embedded Networked Sensor Systems* (pp. 214–226). ACM, New York, NY, USA.

Werner-Allen, G., Lorincz, K., Welsh, M., Marcillo, O., Johnson, J., Ruiz, M., and Lees, J. (2006) Deploying a wireless sensor network on an active volcano. *IEEE Internet Computing* **10** (2), 18–25.

Staszewski, W.J., Boller, G., and Tomlinson, G. (eds) (2004) *Health Monitoring of Aerospace Structures: Smart Sensor Technologies and Signal Processing*. John Wiley & Sons Ltd.

Xu, N., Rangwala, S., Chintalapudi, K.K., Ganesan, D., Broad, A., Govindan, R., and Estrin, D. (2004) A wireless sensor network for structural monitoring. *SenSys '04: Proceedings of the 2nd International Conference on Embedded Networked Sensor Systems* (pp. 13–24). ACM, New York, NY, USA.

第 4 章 操 作 系 统

WSN 中的操作系统是一个轻量级的软件层，逻辑上位于传感器节点的硬件和应用程序之间，为应用程序开发人员提供了基本的编程环境。它的主要任务是使应用程序与硬件资源实现交互，为任务分配时序表和优先级，在那些竞争系统资源的应用程序和服务之间进行仲裁。操作系统还包括以下特征：

- 存储管理；
- 电源管理；
- 文件管理；
- 网络连接；
- 一系列编程环境和工具让用户来开发、调试和执行它们自己的程序，包括命令、命令解释器、命令编辑器、编译器、调试器等；
- 为用户提供进入操作系统敏感资源的合法入口，例如写入到输入组件。

传统上，操作系统分为单任务或多任务以及单用户或多用户操作系统。单任务操作系统一次处理一个任务，而多任务操作系统可以同时执行多个任务。多任务操作系统需要大量的内存来管理多个任务的状态，但能够并行执行不同复杂度的任务。例如，在一个无线传感器节点，处理器子系统可以在与通信子系统交互的同时，汇总来自传感子系统的数据。在这样的环境下，多任务的操作系统是最佳选择。但是由于资源有限，并行处理的开销可能是难以负担的。一个单任务操作系统在一段时间内只执行一个任务，因此一般情况下每个任务都应该有一段持续时间。在一个单用户操作系统中，某个时间只允许一个用户（资源的拥有者）活动，但是，一个多用户的操作系统允许多个用户同时共享一个单系统的资源。

选择一个特定的操作系统需要考虑多方面的因素。在下面的章节中，将对其中典型的功能和非功能方面的内容进行讨论。

4.1 功能方面

4.1.1 数据类型

在 WSN 中，不同子系统之间的通信是至关重要的。这些子系统由于各种原因相互通信，如进行数据交换、委托功能、发信令。交互通过操作系统支持的规范的协议和数据类型来实现。复杂的数据结构具有较强的表现力，但消耗资源；而简单的数据类型虽然节约资源，但表达能力有限。在 WSN 中，几乎所有现有的操作系统或运行环境均支持 C 语言的原生数据类型和一些复杂的数据类型，例如 *struct* 和 *enum*。

4.1.2　调度

任务调度是操作系统的基本功能之一。操作系统的效率取决于任务是否能被有效地组织、划分优先级并加以执行。

从广义上讲，有两种调度机制：基于队列的调度和轮询调度。在基于队列的调度中，来自各子系统的任务被暂时存储在一个队列中，根据预先定义的规则顺序执行。有些操作系统允许任务指定优先级，从而按优先级执行。

基于队列的调度可以进一步分为先入先出（FIFO）和排序队列。在 FIFO 方案中，任务是根据其到达时间被处理的：一旦处理器空闲，先到达的任务先被执行。在一个非抢占式操作系统中，前面的任务执行完毕才能允许执行下一个任务。然而，在抢占式的操作系统中具有更高优先级的任务可以中断低优先级的任务。在排序队列方案中，队列中的任务根据一定的标准进行排序。一种方法是根据任务的估计执行时间对任务进行排序，这样可以防止耗时长的任务阻碍耗时短的任务的执行。该方法又称为最短作业优先（shortest job first，SJF）规则。

FIFO 是最简单且最经济的方案，因为它的系统开销最少。然而，FIFO 方案可能无法公平地处理任务，因为耗时长的任务可能长时间阻碍耗时较短的任务的执行。在 SJF 方案中，由于必须评估队列中每个任务的执行时间并依照此时间对任务进行排序，所以会产生额外的系统开销。

轮询调度是分时调度技术，它可以同时处理多个任务。调度程序通过将时间分成时隙来定义时间帧，通过复用的方式把时隙分配给任务。以此完成所有任务。

不管任务如何执行，调度程序可以是一个非抢占或抢占式调度。在严格的非抢占式调度中，任务一直执行直到结束而不会被另一个任务中断。相反，在严格的抢占式调度中，调度程序决定任务之间的时间分配，并允许具有更高优先级的任务中断一个较低优先级的任务的执行。也有所谓的"礼貌抢占式调度"，即尽管任务是可中断的，如果执行到一个关键部分，调度程序将不中断该任务。

4.1.3　堆栈

堆栈是一种数据结构，通过逐一进栈的方式将数据对象暂时存储在内存中，遵循后进先出（LIFO）的原则。处理器核心开始执行子程序时，使用堆栈来存储系统状态信息，通过这种方式使存储器知道子程序执行结束后的返回地址。通过在栈中先前的状态信息的上端存储目前的子程序状态，子程序可以调用其他子程序。当被调用的子程序完成时，调度程序将栈顶的第一个地址取出并跳回地址所在的位置。

在一个多线程的操作系统中，每个线程都需要它自己的堆栈以管理状态信息。这是在 WSN 中多线程操作系统昂贵的原因之一。

4.1.4　系统调用

操作系统提供了一些基本函数，使得用户只需要关注如何访问系统资源的执行细节，而不需要关注访问的硬件资源和其他低级别的服务。用户可以随时通过调用这些操作来获取想要的硬件资源，诸如传感器、看门狗计时器或射频模块等硬件资源，而不需要关心硬件是如何被访问的。在 UNIX 环境中，这些基本函数通常称为系统调用。

4.1.5　处理中断

中断是一个由硬件设备（如传感器、看门狗计时器或射频模块）产生的异步信号，它使得处理器中断执行当前的指令并调用相应的中断处理程序。处理器把被中断进程的状态存储在栈中，并把控制权交给中断处理程序。例如，当通信子系统收到一个应该立即处理的数据包时，它会产生一个中断信号，然后，处理器子系统必须暂停执行当前指令并调用操作系统中处理无线数据包的模块。除了硬件设备外，操作系统可以定义一些能够标记中断信号的系统事件。在一些情况下，操作系统可以自己产生周期性的中断使处理器监视硬件资源的状态，并且在对某个特定的硬件状态感兴趣时通知相应的事件处理程序。

与任务有不同的优先级相类似，中断信号也有不同的优先级。高优先级中断可以中断低优先级中断。在这种系统中，程序可以通过设置中断屏蔽来选择是否被中断。中断屏蔽使它们能避免被与之无关的低优先级中断干扰，但中断屏蔽可能是危险的，并且可能会破坏数据。一些操作系统对于最关键的操作设置了不可屏蔽的中断。

4.1.6　多线程

线程是处理器或程序执行过程中的路径。在单任务、非抢占式操作系统中任务是一个整体，只有一个线程执行。在多线程环境中，一个任务可以被划分成多个逻辑块，彼此独立地被调度和并行执行。同样，不同来源的多个任务可以在多个线程同时执行。同一任务的线程共享一个共同的数据和地址空间，在必要时可以相互沟通。多线程操作系统有两个主要优点：

1. 任务之间不会相互阻碍执行，这一点对于处理有关输入输出的任务尤为重要；

2. 耗时短的任务可以与耗时长的任务一起执行。

虽然线程具有资源节约型的性质，但它们也不能无休止地创建。创建线程会降低处理器速度，而且资源可能不足以支持过多的线程。因此，有些操作系统只支持有限数量的线程并将它们保持在一个"池子"中。池中的每个线程等待任务分配，一旦接收到请求，则将一个可用的线程分配给任务。完成任务后，线程返回到池中，等待下一个任务。如果池中所有的线程均被使用，系统把即将到来的请求放在队列中，直到下一个线程返回到池中。这样，可将线程数目保持在可管理的范围内。

4.1.7　基于线程的和基于事件的编程

在 WSN 中，支持并发任务是非常重要的，特别是支持有关于 I/O 系统的任务，可以选择基于线程或基于事件的执行规则。

在操作系统中是否应该支持线程或者事件必须考虑几个因素，包括是否需要单独的栈，是否需要估计保存上下文信息的最大空间等。基于线程的编程在一个单独的程序和一个单独的地址空间内使用多线程控制。通过这种方式，一个被 I/O 设备中断的线程可以暂停，而其他任务则在其他线程中继续执行。但是，程序员必须认真地通过加锁保护共享数据结构，并使用条件变量来协调线程的执行。要解决所有这些问题，操作系统需要同步执行程序。一般而言，多线程环境的程序代码编写复杂且容易出错，并可能导致死锁和竞争状态。

在基于事件的编程中，有事件和事件处理程序。一个指定的事件发生时将通知在操作系统调度程序中的事件处理程序寄存器。内核通常执行一个循环函数来等待事件并在事件发生时调用相应的事件处理程序。除非处理程序遇到一个中断操作否则将完成事件处理，在中断发生的情况下，处理程序会标记一个新的回调，并将控制权交给调度程序。

4.1.8　内存分配

存储单元是宝贵的资源，也是操作系统所在的位置。另外，还暂时储存数据和应用程序的程序代码。一个程序的内存分配方式以及分配时长决定了任务的执行速度。

内存可以通过静态或动态方式分配给一个程序。静态内存分配是一种节约型内存使用方式，但它只能用于事先知道程序的内存需求的情况，在程序启动时作为执行操作的一部分进行内存分配，且分配的内存永远不会被释放。由于在编译时已经精确地了解程序的内存需求，所以内存得到有效地使用。另一方面，静态存储器分配不允许运行时间的自适应。

动态内存分配适用于在编译时程序所需的内存的大小和持续时间不知道的情况。这包括使用动态数据结构的程序，其内存需求在程序启动时无法确定。这种程序通常是短暂地使用内存，它们会分配到一些内存，使用一段时间，随后会达到一个不再需要内存空间的状态。因为内存不是取之不尽的，对于不再使用的内存可以被释放或分配给其他的使用者。动态内存分配可以使编程具有灵活性，但会产生相当大的管理开销。

为了增加节点的内存容量，大多数体系结构会使用电可擦编程只读存储器（EEPROM）或闪存来存储程序代码。因此，开发相对复杂的应用程序和通信协议成为可能，但是读取和写入闪存的能耗较大。

4.2　非功能方面

4.2.1　分离关注点

由于可使用的资源非常有限，为支持资源受限的设备和网络而设计的操作系统与通用的操作系统是不同的。在通用的操作系统中，可以明确地分离操作系统和在其上运行的程序，两者之间依靠规范定义的接口和系统调用进行交互。并且操作系统本身包含了可以升级、调试或完全自主删除的独立服务，这些对于 WSN 是很难实现的。

在大多数情况下，WSN 的操作系统包含很多轻量级模块，这些模块可以连接在一起，以实现整体的程序代码完成感知、处理和通信任务。编译的时候向节点写入，此过程会产生一个独立的系统映像装载在节点中。有的操作系统会产生一个不可分割的系统内核和库组件来构建一个应用，也有其他的操作系统提供一个内核及一套可重构（重编程）的来自节点硬件组件的低级服务。这些服务可以"连接"在一起来构成应用程序，并且由于操作系统内核功能独立于这些服务，所以即使它的作用是有限的，在一定程度上也会分离关注点。关注点的分离使重编程和重构变得灵活高效，更新或升级可以根据需要以整体或局部来进行，局部的软件更新可以有效地利用通信带宽和内存空间。

4.2.2　系统开销

操作系统执行程序代码时需要消耗资源，资源消耗的多少取决于它的规模以及给更高级别服务和应用程序所提供的服务类型。操作系统消耗的资源就是系统的开销。

现有的无线传感器节点的资源通常是几千字节或者几兆赫兹。这些资源由实施探测、数据整合、自组织、网络管理和通信的程序共享，操作系统的开销包括了这些任务的消耗。

4.2.3 可移植性

第 3 章已经说明不同的硬件架构可以用来开发无线传感器节点。在理想情况下，多样化架构的节点和操作系统应该能够共存和相互协作，但是现有的操作系统不提供这种支持。

与此相关的是，用操作系统的可移植性来处理迅速发展的硬件架构。WSN 仍然是个新兴技术。在过去的十年中，架构设计有了显著的发展，并且随着应用领域的逐渐增多，这一发展预计要继续下去来适应无法预料的需求。因此操作系统应该是可移植并且可扩展的。

4.2.4 动态重编程

WSN 的部署一旦完成，部分应用程序或操作系统可能需要重写，原因如下：
- 部署网络时可能无法对如何进行设置有完整的认知，因此该网络可能无法获得最佳效果；
- 应用方面的要求以及网络运行的物理环境可能会随时间而变化；
- 网络运行过程中，也有必要检测及修补漏洞。

因为网络中有大量的节点，手动更新软件是不可行的。因此可行的替换方案是开发一个支持动态重写的操作系统。显然，如果应用程序和操作系统之间没有明确的分离，是无法支持动态重写的。另一方面，如果两者之间有明确的分离，原则上能够支持动态重写，但实际执行中取决于以下几个因素。

第一，操作系统要能够一部分一部分地获得更新，并且将其加载及存储在活动内存中；第二，操作系统必要要保证这确实是更新后的版本；第三，操作系统要能够删除软件需要更新的部分并且安装配置新的版本。所有这些都会消耗资源并且可能会产生漏洞。

软件重编程（更新）需要强大的代码传播协议，负责分割与重组代码、保证代码的一致性与控制版本，以及提供一个鲁棒的传播策略在无线链路上传播代码。

我们将在第 12 章介绍目前在编程工具及开发环境方面的进展。

4.3 操作系统原型

4.3.1 TinyOS

TinyOS（Gay 等，2007；2.x 工作组，2005）是 WSN 中使用最广泛的操作系统，有丰富的文档，运行环境也有辅助工具的支持。此外，它经历了长时间的设计和完善过程，这使我们能更好地理解其工作原理。

TinyOS 结构紧凑，可支持多种应用程序。从概念上讲，它的体系结构包括一个调度器和一组元件，可以通过定义好的接口相互连接。组件分为配置组件和模块，配置组件指定两个或多个模块如何彼此连接（称为"布线"），而模块是 TinyOS 程序中的基本构建块。多种配置组合成一段可执行代码就产生一个 TinyOS 的应用程序，TinyOS 并不明确区分操作系统和应用程序。

组件由框架、命令处理程序、事件处理程序及一组非抢占式任务组成。组件与基于对象编程语言中的对象相似，封装一个状态，并通过定义好的接口与外部交互。接口可以定义命令、事件处理程序和任务，它们在框架环境内执行并且基于状态进行处理。因此，一个组件必须声明其使用的命令及其可触发的事件。通过这种方式，系统可以掌握在汇编时应用程序所需要的资源。

组件是分层结构，并且通过命令和事件来互相通信：高层组件发出命令到低层组件，低层组件向高层组件传递事件信息。因此，高层组件运行时间管理器，低层组件运行命令处理器(或者功能子程序)。物理硬件位于分层系统组件的底层。图 4.1 给出了应用程序和操作系统的逻辑边界。

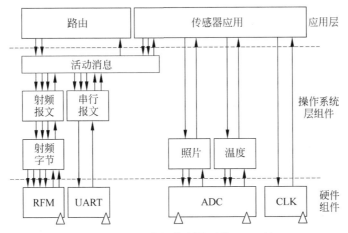

图 4.1 高层和低层组件间的逻辑区分（Hill 等，2000）

从图 4.1 中可以看出，最高层有两个组件，即路由组件和传感器应用程序。

路由组件负责建立和维持网络，传感器应用程序负责感知和处理。这两个组件通过主动消息相互通信并且可以与低级别组件进行异步通信。另外，一个高级别组件可以向低层组件发送不可阻隔的命令并表达对指定事件的兴趣。

　　图 4.2 至 4.4 表示组件和组件的逻辑结构配置。在图 4.2 中，组件 A 通过提供接口 C 声明服务，接口 C 又提供了命令 D1 并发送事件 D2 的信号。在图 4.3 中，组件 B 通过声明调用命令 D1 和提供事件处理程序来处理事件 D2，以表示对接口 C 感兴趣。

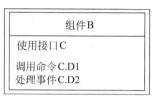

图 4.3　使用接口的 TinyOS 组件

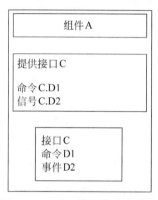

图 4.2　TinyOS 组件提供的接口

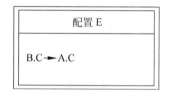

图 4.4　连接接口提供者和接口使用者的 TinyOS 配置

　　在图 4.4 中，通过配置 E，建立起组件 A 与组件 B 之间的联系。

4.3.1.1　任务、命令和事件

　　在 TinyOS 运行环境下，TinyOS 将任务、命令和事件定义为基本构建块，它们负责一个框架内的组件之间的有效通信。任务是从开始运行到结束的完整过程，换言之，虽然任务可以被事件中断，但是不能被其他任务中断。这是 TinyOS 支持并发并且确保任务不相互干扰或破坏对方数据的机制。

　　由于任务需要执行到结束为止，所以可以分配堆栈来存储上下文信息。任务可以调用低层的命令、可以发消息给更高层的事件或者为其他任务（包括自身）安排调度次序。例如，一个负责从通信子系统读取数据包的任务可以重复安排自身任务直到读取完全部数据。在 TinyOS 中，已安排好的任务按照"先入先出"原则执行，TinyOS 系统结构对于周期短的任务执行效率高。

　　命令是由高层组件向低层组件的不可阻断请求。为了应对潜在的长时间运行的操作，TinyOS 引入分段操作（split-phase）的概念。在分段系统中，调用

函数立即返回，被调用的函数当任务完成时通知主叫方。之所以叫做分段系统是因为它将调用和完成分成两个独立的执行阶段，典型的例子是数据包传输任务。数据传送可能是一个阻断型任务，接收器在再次接收数据包之前需要等待一个超时时间 $t_{timeout}$ 。然而，如果 $t_{timeout}$ 超时之前已经收到了 ACK，接收器就结束任务。在 TinyOS 中，这种报文传输的任务被分解为两个事件：一个时间超时事件和一个数据已经接收事件。

对一个已知事件感兴趣的组件应该提供一个事件处理器来处理这个事件，当事件真的发生时就触发事件处理器。低层组件有和硬件中断直接相连的处理器，如外部中断、计时器事件或者计数器事件。事件处理器对事件发生的反应方式多种多样。比如，它可以将信息存储到相应的框架内，可以发布任务，可以发送高级别事件信号，还可以调用低级别命令。

在 TinyOS 中采用静态内存分配来优化资源配置。由于在编译的时候应用程序所需内存已知，因此系统避免了动态分配的额外开销。但没有关注点分离机制限制了 TinyOS 系统的适应性，而且，如果没有外部的额外支持，TinyOS 没有提供任何一种机制可以动态地下载和去除组件。

作为一个基于事件的系统，TinyOS 并不直接支持执行内容，因此复杂的程序需要状态机来执行。状态机不易表示，因此可能会有许多程序员认为它难以管理。文献中提到的一个典型例子是处理加密操作，这些操作需要好几秒来完成，占用了处理器的宝贵周期并且使得系统无法响应外部事件。基于线程的操作系统可以代表时间紧迫型或短周期型事件来抢占任务。

4.3.2　SOS

SOS（Han 等，2005）试图在灵活性和资源有效性之间建立平衡。不同于TinyOS，它支持运行时的重新配置和程序代码的重新编程。这个操作系统包括一个内核和一组可加载和卸载的模块集。模块与 TinyOS 系统中的组件功能上类似，实现了特定的功能或函数。此外，以相同方式，TinyOS 组件可以"连接"建立新的应用程序，SOS 应用程序由一个或多个交互的模块构成。不同于TinyOS 组件在内存中有固定地址，SOS 模块地址是一个与位置无关的二进制地址。这种典型的特征，可以使 SOS 的各个模块动态连接。

SOS 内核提供了底层硬件的接口。此外，它还提供了基于优先级的调度机制，支持动态内存分配。

4.3.2.1　交互作用

模块间的交互通过消息（异步通信）和直接调用注册函数（同步通信）来

完成。从模块 A 到模块 B 的消息首先通过调度程序，将其排入优先级队列。然后内核调用模块 B 中对应的消息处理器来接收消息。

模块执行特定的消息处理器，也可以直接调用注册函数来与另一个模块进行交互。通过调用函数的交互快于基于消息的通信，这种方法需要模块在内核中注册公共函数。所有对这些函数感兴趣的模块都需要向内核预定。在模块初始化时通过调用"ker_register_fn"系统函数进行函数登记。函数调用使模块通知内核，函数在其二进制映像中的什么位置得以实现。内核通过创建一个函数控制块（FCB）来完成注册登记，其中 FCB 存储着调用函数的关键信息。这个信息用来处理函数预定，支持内存动态管理和运行时对模块更新（替代）。图 4.5说明了模块间相互作用的两种基本类型。

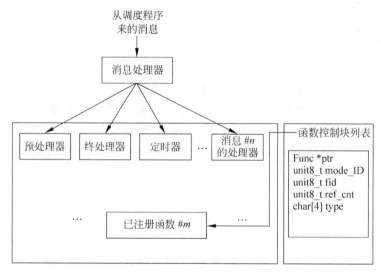

图 4.5　SOS 系统中模块间交互（Han 等，2005）

模块通过调用一个叫做"ker_get_handle"的系统函数来预定一个已知函数。这样就把模块和函数的 ID 提供给了内核，这些模块和函数的 ID 将被用来定位特定的 FCB。如果查找成功，内核返回一个指向函数指针的指针，用户通过解引用该指针来访问预订函数。通过改变 FCB 函数指针，可以使得内核访问一个新的函数。对用户来说，该过程是透明的。

4.3.2.2　动态重编程

五个基本特征使得 SOS 支持动态重编程。第一，模块是位置独立的二进制代码——它们使用相对地址而不是绝对地址，因此它们是可重定位的。第二，每个 SOS 模块实现两种类型的处理程序——init 消息和 final 消息处理程序。当模块开始载入时，内核调用 init 程序，目的是为了设置模块的初始状态，包括初始化周期计时器、函数注册和函数预定。当模块卸载时内核调用 final 消息处理器，其目的是释放模块拥有的所有资源，包括计时器、存储器和注册的函数，并使得模块安全退出系统。在 final 消息完成后，内核进行垃圾资源收集。

第三，在编译过程中，SOS 使用一个链接器脚本把 init 处理器安置在二进制代码的已知偏移地址中。该脚本使得模块插入过程中链接变得简单。第四，SOS 在模块的外部保持它的状态，这使得新插入的模块能够继承它所替代模块的状态信息。第五，当模块插入时，SOS 产生并保存元数据，这些信息包括模块的标识信息、init 处理器的绝对地址以及指向保存模块状态的动态存储器的指针。

在 SOS 系统中，动态模块替换（更新）按以下三步进行。

1. 当一个新模块可用时，代码分发协议在网络中发布这一消息，消息中包括模块的 ID、版本号和需要的内存大小。本地分发协议收到通知后，通过评估数据包来决定该模块是否为本地某模块的更新版本，或者是节点感兴趣的一个新模块。无论哪种情况下，本地分发协议还要确定是否有足够的内存空间来下载该模块。

2. 当决定下载模块时，本地分发协议下载该模块并检查它接收到的第一个数据包中的元数据。元数据包括存储模块本地状态所需的内存大小和其他事项。如果 SOS 内核判定没有足够的 RAM 来存储模块的本地状态，模块插入立即终止。

3. 另一方面，如果一切正常，模块插入开始。在模块插入期间，内核创建元数据来存储处理器的绝对地址，处理程序是指向保存有模块状态和身份的动态内存绝对地址的指针。然后 SOS 内核调度 init 消息来触发模块的处理器。

4.3.3　Contiki

Contiki（Dunkels 等，2004）是一款结合了事件驱动与抢占式多线程优点的操作系统。默认情况下，它是事件驱动式内核，同时它也以应用程序库的形式支持多线程机制。当有需要时，动态链接策略可以把多线程支持库与应用程序联系起来。

像 SOS 操作系统一样，Contiki 实现了把系统的基本服务功能与其他可以动态加载并且可以再编程的服务相分离，这些服务称为进程。服务之间通过内核传递事件来实现通信，内核本身不提供任何硬件的抽象，但是，它允许设备驱动程序和应用程序直接与硬件进行通信。内核的这一限制功能使得程序重写与替换服务变得简单。

　　每个 Contiki 服务在私有内存中管理自己的状态，并且内核保存了一个指针用来记录执行的状态。但是，服务之间共享相同的一段地址空间。它同样实现了一个事件处理器和一个可选的调度处理器。如图 4.6 给出了 Contiki 在 ROM 和 RAM 中的内存分布情况。

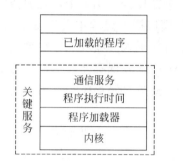

图 4.6　Contiki 操作系统，系统程序被分为关键服务和加载程序器两个部分

　　如图 4.6 所示，Contiki 主要分为两个部分：在虚线框内的为关键服务，虚线框外为动态可加载服务，在编译时确定这两个部分的划分。关键服务部分主要有内核、程序加载器和一个带有硬件驱动程序的通信协议栈，此外还有一些常用的服务。这些服务被编译成一个统一的二进制映像，并且安装到无线传感器节点中。这个部分不能被动态更改，除非使用特殊的引导程序来复写这个部分或者给它打补丁。

　　程序加载器主要把需要运行的程序加载到活动内存（active memory）。这些程序可以通过远程传输服务进行加载或者直接从本地存储设备中进行加载。通常，这些二进制代码保存在 EEPROM 中。

　　内核是整个操作系统的核心部件。其主要功能是调遣事件和周期性地调度轮询处理器（polling handler），接着，通过内核派遣的事件或者通过轮询机制调遣的事件，将在 Contiki 内触发执行一段可执行的程序。事件处理器处理一个事件直到该事件被执行完，除非通过中断或者其他调度机制抢占了它们的资源。例如，当 Contiki 操作系统工作在多线程环境下，一个线程会抢占另一个线程资源，使其中断。

　　Contiki 的内核支持同步事件和异步事件。一旦内核分配同步事件，它将尽快被送到目标进程加以执行，直到该同步事件被执行完成，才会返回控制权。然而，异步事件只有在适当的时间才会被分配。除了这两种事件，内核还提供一个轮询机制，硬件的状态将会被周期性采样。在这段时间内，如果轮询处理器对某个已知的硬件设备感兴趣，将根据它们的优先级进行通知。

4.3.3.1　服务架构

Contiki 操作系统的一个特征就是支持动态加载和重命名服务。这是通过预定义服务、服务接口、服务存根和一个服务层来实现的。Contiki 中的服务与 TinyOS 中的模块含意相同。

Contiki 服务由接口及其实现组成，这种服务也叫进程。服务接口包含版本号及用来实现这些接口的函数和函数指针。服务存根通过服务接口使一个应用程序能够动态地与服务进行信息传递，服务层负责查找及注册服务。活动的服务通过提供自己的服务接口、ID 及版本号注册，然后服务层负责跟踪所有活动的服务。图 4.7 说明了应用程序如何与 Contiki 服务进行交互。

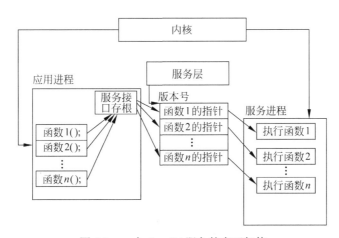

图 4.7　一个 Contiki 服务的交互架构

由于程序是通过服务的接口存根来调用服务的，所以它们没有必要去了解服务的实现细节和服务在内存中的物理位置。当服务被调用时，服务存根查询服务层并获得一个指向服务接口的指针。只有当服务的接口描述和版本号与服务存根相匹配时，接口存根才能启动需要的功能。服务与应用这一服务的程序之间的低耦合使得操作系统不需要修改应用程序即可更新服务。

4.3.3.2　原线程

Contiki 通过结合事件驱动编程和抢占式进程的特点，引入了一个原线程的新概念。原线程可以被视为轻量级的线程，它也可以在基于事件的编程中被视为可中断的任务（Dunkels 等，2006）。原线程提供了一个条件阻塞 wait 语句，PT_WAIT_UNTIL()，如果程序执行到这个条件语句，将阻塞原线程，直到这个判断变成真。当原线程执行到 PT_WAIT_UNTIL()时，如果这个判断条件为真，它将继续执行而不会产生中断。PT_WAIT_UNTIL()可以是任意的条件语句，包括复杂的布尔表达式。

因为原线程是无栈的，所以只有 PT_WAIT_UNTIL()语句可以终止其执行。从调度的角度来看，系统中所有的原线程在同一个栈中运行，上下文切换是通过栈的出入来实现。原线程的开始和结束分别通过 PT_BEGIN 和 PT_END 来声明，通过 PT_EXIT 语句来退出。

原线程概念没有说明一个原线程应何时或如何调用与安排。在 Contiki 的执行中，进程通过原线程来实现，原线程是运行在事件驱动的内核上的，因此，每当进程收到一个事件，原线程都会被调用，例如，当进程从另一个进程或计时器事件接收到一个消息时。同样，原线程的概念也没有预定义怎样分配内存才能正确地管理原线程的状态。与调度相同，这也是与具体的执行相关的。例如，如果操作系统是基于一个固定的原线程集，用于状态管理的内存可以被提前静态分配。但是，如果原线程的数量是事先不知道的，内存也可以以动态方式分配。在 Contiki 的实现中，静态内存分配是一种典型的方式，原线程的状态被保存在进程控制块中。

在事件驱动的编程中，原线程简化了状态机的设计，因为它们减少了一些明确的状态机和状态转换，它们的成本主要是内存开销和几个处理器周期。为了说明原线程的有用性，考虑在一个 MAC 协议中周期性地关闭射频子系统，但是在它进入睡眠模式之前要启动射频子系统完成通信。执行过程如下：

1. 在初始化（$t = t_0$）时刻，系统打开；

2. 系统在 t_{awake} 的时间内保持打开；

3. 一旦 t_{awake} 时间结束，系统必须关闭，但是它需要完成正在进行的通信；

4. 如果通信没有结束，MAC 协议在关闭之前必须等待一个 t_{wait_max} 的时间段；

5. 如果通信已经结束或者最大等待期已经结束，系统需要关闭并且保持关闭状态 t_{sleep} 的时间段；

6. 不断的循环操作上面的过程。

图 4.8 和图 4.9 分别显示了用基于事件的编程和用原线程实现的睡眠调度过程。状态机的执行需要能显示 ON、WAITING、OFF 等状态的一个状态变量。用 IF 条件语句根据状态变量的不同值，来决定执行不同的操作。相应的代码可以被植入事件处理程序，每当事件发生时就可以调用它们，这种情况下，事件可以是计时器超时或者通信已经完成。从图 4.8 中可以看到，控制状态机的代码占了总代码行数的 1/3 还要多。此外，从这段代码中，六步结构的处理过程不会明显看得出来。

```
state: {ON, WAITING, OFF}

radio_wake_eventhandler:
    if (state = ON)
        if (expired(timer))
            timer ← t_sleep
            if (not communication_complete())
                state ← WAITING
                wait_timer ← t_wait_max
            else
                radio_off()
                state ← OFF
    elseif (state = WAITING)
        if (communication_complete() or
            expired(wait_timer))
            state ← OFF
            radio_off()
    elseif (state = OFF)
        if (expired(timer))
            radio_on()
            state ← ON
            timer ← t_awake
```

图 4.8　通过事件实现的通信子系统的睡眠调度的伪代码（Dunkels 等，2006）

```
radio_wake_protothread:
    PT_BEGIN
    while (true)
        radio_on()
        timer ← t_awake
        PT_WAIT_UNTIL(expired(timer))
        timer ← t_sleep
        if (not communication_complete())
            wait_timer ← t_wait_max
            PT_WAIT_UNTIL(communication_complete() or
                            expired(wait_timer))
        radio_off()
        PT_WAIT_UNTIL(expired(timer))
    PT_END
```

图 4.9　通过原线程实现的通信子系统的睡眠调度伪代码（Dunkels 等，2006）

可以看出，与通过事件来实现的睡眠调度相比，通过原线程实现的睡眠调度更短并且更加直观。

4.3.4　LiteOS

LiteOS（Cao 等，2008；Cao 和 Abdelzaher，2006）是基于线程并且支持多任务的操作系统。LiteOS 的基本原则是清楚地区分操作系统和应用程序。与所有其他的操作系统不同，LiteOS 没有提供组建应用程序的构件和模块。在 LiteOS

里，开发程序模块以及处理模块之间的相关关联都是应用程序开发人员的工作。

　　不同的是，LiteOS 提供了一些系统调用服务：使系统调用独立于用户的壳，层次化的文件管理系统，以及动态的再编程技术。

　　在 LiteOS 中，全部的网络被看做是一个分布式文件系统。在基站这边的用户可以利用装载好的壳，在计算资源丰富的计算机上，与一个命名好的节点进行识别、交互和重新编程等操作。网络中的各个节点都运行着一个多线程的核。这个核主要由三部分组成：一个调度程序，一组系统调用接口和一个二进制代码安装程序。其中，内核的系统调用接口使远程的主机用户可以访问、管理本地文件和目录。本地文件可分为传感器数据、设备驱动器及应用程序代码。在系统层级中，节点是透明的，用户的交互数据由远程主机的壳来存储。图 4.10 给出了 LiteOS 的操作系统结构的图示。

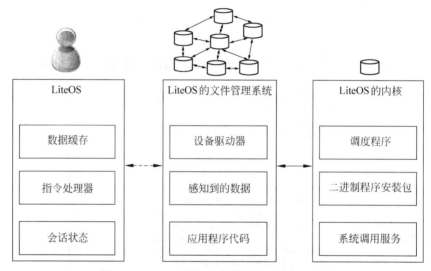

图 4.10　LiteOS 的组织架构（Cao 等，2008）

4.3.4.1　壳与系统调用

　　壳的概念继承了 Linux 操作系统的一些特征，它为距离主机一跳远的无线节点提供了加载机制，以使全部的网络可以看做分布式的层级文件系统，位于主机的用户可以访问任何一个节点，就像这个节点位于本地一样。壳提供了很多 Linux 命令，可以在分布式文件系统中执行，因此，LiteOS 为 Linux 用户提供了一个熟悉的操作界面。

　　这些命令被分成五类：文件命令、进程命令、调试命令、环境命令和设备命令。文件命令用于在层次化的文件系统中搜索、移动、拷贝和删除文件和目录。下面是一个使用文件命令的例子(Cao 等，2008)：

```
$ pwd
Current directory is /sn01/node101/apps
$ cp /c/Blink.lhex Blink.lhex
Copy complete
$ exec Blink.lhex
File Blink.lhex successfully started
$ ps
Name State
Blink Sleep
```

在这个例子中，pwd 命令将定义为 sn01 的节点工作目录定为 node101/apps。接下来，用 cp 命令，将文件 Blink.lhex 从计算机的根目录拷贝到 sn01 节点的指定目录。之后使用 exec 命令，执行这个文件，ps 命令用来报告进程状态。在这个例子中此线程处于睡眠状态。

进程命令用来管理线程，其中包括创建、挂起、结束线程。在 LiteOS 中最多可同时运行 8 个线程，调试命令可以用来建立一个调试环境来对程序编码纠错。环境命令为管理操作系统的环境（从用户的角度）提供了支持——展示了交互信息历史并且提供了命令参考（手册）。最后，设备命令提供了直接访问硬件设备的途径，如访问传感器和射频子系统。

4.3.4.2 LiteOS 的文件管理系统 LiteFS

LiteFS 是一个分布式的文件管理系统，这也是 LiteOS 的重要特征。通过 LiteFS，主机用户可以访问整个传感器网络，也可以为某一节点编程或者管理该节点。与 Linux 环境中的文件类似，LiteOS 中的文件代表数据、应用程序代码和设备驱动。本地（节点处）的文件系统是这样组织的：由 RAM 存储激活（打开）的文件列表和在 EEPROM 及闪存中存储空间的分配信息，文件系统的结构保存在 EEPROM 中，而实际的文件存放在闪存中。如图 4.11 所示。

在 RAM 中可以同时打开至多 8 个文件，LiteFS 用两位向量来寻址 EEPROM 和闪存。EEPROM 共需要 8 个字节而闪存需要 32 个字节，这总共占据了 RAM 中的 104 个字节。在 EEPROM 中，每个文件由 32 字节的控制字块表示。控制块可用的空间分为 65 个块。第一块是根字块，其产生于每次文件系统格式化的时候。余下的块或者是路径字块（图中 D 代表的部分）或者是文件字块（图中 F 代表的部分）。一个文件的控制字块最多占据 10 个闪存的逻辑页，每页有 2KB 的数据（或 8 个闪存物理页）。当一个文件占据超过 20KB 的空间时，LiteFS 将为这个文件分配另一个控制字块，并且在先前的某个字块中存储这个新的控制字块的地址。

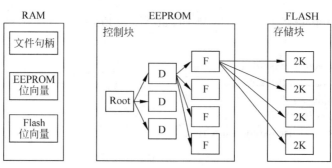

图 4.11　LiteFS 的文件结构

4.3.4.3　动态重编程

无论有没有源代码的使用权限，LiteOS 都支持用户应用程序的动态替换和再编程。如果源代码对操作系统开放，操作系统将重新设定存储空间，并将所有调用原程序的引用和指向原文件的指针更新至新的地址。如果源代码对操作系统保密，LiteOS 将采取差异补丁（differential patching）的机制重新存放原来的程序，就是直接将新的位置信息编码到应用程序的代码里，同时在代码中插入差异补丁。

对于差异补丁，其数学模型有三个参数，这些参数是可执行代码在闪存中的起始地址（S）、在 RAM 中分配空间的起始地址（M）以及堆栈顶（T）。T 和 M 的区别是分配给程序代码的实际存储空间，一旦这些参数都已知，就可以将升级代码插入到原有的代码中。这些模型参数依赖于经验和对节点结构的掌握，这也限制了这种打补丁方式的实用性。

4.4　评估

排序总是很困难的，将操作系统按其优劣排序也不例外。排序的时候需要综合考虑，权衡利弊。在 WSN 中，我们会考虑到有关开发、部署、运行性能和代码演变的问题。如果你关注的是设计问题，也许会考虑以下方面：操作系统用来访问硬件设备的接口有多少？操作系统支持的编程环境的灵活性和表现力如何？操作系统支持并且可有效用于生成应用程序的模块、组件以及库文件是否足够多？操作系统的可移植性如何？如何管理应用程序的代码？

如果你关注的是部署问题，那么最主要的因素是动态代码安装和动态代码传播。代码要在大量节点上安装及测试，手工完成将是一项繁琐的任务。同样，如果你关注的是代码的演变，动态代码传播和重编程是最重要的因素。如果你关注的是运行时的行为，最需要注意的是操作系统的效率，尤其是它的简洁性与功耗。

综合考虑以上因素，TinyOS 结构紧凑并且能够有效的利用资源，因为管理独立实体（操作系统和应用程序）的耗费集中在管理二进制码上。但是更换或者重编程的开销会很高。SOS、Contiki 和 LiteOS 支持灵活的动态重编程，因此可以很好的适用于需要多次更新或升级的应用程序，但同时也不能忽略图像传播的开销。LiteOS 特别地把网络看作分布式文件系统，这样就给用户提供了一个直观的浏览网络方式。然而，由于节点是无状态的并且更新历史会被存放在用户端，这将导致在命令及状态信息的传播上产生额外的通信量。

通常我们认为 WSN 领域是相对年轻的。它的运行环境以及应用的需求将会改变并且会更加优化，于是，我们需要在动态重编程及代码替换和代码的执行效率中进行平衡。

表 4.1 和 4.2 分别总结了本章提到的四种操作系统的功能性因素与非功能性因素。

表 4.1　现有 WSN 操作系统的功能特征比较

操作系统	运行方式	组建模块	调度方式	内存分配	系统调用
TinyOS	基于事件的方式（分时操作，主动消息）	组件，接口和任务	FIFO	静态	不可用
SOS	基于事件的方式（主动消息）	模块和信息	FIFO	动态	不可用
Contiki	主要为基于事件的方式，但提供了多线程的支持	服务，服务接口和服务层	FIFO，有优先级调度的轮询系统	动态	运行时间库
LiteOS	基于线程的方式（线程池）	独立实体的应用	基于优先级调度的可选择循环系统	动态	一个主机提供给用户的系统调用（文件、过程、环境、调试和设备命令）

表 4.2　现有 WSN 操作系统的非功能特征比较

操作系统	最小系统开销	关注点分离	动态重编程	可移植性
TinyOS	332 字节	操作系统和应用程序没有明确的分离；对于特定的情况，编译产生一个独立的可执行代码。	需要外部软件支持	高
SOS	大约 1163 字节	操作系统和应用程序没有明确的分离；编译可替换的模块来产生可执行代码。	支持	一般到低
Contiki	大约 810 字节	操作系统和应用程序没有明确的分离；编译模块来生成可重写的可执行代码	支持	一般
LiteOS	未知	应用与操作系统明确的分离；各应用也彼此独立	支持	低

练习

4.1　在操作系统中什么是进程？

4.2　什么是进程内通信？进程内通信与进程间通信有什么不同？

4.3　解释系统程序和应用程序之间的区别。

4.4　什么是系统调用？

4.5　解释下列术语和避免它们的一些机制：

（a）竞争状态；

（b）死锁；

（c）互斥等待。

4.6　比较下面的调度机制：

（a）FIFO 调度；

（b）排序队列；

（c）轮询。

4.7　中断及中断处理程序分别是什么？

4.8　为什么大多数 WSN 的操作系统都会定义一个内核？

4.9　什么是抢占式进程？试举例说明。

4.10　在 TinyOS 中如何实现并发式？

4.11　什么是分段编程？它在 WSN 中有何作用？

4.12　说明在 TinyOs 中配置组件与模块的区别。

4.13　在 WSN 中，为什么线程需要各自分开的堆栈？说明这种方法可能带来的问题。

4.14　给出在 WSN 中支持动态重编程的三个理由。

4.15　解释基于线程和基于事件操作系统的区别。讨论在 WSN 中两种方法各自的优缺点。

4.16　解释静态和动态内存分配的区别。

4.17　阐明以下三个系统是如何支持关注点分离的：

（a）Contiki；

（b）SOS；

（c）LiteOS。

4.18　解释 TinyOS 中以下内容：

（a）命令；

（b）任务；

（c）事件。

4.19　TinyOS 命令和 SOS 命令之间的区别是什么？

4.20　在 SOS 系统中，为什么模块的状态被存储在一个单独的内存空间中（没有和这个模块放在一起）？

4.21　解释 SOS 系统是如何支持动态重编程的。

4.22　Contiki 操作系统是怎样支持多线性的？

4.23　在 Contiki 操作系统中，程序加载器的作用是什么？为什么它比较重要？

4.24　在 Contiki 中是怎样实现模块替换的？

4.25　Lite OS 把 WSN 看作分布式文件系统的好处是什么？

4.26　Lite OS 中差异性补丁是什么？

4.27　解释下面的消息处理程序在 SOS 中的意思：

（a）init-handler；

（b）final-handler。

4.28　说明如下操作系统所使用的调度机制：

（a）TinyOS；

（b）SOS；

（c）ontiki；

（d）LiteOS。

4.29　在 Tiny OS 中动态重编程是怎样实现的？

4.30　为什么在 Tiny OS 中关注点分离不是要优先考虑的？

参考文献

2.x Working Group TT (2005) Tinyos 2.0. *SenSys '05: Proceedings of the 3rd International Conference on Embedded Networked Sensor Systems* (p. 320). ACM, New York, NY, USA.

Cao, Q., Abdelzaher, T., Stankovic, J., and He, T. (2008) The LiteOS operating system: Towards Unix-like abstractions for wireless sensor networks. *IPSN '08: Proceedings of the 7th International Conference on Information Processing in Sensor Networks* (pp. 233–244). IEEE Computer Society, Washington, DC, USA.

Cao, Q., and Abdelzaher, T. (2006) LiteOS: A lightweight operating system for C++ software development in sensor networks. *SenSys '06: Proceedings of the 4th International Conference on Embedded Networked Sensor Systems* (pp. 361–362). ACM, New York, NY, USA.

Dunkels, A., Gronvall, B., and Voigt, T. (2004) Contiki: A lightweight and flexible operating system for tiny networked sensors. *LCN '04: Proceedings of the 29th Annual IEEE International Conference on Local Computer Networks* (pp. 455–462). IEEE Computer Society, Washington, DC, USA.

Dunkels, A., Schmidt, O., Voigt, T., and Ali, M. (2006) Protothreads: Simplifying event-driven programming of memory-constrained embedded systems. *Proceedings of the 4th International Conference on Embedded Networked Sensor Systems (SenSys)*, Boulder, CO. SenSys '06. ACM, New York, NY, USA (pp. 29–42).

Gay, D., Levis, P., and Culler, D. (2007) Software design patterns for TinyOS. *ACM Trans. Embed. Comput. Syst*. **6** (4), 22.

Han, C.C., Kumar, R., Shea, R., Kohler, E., and Srivastava, M. (2005) A dynamic operating system for sensor nodes. *MobiSys '05: Proceedings of the 3rd International Conference on Mobile Systems, Applications, and Services* (pp. 163–176). ACM, New York, NY, USA.

Hill, J., Szewczyk, R., Woo, A., Hollar, S., Culler, D., and Pister, K. (2000) System architecture directions for networked sensors. *ASPLOSIX: Proceedings of the 9th International Conference on Architectural Support for Programming Languages and Operating Systems* (pp. 93–104). ACM, New York, NY, USA.

第二部分

基本架构

第5章 物 理 层

无线传感器节点的一个优势在于它们能够通过无线链路进行通信,因此,可以支持移动应用;能够对各个节点进行灵活地部署;并且,节点可以部署在无法实现与有线节点连接的区域。一旦节点部署完毕,我们就可以在不影响节点的正常功能以及不影响节点的监控过程的情况下,再次部署这些节点以实现最佳的覆盖性和连通性。

但是,无线通信也面临着一些严峻的挑战。例如,有限的带宽和传输距离,由于干扰、信号衰减和多径衍射而导致的较差的数据包传输性能等。为了应对这些挑战,了解它们的性能至关重要,并且目前也已经有了一些改进措施。

本章对点对点无线数字通信作了一个基本的介绍。

5.1 基本组成部分

数字通信系统的基本组成包括发射机、传输信道和接收机。由于在 WSN 中,节点与节点之间距离很近,所以短距离通信就显得尤为重要。读者要想更全面地了解无线数字通信,可以参阅 Proakis(2000)和 Wilson(1995)。

图 5.1 是数字通信系统的组成框图。在本书中,通信信源表示一个或多个传感器,并且产生一个消息的模拟信号。这种信号是高频成分接近零的基带信号,为了能够让处理子系统处理该信号,必须要把这种模拟消息信号转换成离散信号(在时间和幅值上都离散)。在转换过程中,为保证信息不丢失,采样速

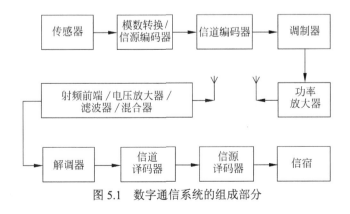

图 5.1 数字通信系统的组成部分

率应至少达到奈奎斯特采样率。经过采样后，离散信号被转换为二进制数据流。上述过程称为信源编码。为了满足对信道带宽和信号发射功率的要求，必须要采用有效的信源编码技术。一种实现方法是，定义一个关于信息源的概率模型，这样，每个信息码元的长度取决于该码元出现的概率。

然后是信道编码，其目的是使所传输的信号可以抵抗噪声和干扰，即具有鲁棒性。此外，在信号冲突的情况下，它应当有助于错误的检测和对原始数据的恢复。有两种基本方法：一种是从预先定义好的码元集（codebook）中传输符号，另一种是传输冗余符号。

实现了信道编码之后，就需要调制了，调制是一个将基带信号转换成带通信号的过程。调制有多方面的作用，但目前采用调制技术最主要的原因是能够利用短天线来发送和接收信号。一般来说，传输信号的波长与天线的长度成正比。最后，调制信号需要被放大，并通过发射器的天线将电能转换成电磁能（电磁辐射），再通过无线链路将信号发送到目的地。

接收器模块中的组件执行相反的过程，从电磁波中恢复出消息信号。理想情况下，接收机天线应检测到一个与调制信号有相同的波形、频率和相位的电压信号。但由于在传输过程中的各种损失和干扰，信号的幅值大小和形状都发生了改变，需要通过一系列的放大和滤波处理。然后，通过解调和检波过程，将信号转换回基带信号。最后，为了获得表示原始模拟信号（消息）的符号序列，基带信号还需经过一个脉冲整形过程和信道译码与信源译码过程的处理。

5.2 信源编码

信源编码器将模拟信号转换成数字序列，该过程包括采样、量化和编码。

为了解释这些过程，我们用 $s(t)$ 表示传感器产生的信号，在采样过程中，$s(t)$ 被一个具有 Q 个不同量化级的模数转换器进行采样和量化，从而得到样本序列 $S = (s[1], s[2], \cdots, s[n])$。在时刻 t_j，$s[j]$ 采样值与其对应的模拟信号值之间的差就是量化误差。随着时间的变化，信号值发生变化，量化误差也随之发生变化，并且可以被建模成一个概率密度函数为 $P_s(t)$ 的随机变量。

信源编码的目的是将每一个量化元素 $s[j]$ 映射为码元集 C 中与之相对应的长度为 r 的二进制符号。如果码元集中所有的二进制符号长度相等，则这样的码元集称为分组码。但是通常情况下，符号长度和采样率都不是统一的。因此，我们习惯上把长度短的符号和高采样率分配给概率大的采样值，把长度较长的符号和低采样率分配给概率小的采样值。图 5.2 说明了信源编码器的输入输出关系。

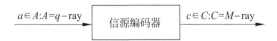

图 5.2　信源编码器的输入输出关系

如果码元集 $(C(1), C(2), \cdots)$ 中的每个符号序列都能映射到 $S = (s[1], s[2], \cdots, s[n])$ 中的相应的值，那么这个码元集 C 就是唯一可译的。一个唯一可译的二进制码元集必须满足下式：

$$\sum_{i=1}^{u} \left(\frac{1}{r} \right)^{l_i} \leqslant 1 \tag{5.1}$$

其中，u 为码元集的大小，l_i 为码字 $C(i)$ 的大小。

如果不考虑之前的解码就可以从一个字符串中译出每一个符号序列，那么这个码元集就是即时可译的。在同一码元集中，当且仅当不存在一个码元 $\boldsymbol{a} = (a_1, a_2, \cdots, a_m)$，使得它是码元 $\boldsymbol{b} = (b_1, b_2, \cdots, b_n)$ 的前缀码（其中，$m < n$ 且 $a_i = b_i, \forall i = 1, 2, \cdots, m$），此时这个码元集才可能是即时可译的。也就是说，在任意的码串中，从左到右，若出现的每一个码元都可以唯一译出这个码元所对应的信源符号，那么这个码就是即时码。表 5.1 列出了不同类型的码元集。

表 5.1　信源编码技术

	C^1	C^2	C^3	C^4	C^5	C^6
s_1	0	00	0	0	0	0
s_2	10	01	100	10	01	10
s_3	00	10	110	110	011	110
s_4	01	11	11	1110	111	111
分组码	否	是	否	否	否	否
唯一可译码	否	是	否	是	是	是
$\sum_{i=1}^{n} \left(\frac{1}{2} \right)^{l_i}$	$1\frac{1}{4}$	1	1	$\frac{15}{16} < 1$	1	1
即时码	否	是（分组码）	否	是（逗号码）	否	是

5.2.1　信源编码器的效率

信源编码器的效率是一个表征码元平均长度 $L(C) = E[l_i(C)]$ 的量，其中码元用来表示采样了的模拟信号。

假设一个 q 阶信源（就是说该信源有 q 种不同的符号）生成符号 s_i 的概率是 P_i，并用码元 C_i 对 s_i 进行编码，则码元集的平均码长为：

$$L(C) = \sum_{i=1}^{q} P_i \cdot l_i(C) \tag{5.2}$$

有时，在信息熵或香农熵中，效率表征是很有必要的。在信息论中，香农熵被定义为通信所需要的最小消息长度，它与信息的不确定性相关。如果符号 s_i 可以表示为一个 n 位的二进制符号，那么符号 s_i 的信息量为：

$$I(S_i) = -\log_2 P_i = \log_2 \frac{1}{P_i} \tag{5.3}$$

一个 q 阶无记忆信源编码器的信息熵为：

$$H_r(A) = E[I_r(s_i)] = \sum_{i=1}^{q} P(s_i) \cdot I_r(s_i) = \sum_{i=1}^{q} P(s_i) \cdot \log_2 \frac{1}{P(s_i)} \tag{5.4}$$

用熵表示的信源编码器的效率显示了编码过程中的冗余，它可以表示为：

$$\eta(C) = \frac{H(S)}{L(C)} \tag{5.5}$$

编码器的冗余度为：

$$\frac{L - H(S)}{L} = 1 - \eta \tag{5.6}$$

5.2.1.1 例子

假设图 5.3 中的模拟信号被量化为 4 种不同的值：0，1，2，3。从图中可以看出，一些值（2）比其他值（0 和 3）出现得更频繁。假设这些值出现的概率分别为：$P(0) = 0.05$，$P(1) = 0.2$，$P(2) = 0.7$，$P(3) = 0.05$，然后，我们就可以计算出表 5.1 中给出的码元集 C^2 和 C^3 的编码效率。

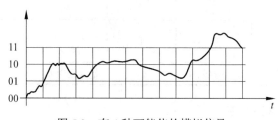

图 5.3 有 4 种可能值的模拟信号

对于 $P_1 = 0.05$，$\log_2\left(\frac{1}{0.05}\right) = 4.3$。由于 l_i 必须是整数并且要保证不能丢失信息，故 l_1 必须是 5。同理，$l_2 = 3; l_3 = 1; l_4 = 5$。因此，

$$E[L(C^2)] = \sum_j l_j \cdot P_j = (5 \times 0.05) + (3 \times 0.2) + (1 \times 0.7) + (5 \times 0.05) = 1.8 \quad (5.7)$$

利用公式（5.4），得到码元集 C^2 的信息熵为：

$$H(C^2) = 0.05 \log_2\left(\frac{1}{0.05}\right) + 0.2 \log_2\left(\frac{1}{0.2}\right) + 0.7 \log_2\left(\frac{1}{0.7}\right) + 0.05 \log_2\left(\frac{1}{0.05}\right) = 1.3$$
$$(5.8)$$

表 5.2　码元集 C^2 的紧致度描述

j	a_j	P_j	l_j
1	00	0.05	5
2	01	0.2	3
3	10	0.7	1
4	11	0.05	5

因此，参考表 5.2，码元集 C^2 的编码效率为：

$$\eta(C^2) = \frac{1.3}{1.8} = 0.7 \quad (5.9)$$

码元集 C^2 的冗余度为：

$$\text{rdd}_{C^2} = 1 - \eta = 1 - 0.7 = 0.3 \quad (5.10)$$

从能量效率方面来看，这意味着所传输的信息量中，有 30% 是不必要的冗余，原因是码元集 C^2 不够简洁。

用同样的计算方法，我们可以得到码元集 C^3（表 5.3）的平均码长：

$$E[L(C^3)] = \sum_j l_j \cdot P_j = (3 \times 0.05) + (2 \times 0.2) + (1 \times 0.7) + (3 \times 0.05) = 1.4 \quad (5.11)$$

表 5.3　码元集 C^3 的紧致度描述

j	a_j	P_j	l_j
1	100	0.05	3
2	11	0.2	2
3	0	0.7	1
4	110	0.05	3

由于信源符号的概率不变，故信息熵也保持不变。从而码元集 C^3 的编码效率为：

$$\eta(C^3) = \frac{1.3}{1.4} = 0.9 \quad (5.12)$$

码元集 C^3 的冗余度为：

$$\mathrm{rdd}_{C^3} = 1 - \eta = 1 - 0.9 = 0.1 \tag{5.13}$$

5.2.2 脉冲编码调制和增量调制

脉冲编码调制（PCM）和增量调制（DM）是 WSN 中两种主要的信源编码技术。在数字脉冲编码调制过程中，信号首先被量化，然后每组量化值从有限的码元集合中被表示成一个二进制码。不同的二进制码的长度以及二进制码的数量决定了 PCM 技术的分辨率和信源编码的比特率。

在传输时，PCM 信息是用脉冲的有无来表示的，而不是用振幅或脉冲边缘的位置来表示的。正是由于这一特性，PCM 大大提高了二进制码元的传输能力和再生能力（几乎消除了噪声）。采用这种信源编码技术的代价是会有量化误差，以及传输采样后的多比特数据对能量和带宽都有要求。图 5.4 展示了一种 PCM技术，它使用两个比特来编码一个采样，在采样过程中允许四阶的离散值。

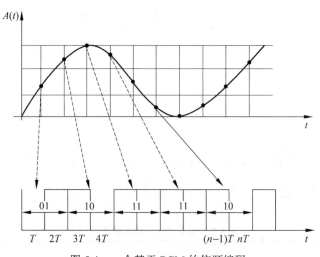

图 5.4　一个基于 PCM 的信源编码

增量调制的数字脉冲调制技术在低比特率数字系统中已得到广泛使用。这种调制技术使用了差分编码器，它发送的比特信息描述了连续信号值之间的差异，而不是基于时间顺序的一连串的实际值。差分信号 $V_d(t)$ 的产生，首先根据先前的采样信号 $V_i(t_0)$ 来估计其幅值，并将该值与实际的输入信号 $V_{in}(t_0)$ 进行比较。差分信号的极性代表了传输脉冲的不同极性。差分信号反映出信号的斜率，这个斜率首先要对模拟信号采样，然后通过改变振幅、脉宽，或根据采样信号的幅度来调整数字信号的位置得到。图 5.5 说明了增量调制。

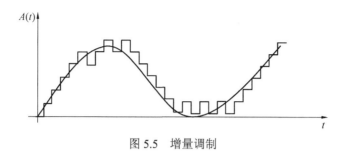

图 5.5　增量调制

5.3　信道编码

使用信道编码器的主要目的是产生一个数据序列，这个数据序列必须对噪声具有很强的鲁棒性，并提供错误检测和前向纠错机制。对于简单和廉价的收发器而言，前向纠错机制是昂贵的，因此，信道编码仅提供错误检测机制。

物理信道限制了信号传输量和速率，如图 5.6 所示。

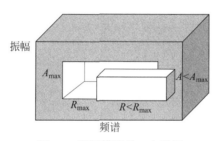

图 5.6　随机模型的一个通道

根据香农定理，一个信道的无差错传输能力被定义为：

$$C = B \cdot \log_2\left(1 + \frac{S}{N}\right) \tag{5.14}$$

其中 C 是信道容量（以每秒的比特数表示），B 是信道带宽（赫兹），S 是整个带宽上的平均信号功率（以瓦特表示），N 是整个带宽上的平均噪声功率（以瓦特表示）。

式（5.14）说明，如果要保证发送的数据没有错误，其传输速率不能超出信道容量的可承受范围，这也表明了信噪比（SNR）是如何提高信道的容量的。式（5.14）还揭示了在传输过程中为什么会出现差错的两个不相关的原因：

（1）如果信号的传输速率超出信道容量的可承受范围，信息将会丢失。这样的错误在信息论里被称为疑义度（equivocation），它具有负偏差（subtractive error）的特点。

（2）如果信号掺杂了很多不相关的噪声，信息将会丢失。

一个随机的信道模型有助于量化这两种误差源的影响。

假设一个输入序列 x_l 有 j 个不同的值，即 $x_l \in X(x_1, x_2, \cdots, x_j)$，在物理信道进行传输。令 $P(x_l)$ 表示 $P(X = x_l)$，这个信道的输出可以解码为由 k 个值组成的 $y_m \in Y(y_1, y_2, \cdots, y_k)$。令 $P(y_m)$ 表示 $P(Y = y_m)$。在 t_i 时刻，信道由输入信号 x_i 产生输出 y_i。

假设信道传输的数据失真，可以把这个失真过程（传输概率）模型化为一个随机过程：

$$P(y_m \mid x_l) = P(Y = y_m \mid X = x_l) \tag{5.15}$$

这里，$l = 1, 2, \cdots, j; m = 1, 2, \cdots, k$。

在下文对信道随机过程特性的分析中，假设以下条件成立：

- 信道是离散的，即 X 和 Y 是一组有限的符号集。
- 信道是固定的，即 $P(y_m \mid x_l)$ 独立于时间 t_i。
- 信道是无记忆的，即 $P(y_m \mid x_l)$ 与先前的输入输出数据相互独立。

一种描述传输失真的方法是使用信道矩阵 P_C。

$$P_C = \begin{bmatrix} P(y_1 \mid x_1) & \dots & P(y_k \mid x_1) \\ \vdots & & \vdots \\ P(y_1 \mid x_j) & \dots & P(y_k \mid x_j) \end{bmatrix} \tag{5.16}$$

这里，有：

$$\sum_{m=1}^{k} P(y_m \mid x_j) = 1, \forall j \tag{5.17}$$

从而得：

$$P(y_m) = \sum_{1}^{j} = 1 P(y_m \mid x_l) \cdot P(x_l) \tag{5.18}$$

更一般的：

$$(\boldsymbol{P}_y) = (\boldsymbol{P}_x) \cdot [P_C] \tag{5.19}$$

这里，$(\boldsymbol{P}_y)$ 和 $(\boldsymbol{P}_x)$ 都是行矩阵。

5.3.1 信道类型

5.3.1.1 二元对称信道

二元对称信道（BSC）是一种能够传输二进制位（0 和 1）的信道。这个信

道能够以概率 p 正确地传输一个比特信息（不管传送的是 0 还是 1），传输错误的概率则是 $1-p$（即把 1 变成了 0，0 变成了 1）。图 5.7 描述了这个信道模型。

差错与无差错传输的条件概率分别表示成如下公式：

$$P(y_0|x_0) = P(y_1|x_1) = 1-p \tag{5.20}$$

$$P(y_1|x_0) = P(y_0|x_1) = p \tag{5.21}$$

因此，二元对称信道的信道矩阵可表示成：

$$P_{\mathrm{BSC}} = \begin{bmatrix} 1-p & p \\ p & 1-p \end{bmatrix} \tag{5.22}$$

5.3.1.2　二元删除信道

在一个二元删除信道（BEC）中，无法保证传输的比特流都能被接收到（无论有否差错）。因此这种信道被描述为二元输入和三元输出信道。信息丢失的概率是 p，无差错接收的概率是 $1-p$，在删除信道中产生错误的概率是 0，图 5.8 显示了一个二元删除信道。

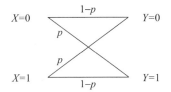

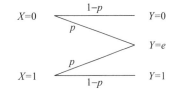

图 5.7　二元对称信道模型　　　　　　图 5.8　二元删除信道随机模型

二元删除信道的信道矩阵可表示如下：

$$P_{\mathrm{BEC}} = \begin{bmatrix} 1-p & p & 0 \\ 0 & p & 1-p \end{bmatrix} \tag{5.23}$$

式（5.23）说明一个比特的信息或者以 $P(1|1) = P(0|0) = 1-p$ 的概率成功传输，或者以概率 p 在信道中丢失。传输 1 的时候收到 0 的概率是零，反之亦然。

5.3.2　信道内的信息传输

给定输入信息 $X : (X, \overset{P_x}{\rightarrow}, H(x))$、信道矩阵 $[P_C]$ 和输出信息 $Y : (Y, \overset{P_y}{\rightarrow}, H(Y))$，则可以描述不相关度和疑义度的影响以及信息在信道中无差错传输的百分比，它被称为信息传输量或者互信息。

5.3.2.1　不相关性

由于噪声干扰而引入信道中传输的信息内容被定义为条件信息内涵 $I(y|x)$。

如果 x 已知，则可以求出 y 的信息内容。这个条件熵即为：

$$H(y\,|\,x) = E_y[I(y\,|\,x)] = \sum_{y \in Y} P(y\,|\,x) \cdot \log_2\left(\frac{1}{P(y\,|\,x)}\right) \tag{5.24}$$

其中 $P(y\,|\,x)$ 可以从信道矩阵 $[P_C]$ 中得出。对于所有输入信号 $x \in X$，得到平均条件熵为：

$$H(Y\,|\,X) = E_x[H(Y\,|\,x)] = \sum_{x \in X} P(x) \cdot \sum_{y \in Y} P(y\,|\,x) \cdot \log_2\left(\frac{1}{P(y\,|\,x)}\right) \tag{5.25}$$

式（5.25）等价于：

$$H(Y\,|\,X) = E_x[H(Y\,|\,x)] = \sum_{x \in X}\sum_{y \in Y} P(y\,|\,x) \cdot P(x) \cdot \log_2\left(\frac{1}{P(y\,|\,x)}\right) \tag{5.26}$$

由贝叶斯公式，化简得到：

$$p(x, y) = P(y\,|\,x) \cdot P(x) \tag{5.27}$$

从式（5.26）可以看出，一个好的信道编码器应该能够减少不相关熵。

5.3.2.2　疑义度

由于信道固有的限制，信息内容可能会丢失。信息内容可以通过在输出 y 已知的情况下观察输入 x 来得到：

$$H(X\,|\,Y) = \sum_{x \in X}\sum_{y \in Y} P(x\,|\,y) \cdot P(x) \cdot \log_2\left(\frac{1}{P(x\,|\,y)}\right) \tag{5.28}$$

再次使用贝叶斯条件概率公式，可得：

$$P(x, y) = \frac{P(y\,|\,x) \cdot P(x)}{P(y)} = \frac{P(y\,|\,x) \cdot P(x)}{\sum_{x \in X} P(y\,|\,x) \cdot P(x)} \tag{5.29}$$

式（5.29）的条件概率也称为推理概率或者后验概率。因此，疑义度有时也称作估计熵。一个好的信道编码方案应具有较高的估计概率，这可以通过在信道编码过程中引入冗余来实现。

5.3.2.3　信息传输量

互信息 $I(X;Y)$ 定义为在克服信道的限制下所能到达目的地的信息传输量（transinformation）。根据信息源的熵 $H(X)$ 和疑义度 $H(X\,|\,Y)$ 的定义，互信息量的数学表达式为：

$$I(X;Y) = H(X) - H(X\,|\,Y) \tag{5.30}$$

对公式（5.30）进一步展开：

$$\sum_{x \in X} P(x) \cdot \log_2 \left(\frac{1}{P(x)} \right) - \sum_{x \in X} \sum_{y \in Y} P(x, y) \cdot \log_2 \left(\frac{1}{P(x \mid y)} \right) \tag{5.31}$$

整理得：

$$H(Y) - H\big(Y|X\big) = I\big(Y; X\big) \tag{5.32}$$

不相关性、疑义度和互信息的关系见图 5.9。

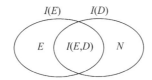

图 5.9　无关性、疑义度和信息传输量

5.3.3　检错和纠错

除了提高信道的信息传输量外，识别和纠正在传输过程中的错误信息也是非常重要的。通过发送特殊类型的字符可以识别出错误。如果一个信道解码器识别到了未知码字，它就会纠错或者请求发送器重发，称为自动重传请求 ARQ。理论上，一个解码器只能纠正 m 个错误(m 取决于码字的大小)。前向纠错可以通过发送 n 位的信息和 r 位的控制信息来完成。但是，前向纠错会降低信息的传输速度。

5.4　调制

调制是根据调制信号改变载波信号的特性（幅度、频率和相位）的过程。调制有以下优点：

- 调制的信号不太受噪声影响；
- 有效利用信道的频谱；
- 容易检测信号。

5.4.1　调制类型

调制信号是一个基带信号（中心频率在 0 附近）。若不经过调制直接传输信号，则所需要的接收天线的长度必须近似等于信号波长的四分之一。

这样天线的长度就会很长，这在无线设备中配置是不现实的，可以将信号加载到一个波长远小于基带信号的带通载波信号上。实际中，一般用正弦载波信号来调制。正弦载波信号的数学表达式如下：

$$s_c(t) = S_C \sin(2\pi f t + \phi(t)) \tag{5.33}$$

其中 S_C 是信号的峰值，f 是频率，$\phi(t)$ 是相位（相对于参考信号的相对位置）。从波长的角度来描述射频信号时，它是一个关于传播速度和频率的函数。图 5.10 给出了两个正弦信号，它们的频率和幅度相同，但是相位差 ϕ。

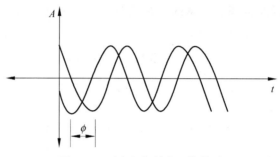

图 5.10   两个相位差为 ϕ 的信号

有相同频率的正弦波信号也通常用极坐标的形式描述，从图 5.11 可以看出图 5.10 给出的两个正弦波信号的关系。

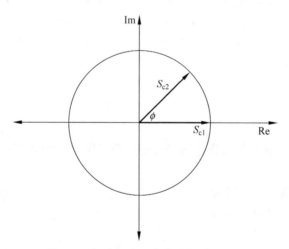

图 5.11   极坐标中两个信号关系的表示

一个信号 $s_m(t)$ 可以改变 $s_c(t)$ 的幅度、相位或频率。如果 $s_m(t)$ 改变了 $s_c(t)$ 的幅度，这种调制就称为调幅。如果 $s_m(t)$ 改变了 $s_c(t)$ 的频率，这种调制称为调频。如果 $s_m(t)$ 改变了 $s_c(t)$ 的相位，这种调制就称为调相。类似地，如果 $s_m(t)$ 是数字信号，相应的调制类型就是幅移键控 ASK、频移键控 FSK 和相移键控 PSK。

　　调制也可以进一步分为相干或不相干、二元或多元调制、能量高效型或频谱高效型等。在相干调制技术中，解调接收信号时需要用相同频率的载波信号。而在不相干调制技术中，解调接收信号时不需要再增加载波信号。在二元调制技术中，调制信号为二元的；而在多元调制技术中，调制信号会有 m 个离散值。在能量高效型调制技术中，目的在于减少已调信号的能量；而在频谱高效型调制技术中，目的在于优化已调信号的带宽。

5.4.1.1　调幅

　　假设载波信号和调制信号是模拟正弦信号，调幅的数学表达式如下：

$$s_{\text{mod}}(t) = [S_C \times S_M \cos(2\pi f_m t + \phi_m)]\cos(2\pi f_c t + \phi_c) \tag{5.34}$$

　　即 $s_c(t)$ 的幅度随着调制信号 $s_m(t)$ 而变化。假设两个信号的相位相同（$\phi_m = \phi_c = 0$），则公式（5.34）化简为：

$$s_{\text{mod}}(t) = [S_C \times S_M \cos(2\pi f_m t)]\cos(2\pi f_c t) \tag{5.35}$$

　　应用欧拉公式（$\mathrm{e}^{j\omega t} = \cos(\omega t) + \mathrm{j}\sin(\omega t)$），式（5.35）化简为：

$$s_{\text{mod}}(t) = \frac{S_C \times S_M}{2}[\cos(2\pi(f_m + f_c)t) + \cos(2\pi(f_m - f_c)t)] \tag{5.36}$$

　　实际中，调制信号不是简单的正弦信号，而是一个带宽为 B 的基带信号，其幅度和频率是随时间变换的函数。通过在频域的变换，这个带宽信号的傅里叶变换如图 5.12 所示。载波信号的傅里叶变换如图 5.13 所示。因此，基于图 5.12 和图 5.13 的调幅信号的频谱如图 5.14 所示。

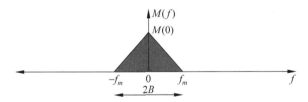

图 5.12　带宽为 B 的基带信号的频谱

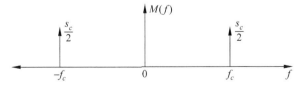

图 5.13　频率为 f_c 的载波信号的傅里叶变换

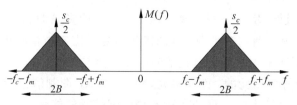

图 5.14   调幅信号的傅里叶变换

图 5.15 说明了调幅的原理。首先，用混合器将基带信号和载波信号混合，这个混合器是一个比基带信号的带宽大很多的放大器。然后，这个信号将会通过一系列的放大和滤波处理，以满足信道对幅度和频谱的要求。

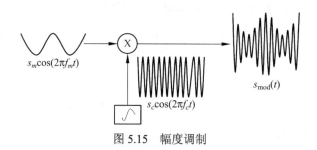

图 5.15   幅度调制

解调过程（从调制信号中提取信号）与调制信号过程类似，但多了一个低通滤波的过程。首先，将接收到的调制信号和理想上与原始的载波信号 $S_C(t)$ 有相同相位和频率的载波信号混合。数学表达式如下：

$$s_{\text{demo}} = S_C(\cos(2\pi f_c t) \times s_{\text{mod}}(t)) \tag{5.37}$$

展开公式（5.37）得：

$$s_{\text{demo}}(t) = S_C \cos(2\pi f_c t) \times \frac{K\, S_C \times S_M}{2}[\cos(2\pi(f_m + f_c)t) + \cos(2\pi(f_m - f_c)t)]$$

$$\tag{5.38}$$

其中 $K \ll 1$，这表明调制信号减弱了。利用三角公式的性质，式（5.38）可以简化为：

$$s_{\text{demo}}(t) = \frac{K\, S_C^{\,2} S_M}{2}[\cos(2\pi(2f_c - f_m)t) + \cos(2\pi(2f_c + f_m)t) + 2\cos(2\pi f_m t)] \tag{5.39}$$

可以看出，式（5.39）包含信号和载波信号，载波信号的频率远高于信号频率，这两部分可以通过一个由半波整流器和低通滤波器组成的包络检测器分离。图 5.16 显示了已调信号与接收端本地振荡器产生的载波信号是如何混合的，混合后的信号通过带通滤波器将 f_c 的成分滤除，最后，通过半波整流器和低通滤波器将基带信号提取出来。

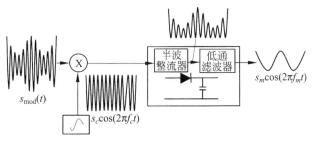

图 5.16 调幅载波信号的解调

5.4.1.2 频率和相位调制

调频中，载波信号的振幅 $s_c(t)$ 保持不变，而频率随基带信号 $s_m(t)$ 的变化而变化。这种方式需要限制调制信号的振幅以使 $|s_m(t)| \leqslant 1$。因此，调频信号描述如下：

$$s_{FM}(t) = S_C \cos\left(2\pi \int_0^t f(\tau)\mathrm{d}\tau\right) \tag{5.40}$$

其中，$\int_0^t f(\tau)\mathrm{d}\tau$ 是本振频率的瞬时变化。把这个瞬时变化表示为调制信号的函数，即有：

$$s_{FM}(t) = S_C \cos\left(2\pi \int_0^t [f_c + f_\delta s_m(\tau)]\mathrm{d}\tau\right) \tag{5.41}$$

其中 f_δ 是载波频率 f_c 的最大频率偏移量。整理式（5.41）中的各项得：

$$s_{FM}(t) = S_C \cos\left(2\pi f_c t + 2\pi f_\delta \int_0^t s_m(\tau)\mathrm{d}\tau\right) \tag{5.42}$$

相位调制中，载波信号的相位随基带信号的改变而改变。

5.4.1.3 幅移键控

到目前为止，我们所说的已调信号都是模拟信号。而在数字通信中，已调信号是二进制流。

幅移键控是一种模拟载波信号的幅度随二进制流的变化而变化的数字调制技术，载波信号的频率和相位保持不变。

有几种实现幅移键控的技术，最简单的是用图 5.17 中所示的开关调制方式。如图 5.17 所示，混频器的输出是基带信号流与本振器输出信号（例如，频率为 f_c 正弦载波信号）的乘积。

直接混合的方波信号（比特流）需要超限带宽的混频器，这是很昂贵的。可以用带脉冲整型滤波器（PSF）的幅移键控取代。PSF 从方波信号中去除高频分量，近似得到一个低频信号，然后用载波信号进行调制，如图 5.18 所示。

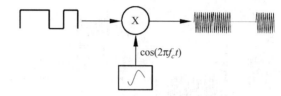

图 5.17　双控开关实现的幅移键控

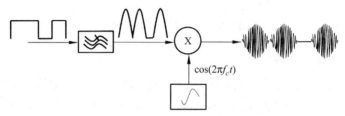

图 5.18　用脉冲整型滤波器实现的幅移键控过程

解调过程需要用一个混频器、一个本振器、一个 PSF 和一个比较器。混频器和 PSF 用来去除调制信号的高频分量，比较器将模拟波形变为比特流。

5.4.1.4　频移键控

在频移键控中，载波信号的频率随基带信号比特流的变化而变化。由于基带信号比特流取 0 或 1，载波频率也仅在两值之间变化。图 5.19 展示了如何使用一个简单的转换放大器和两个载频分别为 f_1 和 f_2 的本振器来实现频移键控调制。其中转换放大器由信号比特流控制。

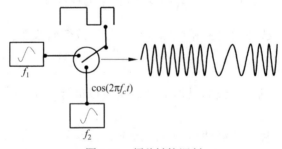

图 5.19　频移键控调制

解调过程需要两个本振器（频率为 f_1 和 f_2）、两个 PSF 和一个比较器，如图 5.20 所示。

5.4.1.5　相移键控

在相移键控中，载波信号的相位随信号比特流的变化而变化。当比特流从 1 变为 0 或者从 0 变为 1 时，相移 180°，这是一种最简单的相移键控形式。图 5.21

就表示一种相移键控过程，其中从 1 变为 0 产生 180°的相移。调制过程需要一个本振器、一个反相器、一个转换放大器和一个 PSF。反相器负责将载波信号相位翻转 180°。

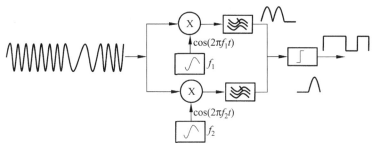

图 5.20　频移键控的解调过程

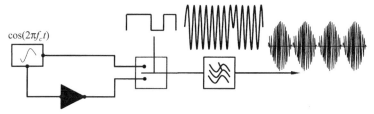

图 5.21　相移键控调制过程

相移键控也可以用一个 PSF、一个混频器和一个本振器代替，如图 5.22 所示。解调过程用一个本振器、一个混频器、一个 PSF 和一个比较器，如图 5.23 所示。

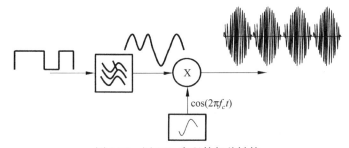

图 5.22　用 PSF 实现的相移键控

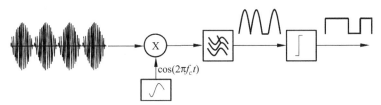

图 5.23　相移键控的解调方法

5.4.2 正交幅度调制

现在我们已经知道用单一的信号源来调制单一载波信号的方法，然而这样效率不高。我们可以采用正交信号来有效地提高信道的带宽。通过正交幅度调制（QAM）（图 5.24），两个已经调幅好的正交载波信号合并成一个复合信号，从而达到了两倍带宽，所以比普通的调幅方法更有效。在数字系统中，尤其是在无线应用中，QAM 是结合脉冲幅度调制（PAM）使用的。调制的比特流分成两个平行的子流，每个子流独立地调制这两个正交的载波信号。

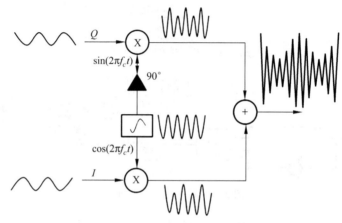

图 5.24   二次振幅调制过程

这两个载波信号有着相同的频率 f_c，且相位差是 90 度，因此它们是正交的，不会互相干扰。我们称其中一个载波为同相信号 I，另一个为正交信号 Q。回想：

$$s_Q(t) = S_C \cos(2\pi ft + 90^\circ) = S_C \sin(2\pi ft) \tag{5.43}$$

接收端将收到含有 Q 和 I 的幅度和相位信息的复合调制信号，并将这个信号与两个频率一样但相位差为 90 度的解调信号混合，然后检波过程开始提取和合并这个信号。

图 5.25 展示了一个 QAM 信号的解调过程。幅度和相位（或者 I 和 Q）的复合信号到达了接收端，这个输入信号与本地振荡器的载波信号通过两种形式混合，一种以 0 相位为基准，另一种相位差是 90°。这个复合振幅和相位的输入信号因此分成同相信号 I 和正交信号 Q 两部分。这两部分信号是独立且正交的，一个变化不会影响到另一个。

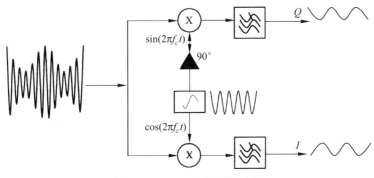

图 5.25 QAM 信号解调过程

采用数字调制很容易就能完成 I/Q 的调制，就是把数据映射成 I/Q 平面上的几个离散的点，这些离散的点被称为群集点。当调制的信号从一个点移动到另一个点时，要同时对振幅和相位进行调制。分别对相位和振幅调制是困难和复杂的，但通过一个 I/Q 调制器同时对振幅和相位进行调制很容易实现。I 和 Q 的控制信号是带宽有界的，但是通过合理地调整 I/Q 信号的相位可以实现无限的相位卷褶。

5.4.2.1 调制效率

根据每个分数据流的调制类型，调制信号的幅度、相位或频率携带了消息流的部分信息。调制效率与单个符号可以传达的信息的位数相关。在正交调制方式中，混合的载波信号包含了两个正交信号，这些信号的振幅和相位根据消息位流而改变。如果接收器足够敏感，就可以侦测到这两个信号幅值与相位上的差异，那么混合载波信号的一个状态就可以传达很多信息。但是在调制技术的简洁度和接收器的复杂度上我们必须权衡一下取个折中。

为了评价调制技术的效率，我们需要区分比特率和符号率。比特率是指系统的比特流的频率。符号率（也称为波特率）是指比特率除以每个符号可以携带的比特数。例如，10 位的模数变换器以 1kHz 的速率对加速度传感器采样，会产生 $10\mathrm{bit} \times 1\mathrm{kHz/s}$ 的比特流，也就是 10kbps。

在四相相移键控（QPSK）中，载波信号 I 和 Q 的相位差为 90°，分别表示 1 和 0。如图 5.26 所示，解调器可以辨别复合载波信号的四个不同状态。因为信号是二进制形式的，四种状态就可以表示为：00、01、10 和 11。因此，这个波特率是比特率的一半，对于上述模数转换器的例子，波特率就是 5kbps。

在八进制相移键控（8PSK）调制中，复合载波信号的相位能分成 8 个可以被解调器区分的状态，用 8 种不同的符号表示。因此这 8 种符号可以由 3 位来表示，此时的波特率是比特率的 1/3。也就是说，这个 8 种相位的相移键控需要

的频谱仅是二进制相移键控调制的 1/3，但是需要设计出复杂的系统来实现频谱
分配的高效。与 QPSK 调制器不同，图 5.27 中的 8PSK 调制器必须能够分辨出
复合载波信号中的 8 个不同相位转变。

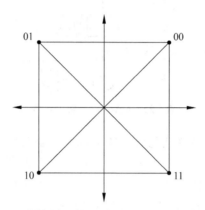

图 5.26　二进制移相键控：每个符号用 2 比特消息表示

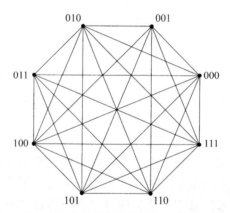

图 5.27　八进制相移键控每个符号用 3 比特的消息表示

5.4.3　总结

　　调制技术的选择是由通信子系统的设计目标决定的，需综合权衡能量消耗、
频谱效率和价格因素。一个高能效的调制器能够使通信系统在最低能耗的情况
下进行可靠的通信。一个频谱高效的调制器可以使通信系统在有限的带宽内发
送尽可能多的信息。因此，能量高效和频谱高效两者不可兼得。

　　对于陆地上的链路来说，比如说微波信号，我们考虑的是高效地利用带宽
并且降低误码率，因为有充足的能量供应，所以不需要考虑能耗高效问题。对
于此类的链路，接收器的价格和复杂度通常也不是优先考虑的因素。在 WSN

中，由于节点产生的数据比较少，所以主要考虑的问题是能效而不是带宽。不过在大规模部署中收发器的开销也是主要的考虑因素，因此，通信子系统就只有牺牲带宽效率来达到能耗和开销的高效。

5.5　信号传播

WSN 一般在 ISM 波段中应用，如表 5.4 所示。因此，它们必须和一些使用相同频段的设备共享频谱资源，如无绳电话、无线局域网、蓝牙、微波等，因此难免会受到干扰。

表 5.4　ITU-R 定义的 ISM 频谱

频谱	中心频率	可用性
6.765~6.795MHz	6.780MHz	根据当地法规而定
13.553~13.567MHz	13.560MHz	
26.975~27.283MHz	27.120MHz	
40.66~40.70MHz	40.68MHz	
443.05~434.79MHz	433.92MHz	欧洲、非洲、波斯湾以西的中东国家（包括伊拉克）、苏联、蒙古国
902~928MHz	915MHz	南北美洲、格陵兰岛以及部分东太平洋岛国
2.400~2.500GHz	2.450GHz	
5.725~5.875GHz	5.800GHz	
24~24.25GHz	24.125GHz	
61~61.5GHz	61.25GHz	根据当地法规而定
122~123GHz	122.5GHz	根据当地法规而定
244~246GHz	245GHz	根据当地法规而定

图 5.28 是忽略了干扰因素的一个简单信道模式，而把噪声作为影响信号传播的主要因素。这些噪声可以建模成一个加性高斯白噪声（AWGN）。加性高斯白噪声具有恒定的谱密度，而且在整体上有一个正态幅度分布。在这个模型下，噪声会使信号的振幅失真。

有两种处理噪声的方式。一种方式是增加接收信号的能量以增大信噪比，使得信道可以忽略噪声。另一种是使用扩频技术分散所发送的信号的能量，可以实现带宽的有效利用。

可以通过调节发送器和接收器上的一系列参数来提高接收到信号的能量。接收能量和传送能量之间的关系如图 5.29 所示。

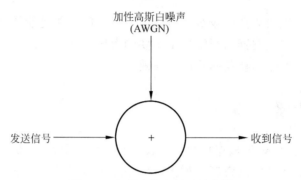

图 5.28   加性高斯白噪声的信道

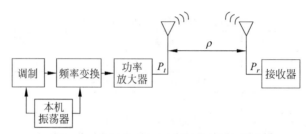

图 5.29   发送端功率与接收端功率的关系

在电信号转化为电磁波的最后一个阶段是使用功率放大器。假设功率放大器的输出功率是一个常数 P_t，传输这个信号的距离是 ρ，那么发射器的天线增益 g_t 与天线的有效覆盖面积 A_t 之间的关系可以表示为：

$$A_t = g_t \frac{\lambda^2}{4\pi} \tag{5.44}$$

其中 λ 是载波信号的波长。

这个传输信号将会在接收端被接收，而且接收能量是一个与距离、路径损耗指数、接收机的天线增益和覆盖区域相关的函数。对于一个视距（LOS）通信链路来说，路径损耗指数是 2；对于一个非 LOS 的通信链路，路径损耗指数在 2～4 之间。因此，对于一个 LOS 链路来说，接收功率与发射功率之间的关系可以表示为：

$$P_r = \frac{P_t}{4\pi\rho^2} g_t \times A_r \tag{5.45}$$

其中 ρ 是发射器与接收器之间的距离.因为接收器的天线增益 g_r 和有效区域 A_r 是相关的，因此式（5.45）可以重写成：

$$P_r = \frac{P_t}{4\pi\rho^r} g_t \times g_r \frac{\lambda^2}{4\pi} \tag{5.46}$$

发射功率与接收功率的比值，P_t/P_r，就是传播损耗，通常以分贝为单位。

$$a(t) = \frac{P_t}{P_r} = \left(\frac{4\pi\rho}{\lambda}\right) \times \frac{1}{g_r g_t} \tag{5.47}$$

因此，这个传播损耗用分贝表示就是

$$a(t)/\text{dB} = 20\log\left(\frac{4\pi\rho}{\lambda}\right) - 10\log(g_r g_t) \tag{5.48}$$

其中 $20\log(4\pi\rho/\lambda)$ 被称为基本传播损耗，是与发送器和接收器无关的。

练习

5.1　在多种传感器上应用的一种模数转换器是怎样将它们的模拟信号转换成对应的离散信号序列的？

5.2　假设一个离散的无记忆信源能从三元的符号集 $A=\{-1,0,1\}$ 中发射符号，这些符号的发射概率为：$P(-1)=0.5$，$P(0)=P(1)=0.25$。如果这个信源能同时发射两个符号(A^2)而不是一次发射一个符号，并且同时发射这两个符号的概率是单独发射两个符号的概率的乘积。证明同时发射两个符号的信息熵是单独发射两个符号的信息熵的两倍。

5.3　有如下的码字：

$C_1 = \{1, 10, 01\}$

$C_2 = \{0, 00001\}$

$C_3 = \{0, 10, 11\}$

$C_4 = \{01, 11\}$

$C_5 = \{0, 00, 000\}$

（a）上面哪些编码能唯一解码？

（b）上面哪些编码能即时解码？

（c）上面哪些编码对于某些随机分配可能是最优前缀编码？

5.4　假设某个信息源发射一串字符 $X=\{x_1,\cdots,x_8\}$，其对应的发射概率为 $\{0.2, 0.35, 0.15, 0.1, 0.09, 0.06, 0.04, 0.01\}$。

（a）如果对单个字符进行二元霍夫曼编码或香农编码，请计算编码长度的平均值的上界。

（b）为所给的字符串构建一个二元霍夫曼编码。

（c）计算上述字符串的霍夫曼编码的平均码字长度，并与(a)中计算的平均编码长度上界作比较。

5.5　对于图 5.30 中的模拟信号：

（a）如何对信号进行 3 比特脉码调制编码？

（b）如何对信号进行增量调制编码？

（c）码元长度不同的码元集的脉码调制编码器，如何有效地进行编码？

（d）在数据传输过程中以及动态时钟恢复时，曼彻斯特编码是一种有效的减小直流电压影响的编码技术。请阐述经脉码调制过后的比特流是如何被编码成曼彻斯特编码的。

（e）将经脉码调制后的比特流编码成差分曼彻斯特编码。

（f）讨论曼彻斯特编码和差分曼彻斯特编码这两种编码技术生成的比特流的差异。

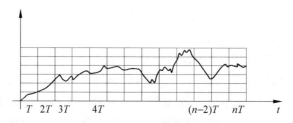

图 5.30　对模拟信号源码编码

5.6　如图 5.31 中所示的反馈回路是线性系统中十分有用的系统，它体现了设计稳定的功率放大器和振荡器的基本原理。此外，大多数接收器都会部署一个反馈回路来建立自动增益控制（AGC），以保证在信道特性变化的情况下，能够保持接收信号的功率不变。反馈回路由总的回路增益来表示，即输入电压与输出电压的比值 $G_{loop} = V_{out} / V_{in}$。请计算总的回路增益 G_{loop}。

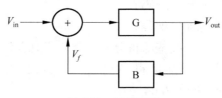

图 5.31　反馈回路

5.7　如图 5.32 展示的是包络检测器（envelope detector）的两个部件之一：半波整流器，其功能是从载波中提取出基带信号。请画出图中正弦载波输入信号对应的整流器输出信号。

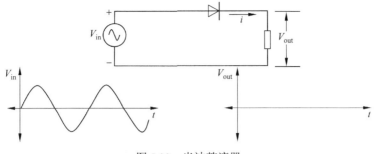

图 5.32　半波整流器

5.8　现在将半波整流器改成如图 5.33 所示的全波桥接整流器，请画出输出波信号的形状。

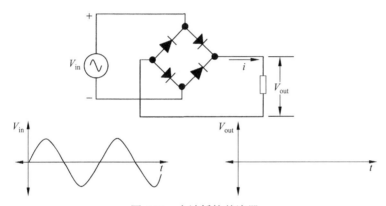

图 5.33　全波桥接整流器

5.9　低通滤波器在调幅信号中用于将基带信号从载波中分离出来，请解释图 5.34 中的低通滤波器是怎样实现这种功能的。

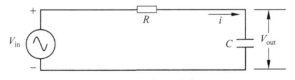

图 5.34　*RC* 低通过滤器

基于图 5.34，请写出以下内容的表达式：

（a）从电阻器到电容器的电压降幅；

（b）滤波器中流动的电流；

（c）转换方程：$H_C(s)=V_{out}(s) / V_{in}(s)$，其中 $s=jw$ 是拉普拉斯算子。

5.10 模拟信号 $m(t) = 5\cos(2\pi 1\text{kHz}t)$ 用于调制载波信号 $c(t) = 10\cos(2\pi 100\text{MHz}t)$ 的振幅。

（a）写出调制信号的时域表达式。

（b）写出调制信号的频域表达式。

（c）如图 5.35，假设信号用用狄拉克 δ 函数以时间周期 T 采样。请画出采样信号的频谱。

（d）为了从采样后的序列中重建连续的调制信号，需要满足什么前提条件？

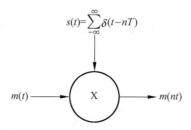

图 5.35　用狄拉克 δ 函数对调制信号采样

5.11 路径损耗指数 γ 描述了电磁波在空间传播过程中是如何衰减的。在自由空间中，由于在发送器和接收器之间没有障碍物，$\gamma=2$。即，电磁波传播的强度是随着距离的平方而下降的，$-P_r \approx P_t/4\pi\rho^2$，其中 ρ 表示距离，单位是米。但是如果发送器和接收器之间有障碍物，γ 的值就大于 2。图 5.36 展示了电磁波在经反射镜反射后到达接收器的一个简单模型。请为这个模型写出其路径损耗指数的表达式。假设反射镜是一个理想的反射镜，并且在发射器的反射镜和接收器的反射镜之间有一个视线链路，且 $\rho \gg h$。

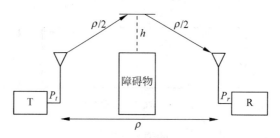

图 5.36　电磁波传播的简单反射模型

5.12 如图 5.37 是接收器的某个部件的框图，它由一个全向天线、一个功率放大器、一个本地振荡器、一个中频放大器以及一个包络检波器构成。虽然将接收到的信号和调制后的本地载波信号混合之后，再来检测调制信号是可以实现的，但保留中间状态仍然非常有用。

（a）为什么中间频率放大器值得保留？

（b）假设接收器是用来接收一个调幅信号，中间状态的频率该如何获得？

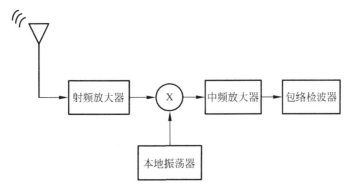

图 5.37 接收器的方框图

5.13 在增强信号的传播和接收的过程中，发送器和接收器分别扮演了什么样的角色？

5.14 为什么在发送器的功率放大器上浪费了相当大的能量？

5.15 在正交幅度调制（QAM）中，如何平衡调制效率和设计复杂度？

参考文献

Proakis, J.G. (2000) *Digital Communications* (4th edn). McGraw-Hill Publishing Company.

Wilson, S.G. (1995) *Digital Modulation and Coding*. Prentice Hall.

第 6 章 MAC 协议

在大多数网络中，大量的节点共用一个通信介质来传输数据包。介质访问控制（MAC）协议（通常是 OSI 模型中数据链路层的子层）主要负责协调对共用介质的访问。大多数传感器网络和感知应用都依赖无需授权的 ISM（工业、科学、医学）无线电波段传输，因此通信很容易受到噪声和干扰的影响。由于无线通信中的错误、干扰以及隐藏终端和暴露终端等问题的挑战，MAC 协议的选择直接影响到网络传输的可靠性和效率。其他方面的问题还包括信号衰减、大量节点的同步介质访问和非对称链路等。能耗效率不仅是 WSN 主要考虑的问题，它也影响着 MAC 协议的设计。能量不仅消耗在传输和接收数据上，也消耗在对介质使用状态的监听上（空闲监听）。其他的能量消耗包括数据的转发（由于碰撞）、分组开销、控制分组传输和以高于到达接收器的传输功率发送数据等。对于 WSN 中的 MAC 协议，通常以提高能量效率来换取延迟的增加或者吞吐量和公平性的降低。本章综述了 MAC 层的功能，讨论了 WSN 中 MAC 协议的特点，描述了无线通信中 MAC 协议的主要类别，并分析了 WSN 中如何选择 MAC 协议。

6.1 概述

无线介质是被多个网络设备共享使用的，因此需要一种机制来控制对介质的访问，这是由 OSI 参考模型（图 6.1）中的数据链路层来负责实现的。根据 IEEE 802 参考模型（图 6.1），数据链路层被进一步分为逻辑链路控制子层和介质访问控制子层（MAC 层）。MAC 层直接在物理层的上一层执行，因此可以认为介质是由该层控制的。MAC 层的主要功能是决定一个节点什么时候可以访问共享介质，并解决可能发生在竞争节点之间的潜在冲突。此外，它还负责纠正物理层的通信错误以及执行其他功能，例如组帧、寻址和流量控制。

对现有的 MAC 协议，可以根据其控制访问介质的方式来分类，图 6.2 是这种分类的一个示例。大多数协议可以被划分为两类，一类是无竞争的协议，另一类是基于竞争的协议。在第一种分类中，MAC 协议提供一种共用介质的方法，就是确保在给定的时间仅允许一个设备访问无线介质。这一类中又可分为固定分配和动态分配，用来表明预留的时隙是固定分配的还是按需分配的。与无竞争技术相比，基于竞争的协议允许节点同时访问介质，但是提供了能减少碰撞次数和能从碰撞中恢复的机制。最后，还有一些 MAC 协议由于它们兼有无竞争和基于竞争的技术特点而不能轻易归类。通常，这些混合的方法旨在继承上述两种分类的优点，并最小化它们的缺点。

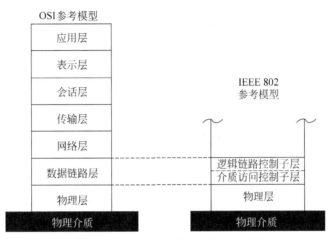

图 6.1　在 IEEE 802 模型中的 MAC 层

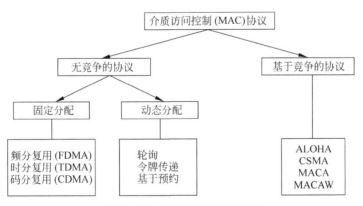

图 6.2　MAC 协议的分类和例子

6.1.1　无竞争介质访问

可以通过给节点分配资源来避免碰撞，这样，节点就可以唯一地使用所分配的资源。例如，频分复用（FDMA）就是一种最早的共用通信介质的方法。在 FDMA 中，频带被分成几个较小的频带，这些小的频带可以用于一对节点之间的数据传输，可能干扰到这个传输的所有其他节点则使用与之不同的频带。同样地，时分复用（TDMA）允许多路设备使用同样的频带，但它们用的是周期时间窗（称为帧）——包括固定数目的传输时隙——来分离不同设备对介质的访问。时间表表明了哪个节点在特定的时隙传输数据，每个时隙最多允许一个节点传输数据。TDMA 的主要优点是不需要通过竞争来访问介质，因此避免了碰撞。TDMA 的缺点是在网络拓扑结构做必要改变时也需要改变对时隙的分配，此外，当时隙是固定的大小（数据包的大小可不同）或分配给一个节点的时隙没有被每个帧都占用完，TDMA 协议的带宽利用率就不高。MAC 协议的第三类是基于码分复用（CDMA）概念的，它可以通过使用不同的编码方式同时对无线介质进行访问。如果这些编码是正交的，也可以实现在同一频带上的多路通信，用接收器端的前向纠错方法从伴有干扰的多路通信中恢复数据。

如果每个帧的传输没有使用所有时隙，也不可能把属于一个设备的时隙分配给其他的设备，因为如果这样做，固定分配策略的效率就会很低。而且，为整个网络（尤其是大型的 WSN）安排时序会是一个很繁重的工作，这些时序可能还需要随着网络拓扑或者网络中通信量特性的变化来做修改。因此，动态的分配策略通过允许节点按需地访问介质来避免这种死板的分配。例如，在轮询的 MAC 协议中，控制设备（例如基于基础设施的无线网络中的基站）循环地发送小的轮询帧，来询问每个节点是否有数据要发送。如果一个节点没有数据要发送，则控制设备询问下一个节点。这种方法的变体就是令牌传递，节点之间通过一种特殊的叫令牌的帧来传递询问请求（同样是循环方式），只有当一个节点持有令牌时才允许传送数据。最后，基于预约的协议使用静态时隙让节点根据需求预约未来的介质访问权。例如，节点可以在一个固定位置启动一个预留位来声明它想传输的数据，这些非常复杂的协议能够确保其他竞争节点可以注意到预约权，从而避免碰撞。

6.1.2　基于竞争的介质访问

与无竞争技术相比，基于竞争的协议允许节点通过竞争来同时访问介质，但提供了减少碰撞次数和从碰撞中恢复的机制。例如，ALOHA 协议（Kuo，1995）使用 ACK 机制来确认广播数据传送的成功。ALOHA 允许节点立即访问介质，但运用比如指数退避法来解决碰撞问题，增加成功传输的可能性。按时隙的 ALOHA 协议则规定节点只能在预定的时间点（一个时隙的开始时刻）开始传输，以此来减小碰撞的可能性。尽管按时隙的 ALOHA 提升了 ALOHA 的效率，但它要求这些节点是同步的。

一种普遍流行的基于竞争的 MAC 协议是 CSMA（载波监听多路访问），包括它的变体 CSMA/CD（带有冲突检测的）和 CSMA/CA（带有冲突避免的）。在 CSMA/CD 方案中，发送者首先检测介质来确定介质是空闲还是繁忙，如果发现介质繁忙，发送者就不发送数据包，如果介质是空闲的，发送者就可以开始传输数据。在有线系统中，发送者持续不断地侦听，来检测它自己发送的数据是否与其他的传输有冲突。但是在无线系统中，碰撞发生在接收器端，因此发送者不知道是否有冲突。当两个发送设备 A 和 C 都能够到达同一个接收端 B，但是不能监听彼此的信号（如图 6.3 所示，圆圈代表每个节点的传输和干扰范围），隐藏终端问题就发生了。因此，有可能出现 A 和 C 传递的数据同时到达B，导致了在 B 节点的碰撞，而且无法直接监测出这个碰撞的情况。还有一个相关的问题是暴露终端问题，C 想要传输数据到第四个节点 D，但需要等待，因为它监听到从 B 到 A 的不间断传输。实际上，节点 D 在节点 B 的传输影响范围之外，B 节点的传输并不干扰在 D 节点接收数据。结果是，节点 C 的等待延迟了它的传输，这是没有必要的。许多无线传感网络的 MAC 协议都试图解决这两个挑战。

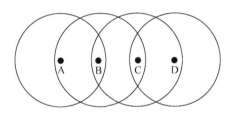

图 6.3　隐藏终端和暴露终端问题

6.2　无线 MAC 协议

目前有一系列可供使用的无线 MAC 协议和标准，本节将介绍最常见的几种。这些协议可能不是某类 WSN 应用的最佳选择，但这些协议所采用的基本概念，大部分可以在针对传感器网络的技术标准中找到。

6.2.1　载波监听多路访问

很多基于竞争的 WSN 协议采用载波监听多路访问 CSMA 技术。在 CSMA 中，节点在传输数据之前首先侦听信道是否空闲，这是 CSMA 与 ALOHA 的最主要区别，这一机制可以有效减少碰撞的次数。在非持续型 CMSA 中，无线节点在侦听到信道空闲时可以立即传输数据。如果信道忙，节点会采取退避操作，即等待一定的时间后再尝试传输数据。在 1-持续型 CSMA 中，需要传输数据的节点会一直侦听信道的活动状态。一旦发现信道空闲，立即传输数据。如果发生碰撞，节点会随机等待一段时间然后再次尝试传输。在 p-持续型 CSMA 中，节点也会持续检测信道。当信道空闲时，节点以概率 p 传输数据，以概率 $1-p$ 延迟该次传输。在非时隙的 CSMA 中，随机退避的时间是连续的；在按时隙划分的 CSMA 中，随机退避的时间是时隙的整数倍。

　　CSMA/CA 是对 CSMA 协议的改进，增加了碰撞避免机制。采用 CSMA/CA 协议的节点，首先侦听信道，当侦听到信道空闲时不立即使用信道。节点会等待一个 DCF 帧间距（DCF Interframe Space，DIFS）的时间，然后等待一个随机退避时间，该随机退避时间长度是时隙的倍数（见图 6.4）。为防止多个节点同时接入信道，退避时间较短的节点会占用信道。例如，图 6.4 中，节点 A 等待时间为 DIFS+4×s（s 代表时隙长度），节点 B 的退避时间是 DIFS+7×s。当节点 A 开始传输时，节点 B 暂停自己的退避计时器，在节点 A 完成传输后再恢复定时器，并延长一个 DIFS。当节点 B 的退避定时器到期时，B 开始传输数据。

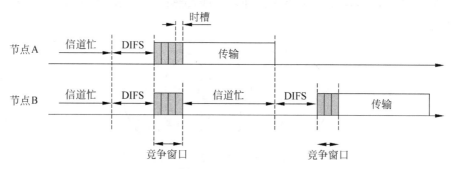

图 6.4　使用 CSMA/CA 的介质访问

6.2.2　带有碰撞避免机制的多路访问（MACA）和 MACAW

　　有些碰撞避免机制利用了动态信道征用，比如带有碰撞避免机制的多路访问（multiple access with collision avoidance，MACA）（Karn，1990）中设计的 RTS 和 CTS 控制报文。发送方利用 RTS 向目标接收方表明本地准备发送数据，若 RTS 传送成功没有发生碰撞，并且接收方准备好接收数据，那么接收方反馈给发送方一个 CTS 控制报文。如果发送方没有接收到 CTS，那么一段时间后发送方重新发送 RTS。若 CTS 消息被发送方成功接收，则信道征用成功完成。其他节点若侦听到 RTS 或 CTS 消息，表示有节点将占用信道进行数据传输，这些节点先等待一段时间然后再征用信道。在 MACA 协议中，等待时间根据传输数据的长度确定，RTS 和 CTS 报文的一部分字段可以用来确定该长度值。MACA 使用这种握手方式解决隐藏终端问题，减少了为传输数据而预定信道所发生的碰撞次数。

　　在用于无线局域网的带碰撞避免机制的多路访问（MACA for wireless LANs，MACAW）（Bharghavan 等，1994）中，接收方如果正确接收到数据包，会反馈给发送方确认帧 ACK。若其他节点侦听到该信息，表明此时信道可以重新进行征用，这一确认反馈机制增强了传输的可靠性。侦听到 RTS 消息的节点必须保持静默状态，以确保 RTS 的发送方可以正确接收到 ACK。有些邻节点侦听到了 RTS 消息，却不发送 CTS 消息，这样发送方就不能确定是因为它们不在目的端的可达范围内而没有侦听到 CTS 信号，还是 CTS 根本就没有发送。无论哪种情况，它们也不会收到来自目的端的 ACK 报文。这些节点必须保持静默一段时间，来使预期的传输完成，时间长短由 RTS 消息携带的信息确定。但是，如果没有 CTS 消息发出，即使信道空闲，这些节点也要保持静默状态并且延迟本地的数据传输。为此，MACAW 协议引入了另一种控制报文，称为数据传送（Data Sending，DS）报文。发送 RTS 的节点在收到反馈的 CTS 后发出 DS 消息，标志着本次数据传输的正式开始。如果其他节点监听到 RTS 消息，但是没有监听到 DS 消息，则表明本次的信道征用操作失败，它就可以尝试为自己传输数据而征用信道。

6.2.3　基于邀请的 MACA 协议

基于邀请的 MACA 协议（MACA by invitation，MACA-BI）（Talucci 等，1997）给出了另一种改进方法，由接收方设备向发送方发送一个准备接收（Ready To Receive，RTR）消息初始化数据传输，然后发送方给接收方反送数据。与 MACA 协议相比，MACA-BI 减少了侦听（因此理论上增加了最大吞吐量），此协议要求接收方能够确定何时开始接收数据。源节点可以利用数据报文中的选项字段指明等待发送的报文数目，并告知目的端需要更多的 RTS。

6.2.4　IEEE 802.11

1999 年，IEEE 公布了 802.11 无线局域网标准，详细说明了 OSI 模型的物理层和数据链路层在无线接口中的应用。OSI 协议栈应用普遍，广为认可，因此本小节简要介绍一些关于 OSI 协议栈的特性。IEEE802.11 经常与"Wireless Fidelity"（Wi-Fi）联系在一起，Wi-Fi 是由 Wi-Fi 联盟（该组织确保符合 802.11 协议的不同硬件设备之间具有兼容性）给出的认证标识，它融合了 CSMA/CA 和 MACAW 中的概念，并提出了一系列节能特性。

IEEE 802.11 可以用在点协调功能（point coordination function，PCF）或者分布式协调功能（distributed coordination function，DCF）中。在 PCF 模式下，设备间的通信要通过接入点（access point，AP）或基站（托管模式）的中央设备。在 DCF 模式下，设备间的通信是直接的点对点模式（Ad Hoc 模式）。IEEE 802.11 建立在 CSMA/CA 协议基础上，在节点传输数据前首先侦听信道空闲状态。若信道空闲时间达到或超过 DIFS，节点可以传输数据（见图 6.5）；否则，设备根据退避算法延迟传输。这种算法随机选择一定数目的等待时隙，并把这个数值存储在退避计数器中。若在任一个时隙内无网络活动，计数器会减 1，当计数器达到 0 时设备可以尝试传输。如果在计数器达到 0 前侦听到信道忙，那么设备持续等待，直到信道空闲时间达到一个 DIFS 长度，计数器继续进行减 1 操作。

一次成功传输结束后，接收方在等待一个 SIFS 时间后给发送方反馈确认消息。SIFS 的值比 DIFS 小，以确保接收方发送确认信息前不会有其他设备使用信道。

若节点 A 使用 RTS 和 CTS 控制报文征用了信道，侦听到 RTS 消息的邻节点 B，必须在节点 A 的传输完成并且收到确认信息之前暂停征用信道。因此，要求节点 B 持续侦听信道以检测它是否变成空闲。事实上，A 的 RTS 消息携带有 A 准备传输的数据的长度，节点 B 可以利用这个值估计传输所需要的时间，决定是否进入低功耗睡眠模式。一些邻居节点可能只侦听到某个潜在接收方反馈给 A 的 CTS 消息，而没有侦听到节点 A 发送的 RTS 消息。相应的 CTS 反馈消息中也携带有数据长度信息，根据数据长度信息，邻节点可以设置一个网络分配矢量（network allocation vector，NAV），以标识信道不可占用的时间（见图 6.5）。节点使用 NAV 就不需要持续检测信道，从而达到了节能的效果。

在 PCF 模式下，AP 协调信道的访问可以确保进行无碰撞的通信。AP 定期向它的客户端广播一个信标帧（beacon），该信号包含了所有在 AP 中标明有待发送数据的节点列表。在非竞争时段内，AP 将这些数据包发给它的客户端。作为可选的操作，客户端设备可通过协商方式初始化它们与 AP 之间的数据传输。在非竞争时段内，AP 等待一个 PCF 帧间隔（PCF interframe space，PIFS）时间，PIFS 时间长度比 DIFS 短但比 SIFS 长。这样可以确保在 PCF 模式工作的通信优先级高于在 DCF 模式工作的通信，也就不会被 DCF 模式中的控制消息（例如 CTS 和 ACK）中断。

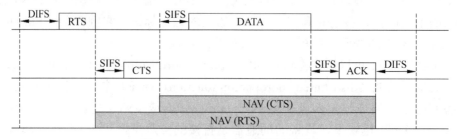

图 6.5   IEEE 802.11 介质访问控制

IEEE 802.11 协议的重点是能够提供公平的并且支持高吞吐量和移动性的介质访问机制。但是，由于设备会花费大量时间侦听介质，并且信道中经常发生碰撞，所以这种标准带来了大量的包括能耗等方面的额外消耗。为了解决能量消耗问题，IEEE 802.11 协议为工作于 PCF 模式的设备提供了一个省电模式（power saving mode，PSM）。设备可以发送特定的控制消息，通知 AP 它们想要进入低功耗睡眠模式。这些设备会周期性的自唤醒来接收 AP 的 beacon 信号，根据接收到的 beacon 信号，决定是否应保持唤醒状态来接收其他消息。尽管省电模式改善了能量浪费的问题，但该模式只工作于基础设施模式（备注：即 PCF 模式），而且无法设定设备进入睡眠模式的时刻以及睡眠的时间长度（Ye 等，2004）。

6.2.5 IEEE 802.15.4 和 ZigBee

IEEE 802.15.4 标准（Gutierrez 等，2001）用于 868MHz、915MHz 和 2.45GHz 频段的低功耗设备，支持 20kbps、40kbps 和 250kbps 的数据传输率，与 IEEE 802.11 标准相比（例如，IEEE 802.11a 提供高达 54Mbps 的数据传输率），它仅支持较小的数据传输率。在 IEEE 802.15.4 标准公布之前，ZigBee 联盟组织一直在研究低数据率、低功耗和低成本的通信技术。IEEE 和 ZigBee 联盟合作以后，ZigBee 成为 IEEE 802.15.4 技术的商业名称。

IEEE 802.15.4 标准适用于两种拓扑模式：星型拓扑和端对端拓扑。在星型拓扑模式中，该协议的工作方式与蓝牙类似，所有通信都需经过个域网（personal area network，PAN）协调器。在端对端拓扑模式中，任意两个设备之间可以直接通信。但是，两设备在进行端对端通信前依然需要跟 PAN 协调器协商。在星型拓扑中，有两种模式：同步模式（beacon 信号模式）和异步模式。在同步模式中，PAN 协调器定期广播 beacon 消息用于同步和管理。同步模式可以对信道进行分时隙的访问，允许设备在侦听信道之前等待一段随机退避时间。若信道空闲，设备就等待一个时隙，再次侦听信道，直到在两个连续时隙（经过退避时间后）内都没有检测到信道被占用。若检测到信道占用，就重复退避过程，退避结束就可以获得信道的使用权。非同步模式与同步模式的唯一区别是，非同步模式下若在第一次退避时间内检测到信道空闲，设备可以立即获得信道的使用权。

节点与本地 PAN 协调器之间的数据传输一般由节点发起，这样就可以由发起节点决定数据传输的时间以及最大程度地节省电能。节点可以采用上述的信道征用方式，随时向 PAN 协调器发送数据。只有在节点发出数据传输请求后，PAN 协调器才会向节点传送数据。在任何一种模式下，都可以采用可选的确认消息通知 PAN 协调器或者节点传输成功完成了。

尽管 IEEE 802.15.4 在 WSN 中应用广泛，但这个标准还是存在很多问题。例如，这个标准虽然明确地定义了星型拓扑中的报文交换和操作，但没有明确地定义端对端模式的操作。在大规模的 WSN 中，所有设备不可能使用同一个 PAN 协调器。虽然该标准允许 PAN 协调器之间的通信，但它也没有对该通信方式进行明确的定义。

6.3　传感器网络中 MAC 协议的特点

大多数 MAC 协议都建立在公平的基础上，也就是说，每个节点都可获得同等优先级访问无线介质，并且获得等量的资源分配，不允许任何一个模块或节点享受特殊待遇。在 WSN 中，所有节点协同完成一项任务，因此不用过多关注公平性。相反，无线节点最关心的是能量消耗，相对于公平性，传感网应用程序更重视低延时和高可靠性。本节讨论了 WSN 中 MAC 协议的主要特点和设计目标。

6.3.1　能量效率

传感器节点只能使用能量有限的电池作为供电能源，因此 MAC 协议的设计必须遵循高效节能的原则。由于 MAC 协议控制着无线空中接口，所以其设计的好坏对一个传感节点的整体能量需求作用很大。常用的一种节能技术叫做动态能量管理（DPM），它可以使得节点在不同的运作模式下进行切换，比如工作状态、空闲状态以及睡眠状态。工作状态下的网络等资源可以集合多种不同的运作模式，比如同时采用接收和发送模式。尽管接收和空闲模式通常能耗很相近，但是如果没有能量管理，大多数收发器会在发送、接收和空闲状态之间进行切换。若把设备调到低功耗睡眠模式可以节省大量能量。对于 WSN 来说，周期性的通信模式很常见（例如环境监测），由于 MAC 协议不要求节点始终处于工作状态，许多网络都获益于此。MAC 协议允许节点周期性地访问介质来传输数据，并在两次传输的间隔期把无线模块调到低功耗睡眠模式。一个传感器节点在工作模式下消耗的时间与总时间的比值被称作占空比（duty cycle）。由于大多数 WSN 中的数据传输一般都是不频繁并且数据量较小，因此节点的占空比通常都比较小。

表 6.1 对几个广泛应用的传感器节点无线射频模块的能耗需求作了比较。表中显示了每个模块的最大数据传输速率和分别在发送、接收、空闲以及待机模式下的电流消耗。Mica 和 Mica2 采用 Atmel 公司的 ATmega 128L 微处理器（8 位的 RISC 处理器、128KB 的闪存、4KB 的 SRAM），并且使用 RFM TR1000/TR3000 收发器模块（Mica）或者 Chipcon 公司的 CC1000（见 CC1000

2004）收发器模块（Mica2）。对于 CC1000 模块，表中给出的值是 868MHz 模式下的。除了待机模式，Freescale MC13202 收发器模块（见 MC13202 2008）也支持"休眠"和"睡眠"模式，它们的工作电流分别为 6μA 和 1μA。XYZ 传感器节点和 Intel 公司的 Imote 使用 CC2420 收发器模块（见 CC2420 2004）。

表 6.1　近期常用的几种传感器节点中无线射频模块特性

	RFM TR1000	RFM TR3000	MC13202	CC1000	CC2420
数据率	115.2	115.2	250	76.8	250
发射电流	12mA	7.5mA	35mA	16.5mA	17.4mA
接收电流	3.8mA	3.8mA	42mA	9.6mA	18.8mA
空闲电流	3.8mA	3.8mA	800μA	9.6mA	18.8mA
备用电流	0.7μA	0.7μA	102μA	96μA	426μA

"空闲侦听"（设备没必要一直处于空闲模式下）、低效的协议设计（例如采用较大头部的数据包）、可靠性要求高（例如碰撞引起的信息重传或其他差错控制机制）以及使用控制消息解决隐藏终端问题等机制，都会造成大量额外报文开销。调制方案和传输速率的选择也会影响传感器节点的资源和能量要求。大多数现有无线射频模块都可以调节本地发射功率，不仅符合对通信范围的要求，也适合能量消耗要求。"过载发送"（即使用大于必要的发射功率发送数据）也会使传感器节点产生过多的能量消耗。

6.3.2　可扩展性

许多无线 MAC 协议都是为有基础设施的网络设计的，这种网络的接入点或控制点对无线信道接入进行仲裁或者执行其他集中式的协调和管理等功能。大多数 WSN 使用多跳和对等通信方式，没有集中式协调器，这样可以容纳数百甚至数千个传感器节点。因此，为了避免引起较大的头部开销，MAC 协议必须考虑资源的使用效率，尤其在大规模网络中。例如，集中式协议会因为分发介质接入的时序而产生很大的开销，因此，许多 WSN 不适合采用集中式 MAC 协议。基于 CDMA 的 MAC 协议需要缓存大量的伪序列码，也不太适合资源受限的传感器节点。通常，无线传感器节点不仅能量资源有限，计算和存储能力也受到限制。因此，协议的实现不能有过度的计算负担，也无法用大量的内存来保存状态信息。

6.3.3　适应性

WSN 的一个重要特性是自我管理能力，即根据网络中的变化做出动态调整，这些变化包括拓扑结构、网络规模、节点分布密度和流量特性的变化。对于 WSN 来说，MAC 协议应该能够很自然地适应这些变化而不显著地增加开销。动态 MAC 协议通常能满足这些要求，这些协议是基于当前的需求和网络状态实现介质访问控制的一类协议。而固定分配类的 MAC 协议（比如，有固定帧长度或时隙长度的 TDMA 类型协议）可能会产生大量额外开销，因为为适应这些固定分配或许要影响到网络中的部分甚至是全部节点。

6.3.4　低延迟和可预测性

大多数 WSN 都有时效性要求，传感器数据必须在一定的延时约束和截止期内完成采集、汇聚和发送过程。例如，在一个监视火灾蔓延情况的网络中，传感器数据必须及时地发送到监测站，以确保监测站能够获得准确的信息并及时响应。许多网络行为、协议（包括 MAC 协议）和机制都对这种数据收发所引起的延迟造成影响。例如，在基于 TDMA 的协议中，在重要数据通过无线介质被传输之前，若分配给节点较大长度的数据帧和较少的时隙可能会导致延迟。在基于竞争的协议中，节点或许能够快速接入无线介质，但是数据碰撞和由此产生的数据重传会引起延迟。MAC 协议的选择也能影响延迟的可预测性，比如表示为延迟的上界。在固定分配时隙的无竞争协议中，即使平均延迟很大，MAC 协议也可以很容易地确定出传输过程可能的最大延迟。另一方面，尽管基于竞争的 MAC 协议平均延迟较小，但是准确地确定延迟上界较为困难。一些基于竞争的 MAC 协议理论上允许饥饿现象的存在，就是说，某些重要数据的传输可能会因其他节点的传输而被不断地被延迟或干扰。

6.3.5　可靠性

最后，对于大多数通信网络来说，可靠性是一个共同的要求。通过从传输错误以及数据冲突中检测和恢复数据（例如，运用确认和重传机制），MAC 协议的设计大大增强了可靠性。尤其在节点失效和信道传输错误很常见的 WSN 中，对许多链路层协议来说，可靠性是一个关键问题。

6.4　无竞争的 MAC 协议

无竞争或基于调度表的 MAC 协议的设计思想是：在任意时间段，只允许一个传感器节点接入信道，以避免碰撞冲突和消息重传。但是，这一设计思想基于理想的介质和环境，不存在其他竞争网络或行为异常的节点，否则会导致接入冲突甚至是信道阻塞。本节将讨论 WSN 中无竞争 MAC 协议的一些共同特性，并简要介绍几种具有代表性的例子。

6.4.1　特性

无竞争的 MAC 协议将信道资源分配给各个节点并确保只有一个节点独占资源（比如访问无线介质），这种方法避免了传感器节点间的数据碰撞，体现出一些优良特性。首先，时隙的固定分配允许节点精确地判断何时需要激活它们的射频模块来收发数据，而在其他时隙中，无线射频模块甚至是整个的传感器节点都可以切换到低功耗的睡眠模式。因此，典型的无竞争协议在能量效率方面是很有优势的。至于可预测性，固定时隙分配也可以对节点上传输数据的延迟设定上限，有利于对延迟有限定的数据的传送。

虽然这些优点使得无竞争协议成为节能网络比较理想的选择，但它们也存在缺点。尽管 WSN 的可扩展性受多种因素影响，但在大规模网络中，MAC 协议的设计影响了如何更有效地利用资源的问题。有固定时隙分配的无竞争协议面临着巨大的设计挑战，也就是说，当所有节点的帧长和时隙的大小都相同时，为了有效地利用可用带宽，为所有节点设计调度表较为困难。当网络的拓扑结构、节点分布密度、网络规模大小或流量特性发生变化时，这一困难会变得更加明显，还可能会要求时隙的重新分配，或改变帧长和时隙的大小。由于这些缺点的存在，因此在频繁变化的网络中，不能使用有固定调度表的 MAC 协议。

6.4.2　流量自适应介质访问

流量自适应介质访问协议（TRAMA）（Rajendran 等，2003）是一种无竞争的 MAC 协议，相比传统的 TDMA 协议和基于竞争的方案，它旨在增加网络吞吐量和提高能量使用效率。TRAMA 采用一个基于各节点流量信息的分布式选择方案，来确定节点何时可以传输数据，这有助于避免节点被分配了时隙却没有数据要发送，从而导致吞吐量增加。并且 TRAMA 协议也可以使节点确定何时可以进入空闲状态，而无需持续侦听信道，从而提高能量效率。

TRAMA 协议假定信道是按照时隙划分的，也就是时间被分为周期性随机访问的时间间隔（即信令时隙）和调度访问的时间间隔（即发送时隙）。在随机访问的时间间隔内，邻居协议（Neighbor Protocol，NP）被用于在邻近节点间传送单跳邻居信息，使邻节点间都能获得一致的两跳拓扑信息。在随机访问的时间间隔内，节点通过在一个随机选择的时间间隙发射信号而加入一个网络。在这些时隙中传送的数据包携带一组已添加或已删除的邻居信息，以此来收集邻居信息。若邻居节点信息没有发生变化，这些数据包被用作指示"正常工作"的信标。通过收集此类不断更新的邻节点信息，节点可以知道本地单跳邻节点的单跳邻居信息，从而获得它的两跳邻节点的信息。

另外一种协议叫做调度表交换协议（Schedule Exchange Protocol，SEP），用于建立和广播当前的调度表（即给一个节点的时隙分配）。各节点可以计算代表时隙数量的持续调度时间间隔（SCHEDULE_INTERVAL），这一持续调度时间间隔的长短取决于节点的应用程序生成数据包的速率，并且节点可以向其邻节点发布本地调度表。在 t 时刻，节点计算在区间 $[t, t + \text{SCHEDULE\_INTERVAL}]$ 时隙的数量，在这段时间内该节点是它的两跳邻节点中具有最高优先权的节点。节点使用调度表报文发布它选择的时隙和目标接收者，这个调度表指示的最后一个时隙用于为下一个时间间隔发布下一个调度表。例如，如果一个节点的 SCHEDULE_INTERVAL 是 100 个时隙，当前时刻（时隙号）是 1000，那么对于一个处于时间间隔为 $[1000, 1100]$ 的节点，可能选择的时隙为 1011、1021、1049、1050 和 1093。在最后一个时隙 1093 期间，节点为时间间隔 $[1093, 1193]$ 广播其新的调度表。

在调度表报文中目标接收者的列表被表示为一个位图，位图的长度等于单跳邻节点的数目。位图中每比特对应一个由其自身指定的特定接收者。由于每个节点都知道其两跳邻节点范围内的拓扑结构，它可以根据位图和其邻居列表来确定接收者的位置。

时隙选择是基于节点在 t 时刻的优先级，计算节点 i 优先级的伪随机序列为：

$$\text{prio}(i, t) = \text{hash}(i \oplus t) \tag{6.1}$$

如果节点不需要使用它的所有时隙，可以用调度表报文中的位图指示出无需使用的时隙，允许其他节点使用这些时隙。根据节点的两跳邻节点信息和已发布的调度表，节点可以确定它在任一给定时隙 t 的状态。如果节点 i 有最高优先级并且有数据要发送，那么它处于发送（TX）状态。当节点 i 在时隙 t 期间是发送者的目标接收者，那么它处于接收（RX）状态。否则，节点会被切换到睡眠（SL）状态。

综上所述，相比基于 CSMA 标准的协议，TRAMA 协议减小了碰撞的可能性且增加了睡眠时间，从而节省了能量。与标准 TDMA 方式不同，TRAMA 协议将时间分为随机访问时间段和预定访问时间段。在随机访问时间期间，节点被唤醒去发送或接收拓扑信息，因此，相比于预定访问时间段，随机访问时间段的长度影响了整体的占空比和节点可达到的能量节约程度。

6.4.3　Y-MAC 协议

对于多用信道，Y-MAC 协议是另一个基于 TDMA 的介质访问协议（Kim等，2008）。与 TDMA 类似，Y-MAC 将时间分成数据帧和时隙，其中每帧包含一个广播区间和一个单播区间。每个节点在广播区间开始时都必须被唤醒，并且节点在这个期间通过竞争访问介质。如果广播消息没有到达，每个节点关闭它的无线收发装置，并且在单播区间内等待首次分配给它的时隙到来。单播区间的任一时隙只能分配给唯一一个节点接收数据，每个节点只在分配给自己的接收时隙才采样介质，因此，接收端驱动的模式在低通信量条件下能更好地发挥高效节能的优势。这一特点对于无线电收发器来说十分重要，收发器的接收能量消耗将大于它的发送能量消耗（比如，由于复杂的解扩和纠错技术造成的能量消耗）。

在 Y-MAC 协议下，介质的访问基于同步的低功耗侦听。在每个时隙的开始，多个发送节点之间的竞争问题通过竞争窗口解决。拟发送数据的节点在竞争窗口内设置一个随机等待时间（退避值）。在这段等待时间之后，节点唤醒并且在特定的时间内检测介质进行活动。等到竞争窗口结束，如果介质空闲，节点就发送一组前导码抑制竞争传输。当竞争窗口结束时，接收机唤醒然后在分配给它的时隙内等待接收数据包。如果节点没有收到任何相邻节点的信号，那么节点将关闭无线通信的收发装置并且转入睡眠状态。

在单播期间，消息在基础信道上进行初始化。在接收时隙开始时，接收节点把它的频率切换到基础信道，获得介质使用权的节点利用基础信道去传送本地数据包。如果数据包中设置了请求确认标志，那么接收节点会对数据包的成功接收进行确认。同样地，在广播期间，每个节点调整到基础信道并且其他所有发送者都将参与上述的竞争过程。

每个节点在广播时隙和本地的单播接收时隙内公平地使用介质，使得这一方式具有高效节能的优点。可是，在通信量大的条件下，单播消息可能需要在消息队列中等候，或者为给接收节点预留出有限的带宽而丢失数据包。因此，Y-MAC 协议采用信道跳频机制来减少数据包传输的延迟。图 6.6 显示了一个有四信道的例子。在基础信道的时隙内，当节点接收到数据包之后，该节点跳转到下一个信道并且发送通告消息，此后，节点能够继续在第二个信道中接收数据包。在第二个信道上解决介质竞争问题的方法如上所述。在时隙结束时，若接收节点没有切换到最后一个信道或者没有更多的数据需要接收时，该节点能够决定是否再次切换到另一个信道上。在可用信道中，通过跳变序列生成算法

确定实际的跳变序列，这个算法的前提是，在任何特定信道上的单跳邻居中只
有一个数据接收者。

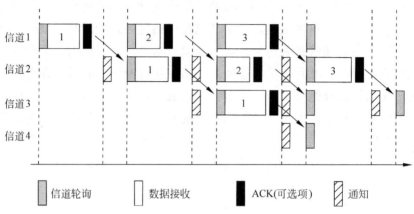

信道轮询　　　　数据接收　　　　ACK(可选项)　　　　通知

图 6.6　在 Y-MAC 协议下信道跳变的例子（四信道）

总的来说，Y-MAC 协议采用诸如 TDMA 的时隙分配，但通信方式采用接
收节点驱动方式，以确保低能耗（例如，接收节点在其时隙中简单地采样介质，
如果没有数据包到达，就切换到睡眠模式）。进一步地，可以利用多信道方式增
加可获得的吞吐量并且减少传输延迟。Y-MAC 方法的主要缺点有两点：一是灵
活性和扩展性方面的问题，这点与 TDMA 类似（例如固定时隙的分配）；二是
Y-MAC 需要传感器节点具有多个无线通信信道。

6.4.4　DESYNC-TDMA

DESYNC（Degesys 等，2007）是自组织去同步算法，它被用作实现一个
基于 TDMA 的无冲突 MAC 协议，称为 DESYNC-TDMA。这个 MAC 协议着重
改善了传统 TDMA 的缺点：它不需要一个统一时钟，并且能自动调整加入节点
的数量从而确保充分利用可用带宽。在许多 WSN 的应用中，对于周期资源的
共享来说，去同步化是一个有用的基础算法。例如，采样一个共同地理区域的
传感器如果能把它们的采样时间表去同步，就可以在多个传感器中平均分配检
测任务。在 DESYNC 中，去同步用来实现 TDMA 型的介质访问。

假设一个具有 n 个节点的网络，节点之间可以相互通信并且每个节点有一
个周期为 T 的任务。每个节点 i 可以看作是频率为 $\omega = 1/T$、相位取值范围为
$\phi_i(t) \in [0, 1]$ 的振荡器，比如相位为 0.75 说明该节点的一个循环周期已经过了
75%。若节点相位到达 1，那么它将重置相位为 0。我们可以把节点看做是一个
小珠子，沿着周期为 T 的圆环移动，如图 6.7 所示。一旦小珠子到达顶点，它

就会重新"发射"。节点能够观察到的关于目前圆环状态的唯一信息就是事件发生的信息，这些节点利用该信息在相位上向前或后进行跳跃。接下来的目标就是使节点独立调整它们各自的相位，这使得网络最终被去同步化（比如，节点在圆环上等距离隔开）。另外，节点 i 会跟踪本地邻节点 $i+1(\mathrm{mod}\, n)$ 和 $i-1(\mathrm{mod}\, n)$ 是否有发射。假设 Δ_i 表示在圆环上振荡器之间的距离，那么 $\Delta_i(t) = \phi_i(t) - \phi_{i-1}(t)$。然后节点将邻节点发射的次数分别记为 $\overline{\Delta}_{i+1}$ 和 $\overline{\Delta}_i$，然后节点 i 就能够估算出邻居节点的相位为 $\phi_{i+1}(t) = \phi_i(t) + \overline{\Delta}_{i+1}(\mathrm{mod}\, 1)$ 和 $\phi_{i-1} = \phi_i - \overline{\Delta}_i(\mathrm{mod}\, 1)$。这些邻节点中心位置的相位可以近似计算为：

$$\phi_{\mathrm{mid}}(t) = \frac{1}{2}\left[\phi_{i+1}(t) + \phi_{i-1}(t)\right](\mathrm{mod}\, 1) \tag{6.2}$$

$$= \phi_i(t) + \frac{1}{2}(\overline{\Delta}_{i+1} - \overline{\Delta}_i)(\mathrm{mod}\, 1) \tag{6.3}$$

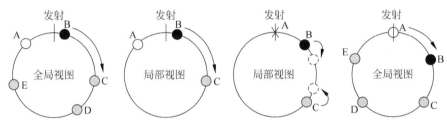

图 6.7　DESYNC 算法概念示意图

　　一旦中心位置确定下来，节点 i 就能跳转到该位置。图 6.7 中阐释了这个概念。在第一个圆环上显示了 5 个还未去同步的节点的全局视图，第二个和第三个圆环显示了 B 的局部视图。当 A 发射后，在它之前发射的 B 节点可以侦听到其邻节点 A 和 C 的发射，就获得了两个邻节点的位置情况。现在节点 B 能够在去同步网络中计算自身的理想位置，并且跳转到这个位置。但是，C 可能同时发生了位置的改变，但是 B 却探测不到这个改变。如果每个节点都能通过发射靠近其邻居节点的中心位置，这个过程最终将使系统中所有的节点都准确地位于其相邻节点的中心位置。图 6.7 的最后一个环显示了去同步完成后的全局状态，图中任意两个邻居节点间的距离均是相同的。由于节点均匀分布，那么系统将处于相对位置不再改变的稳定状态。

　　在 WSN 中，发射相当于节点广播了一条"发射消息"。节点 i 能迅速追踪记录本次发射之前或者之后的发射次数，然后，这些发射消息的发送节点就成为 i 节点相位上的邻节点。利用 TDMA，节点 i 的 TDMA 时隙开始于 i 和它前一个相位邻节点之间的中点，结束于 i 和它下一个相位邻节点之间的中点。通过这种方式，节点不会在自身时隙外发射。这个算法定义了一组在周期 T 上没有重叠的时隙，即使在去同步化过程中，节点也能够无冲突地数据传输。一旦去同步化完成，时隙就会收敛到相同的大小。

DESYNC-TDMA 确保能够充分利用有限带宽。当某一节点离开网络，去同步化的过程保证了随着时间的推移时隙边界能够得到及时调整，这使得时隙大小再次均匀分布。当有新节点加入到网络时，在发送该节点的初始发射消息之前，它首先发送一些短的中断消息。这些中断消息通知当前时隙使用者有新节点想要加入网络，时隙使用者暂停传送以避免帧冲突。

总的来说，DESYNC-TDMA 是一种基于 TDMA 的自适应性协议，它不要求精确的时间调度和时间同步。即使是在去同步化过程中，此协议仍然能提供无冲突的传输。该协议同样能够提供高的吞吐量，并保证公平性和数据帧延迟的预知性。为了适应新节点的加入或者回收离开节点占用的时隙，DESYNC-TDMA 可以自动调整时间调度表。然而，公平性在 WSN 中通常不是重点考虑的，采用相同时隙大小也会导致带宽使用效率降低，没有被利用的时隙也因此浪费掉了。同样地，如果一个节点需要传输的数据超过一个时隙能够传送的数据，那么，该节点将会排队等待很长的时间。

6.4.5　LEACH 协议

LEACH（The Low-Energy Adaptive Clustering Hierarchy）协议（Heinzelman 等，2002）结合了 TDMA 式的无竞争接入和 WSN 中的分簇思想。一个簇由唯一的簇头和任意数量的成员组成，成员只能与各自的簇头通信。在 WSN 中，分簇是一种常见的方法，该方法有利于簇内数据的融合以及数据在网络内的处理，处理过后减少簇头需要发送到基站的数据量。LEACH 协议由两个阶段循环运作，即建立阶段和稳态阶段，如图 6.8 所示。

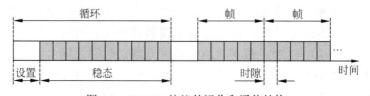

图 6.8　LEACH 协议的运作和通信结构

6.4.5.1　建立阶段

在建立阶段需要完成两个任务：一是确定簇头，二是为每个簇建立各自的调度表。由于簇头负责协调簇间活动以及负责将数据传送到基站，相比于其他节点它的能量需求将会更大。所以，LEACH 协议在传感器节点中不断轮换负责的簇头，使得电能均匀地消耗。具体而言，在每一轮开始的时候，每个传感器节点 i 以概率 $P_i(t)$ 将自身选定为簇头。在有 N 个节点并且簇头期望个数为 k 的网络中，概率的选择应满足：

$$\sum_{i=1}^{N} P_i(t) = k \tag{6.4}$$

我们可以通过多种方法来选择概率，例如：

$$P_i(t) = \begin{cases} \dfrac{k}{N - k * (r \bmod N / K)}, & C_i(t) = 1 \\ 0, & C_i(t) = 0 \end{cases} \tag{6.5}$$

这个方法利用了指示性函数 $C_i(t)$ 判断节点 i 在第 $r \bmod (N/k)$ 轮是否能成为簇头。只有还未当选过簇头的节点才能参与竞争成为簇头。这种簇头选择方法的目的在于，各传感器节点能均匀地承担作为簇头的责任，并且分摊能量消耗。但是，该方法没有考虑到每个簇头实际的可用电量，因此，也可以采用另一种簇头选定概率的方法：

$$P_i(t) = \min\left\{ \frac{E_i(t)}{E_{\text{total}}(t)} k, 1 \right\} \tag{6.6}$$

其中，$E_i(t)$ 代表节点 i 实际的当前电量，$E_{\text{total}}(t)$ 代表所有节点电量水平的总和。这个方法的缺陷在于每个节点都必须知道 $E_{\text{total}}(t)$ 的准确值或者估计值。

若一个传感器节点被选定为下一轮的簇头，它通过非坚持型 CSMA 广播广告消息（ADV）的方式通知其他传感器节点。每个传感器节点都会选择一个通信消耗能量最小的簇头（基于来自簇头的 ADV 消息的接收信号强度），并再次利用 CSMA 协议发送一个连接请求帧（Join-REQ）到该簇头以加入到簇群中。簇头为簇建立一个传输时间调度表，并且将这个调度表发送至簇群中的每个节点。

6.4.5.2　稳定阶段

传感器节点只与簇头进行通信，并且只允许在为其分配的时隙内传输数据，该分配时隙是由从簇头发送的调度表决定的。然后簇头负责将成员节点的数据传输到基站。为了节省能量，每个成员节点使用最小的发射功率与簇头通信，并在传输时隙的间隔期内关闭无线射频模块。另一方面，为了从成员节点中接收数据并且与基站进行通信，在任何时刻簇头都必须保持唤醒状态。

虽然利用 TDMA 方式的帧和时隙的簇内通信是无冲突的，但是簇间通信可能产生相互干扰。因此，传感器节点使用直接序列扩频（DSSS）技术来限制簇内节点的干扰，就是说每个簇使用一个特定的扩频序列，该序列与相邻簇使用的扩频序列不同，其他保留的序列用于簇头和基站之间的通信。簇头和基站之间的通信基于 CSMA 并采用特定的扩频码，在簇头发送数据之前，它首先检测信道以查看是否有使用了相同扩频码的传输正在进行。

LEACH 的一个改进方案称为 LEACH-C，它依靠基站来确定簇头。簇头的确立发生在建立阶段，在该阶段中每个传感器节点将自身的位置和能量信息传送到基站。根据这些信息，基站选择簇头并通知当选的节点，其他的传感器节点利用之前介绍的加入消息加入簇群。

总之，LEACH 采用了一系列技术来减少电能消耗（规定最小发射能量，避免簇内节点空闲侦听等），并采用无冲突的通信方式（基于时间调度的通信，DSSS）。虽然簇内通信是无冲突的，并且可以避免簇间节点通信的干扰，但是簇头与基站之间的通信仍然基于 CSMA 协议。此外，LEACH 假设所有节点都可以与基站通信，这限制了该协议的可扩展性。不过，通过在基站与所有簇头之间添加支持多跳路由的方法，或者构建分层的簇，选定的簇头负责从其他簇头节点收集数据，这样就可以弥补扩展性差的缺陷。

6.4.6 LMAC 协议

轻量级 MAC 协议（Lightweight Medium Access Control，LMAC）(Van Hoesel，Havinga 等，2004）也是基于 TDMA，时间仍然划分成帧和时隙，并且每个时隙仅被一个节点占用。LMAC 通过执行一个分布式算法来将时隙分配给各节点，而不是依赖中心管理节点分配。

LMAC 协议中，每个节点利用分配给自身的时隙来发送消息，要发送的消息由控制部分和数据单元两部分组成。控制部分的长度是固定的，一般包含如时隙控制器的标识、当前节点到网关节点（基站）的距离（用跳数表示）、目的接收节点的地址、数据单元的长度等，控制消息的具体内容见表 6.2。节点可以根据接收到的消息中的控制部分来判断自身是不是目的接收节点，从而决定自己是继续保持"唤醒"状态还是关掉接收机等待下一个时隙的到来。控制消息中"已占用时隙"字段是时隙的位掩码，对已被占用的时隙用 1 表示，没有被占用的用 0 表示。结合所有邻节点发出的控制消息，节点可以确定哪些时隙没有被占用。申明时隙的分配过程由网关开始，首先由网关决定自身需要占用的时隙。一帧数据发送之后，网关所有的一跳邻节点都了解到网关所选用的时隙，并且节点开始选取自己需要占用的时隙。每一帧数据传输的过程中，距离网关的更远的一部分节点决定自己使用的时隙，就这样"向外"延伸直到整个网络。每一个节点所选取的时隙应该是两跳范围之内的邻节点所没有使用的时隙。时隙的选择是随机的，所以可能会出现多个节点选择了同样的时隙。因此，一个时隙中不同竞争节点发送的控制消息会发生碰撞，然后将会重新开始时隙选择过程。

表 6.2　LMAC 中的控制字段

描　述	长度/字节
时隙控制器的标识	2
当前时隙数目	1
已占用的时隙	4
距离网关的跳数	1
时隙间碰撞次数	1
目的地址	2
数据长度	1
总长度	12

6.4.6.1　MLMAC 协议

在 LMAC 中，时隙的分配只进行一次。所以，LMAC 不适合节点频繁移入或移出的移动传感网络。移动 LMAC 协议（MLMAC）（Mank 等，2007）采用了分布式时隙分配机制，使得该协议能够适应网络拓扑的变化。当 X 节点从 Y 节点的接收范围移出的时候，两个节点都会意识到它们不会再收到对方的控制消息，从而将对方从自己的邻节点列表中删除。假设 X 移入到节点 Z 的接收范围之内，并且 X 所占用的时隙和 Z 的邻节点 W 所使用的时隙相同，在这种情况下，X 和 W 所发出的控制消息就会在 Z 处发生碰撞。在这一时隙中，节点 Z 无法接收到正确的控制消息，因此，Z 把这个时隙标志设置为 0，表示该时隙未被占用。X 和 W 节点会收到 Z 发出的控制消息，显示出它们所使用的时隙未被占用，这表示信息发生了碰撞。所以，X 和 W 节点将放弃当前的时隙并重新启动时隙选择机制。

LMAC 和 MLMAC 协议在能量效率和无碰撞地接入方面与 TDMA 具有同样的优势，但它们都能通过分布式算法建立传输调度表。在这两个协议中，时隙的大小和时隙的分配是固定的（除非节点重新启动时隙选择机制），这些因素将导致带宽利用率的降低。

6.5　基于竞争的 MAC 协议

基于竞争的 MAC 协议不依赖于传输调度表，而是采用了其他机制来解决竞争问题。相对于大多数基于调度表的 MAC 技术，基于竞争的 MAC 技术的主要优势就是它们更加简单。例如，当使用基于调度表的 MAC 协议时，需要保存和维护用来表征传输顺序的调度表，而大多的基于竞争的 MAC 不需要保存、维护或者共享状态信息，这也使得它们能快速适应网络拓扑或者通信量特性的变化。然而，基于竞争的 MAC 协议的空闲监听和串音会导致更高的碰撞率和能量的消耗，也可能会面临公平接入的问题，也就是说有可能某些节点比其他节点更多地获取信道接入的机会。

6.5.1　PAMAS 协议

PAMAS (Power Aware Multi-Access with Signaling)（Singh 和 Raghavendra，1998）主要致力于解决由串音导致的不必要的能量消耗。如图 6.9 所示，节点 C 是节点 B 的一跳邻节点，当 B 向 A 发送数据时，C 也能探测到该数据传输。因此，C 会接收到目的节点为其他节点的数据帧从而消耗不必要的能量。同样，因为 C 在 B 的通信干扰范围之内，所以在 B 传送数据时 C 不能接收来自其他节点的数据帧。为了节省能量，在 B 传送数据时，节点 C 可以将无线接收机设置为低功耗睡眠模式。这种方法特别适用于一个节点同时处在多个节点的干扰范围之内的高密度网络中。

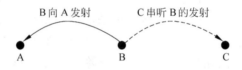

图 6.9　由串音导致的不必要的能量消耗

PAMAS 使用两个独立的信道从而减少数据传送过程中碰撞的产生，一个信道用于传送数据帧，另一个信道用以传送控制帧。和 MACA 类似，PAMAS 中的握手消息也是 RTS 和 CTS。通过划分两个独立的信道，节点可以决定何时关闭本地无线收发器以及关闭多久。除了 RTS 和 CTS，节点还会在控制信道传送忙音（busy-tone）信令从而防止那些没有听到 RTS 和 CTS 信息的节点接入到数据信道传输数据。

为了初始化数据传输，执行 PAMAS 协议的节点通过控制信道向接收节点发送一个 RTS 分组。如果此时接收节点没有在数据信道上检测到数据传输，也没有串音听到其他的 RTS 和 CTS，那么接收节点会发出一个 CTS 分组予以响应。如果源节点在一个特定的超时间隔内没有接收到 CTS，它会在一个退避时间（由指数退避算法决定）后再次发送 RTS。如果收到了 CTS，那么它将开始数据输出，接收节点节将在控制信道上发送一个忙音分组，忙音分组的长度大于两倍的 CTS 分组。若接收节点收到一个 RTS 或者在其接收数据帧时检测到控制信道上噪声，它同样会在控制信道上发送一个忙音分组。这个忙音分组用来干扰可能存在的用来响应 RTS 的 CTS 报文，从而阻止了接收节点的邻节点的所有数据传输。

PAMAS 类型的网络中的每个节点都是独立决定何时关闭本地无线收发机。具体来说，当满足以下两种情况之一时，节点将会关闭本地收发机。

- 一个邻节点开始传输数据，而这个节点自己没有待发送的数据；
- 虽然自己（本节点）有数据要传送，但是一个邻节点正在向另一个邻节点传送数据。

通过侦听邻节点传送数据的情况或者它们的忙音信号，一个节点可以很容易地就检测到上面的任一种情况。将待发数据的长度或者发送所需的持续时间嵌入到消息中，节点可以根据这一信息确定关闭本地收发器的时间。然而，如果数据传送开始时一个节点仍然处于"睡眠"模式，这个节点将不能确定本次数据传送持续的时间，也无法确定睡眠模式将持续多久。为了解决这个问题，节点通过控制信道向所有的正在传送数据的邻节点发送一个探测分组（probe frame）。探测分组中包含一个时间间隔，所有能够在这个时间间隔内完成数据传送任务的节点都会把预计完成时间对这一探测分组作出响应。如果工作模式下的节点顺利（没有发生碰撞）接收到该响应分组，那么该节点可以切换到睡眠模式并持续到该节点表明的预计完成时间点。如果多个发送节点对探测分组作出响应并且发生了碰撞，那么该节点将重新发送一个具有较短时间间隔的探测分组。同样，如果该节点没有接收到响应，可以重新发送一个具有不同时间间隔的探测分组。实际上节点利用折半查找法原理选择不同的时间间隔，从而确定当前所有数据传送过程的结束时间点。

总之，一些节点在一段时间内无数据发送或接收任务，但它们却保持在激活状态，因此浪费了大量电能。PAMAS 致力于改正这一缺陷，减少不必要的能量浪费。然而，PAMAS 依赖两个收发机同时工作的机制，该机制本身就会带来较大的能量消耗并增加了实现成本。

6.5.2　S-MAC 协议

S-MAC 协议（sensor MAC）（Yeet 等，2002）的设计目标是在具有良好的可扩展性、碰撞避免机制的同时，减少不必要的能量消耗。S-MAC 采用占空比（dutycycle）的实现方法，即节点周期性地在侦听状态和睡眠状态之间转换。为了能够同时进入睡眠或侦听模式，希望节点的调度表实现，但实际上每个节点都有自己独立的调度表。因此，具有相同调度表的节点被认为是属于同一个虚拟簇，但是这个簇不是真实存在的，虚拟簇内的所有节点都可以自由地与虚拟簇之外的节点进行通信。节点周期性地发送 SYNC 分组来更新本地调度表，因此，若有邻节点唤醒时，节点可以及时探测到。如果节点 A 需要与具有不同调度表的节点 B 进行通信，A 需要持续等待，直到 B 开始侦听时节点 A 才可以初始化数据传输。本协议通过发送 RTS/CTS 来解决对介质的竞争问题。

为了能够选择合适的调度表，节点最初需要持续侦听介质一定的时间。如果该节点收到从邻节点发出的调度表，那么它将把此调度表作为本地调度表并使用。经过一个随机的延迟时间 t_d 后，该节点再把自己新的调度表广播出去，使它与后续使用这个调度表的邻节点数据传输碰撞的概率降到最小。一个节点可以采用多个调度表，也就是说如果它在广播调度表之后又收到一个不同的调度表，那么该节点可以同时采用这两个调度表。另一种情况，如果节点在一定时间内没有从其他节点处接收到任何调度表，那么该节点可以自己确定本地调度表，并广播给可能的邻节点。这时，这个节点成为同步发起者，也就意味着其他节点要根据这个节点来同步自己的调度表。

如图 6.10（上）所示，S-MAC 将节点的侦听时间间隔分成两部分：一部分用于接收 SYNC 数据包，另一部分用于接收 RTS 分组。每一部分更加细分成用于载波监听的小时隙。打算发送 SYNC 或 RTS 的节点随机选择一个时隙，并且从接收节点开始侦听所选定的时隙起就持续监听载波的活动。如果在此期间载波监听中没有发现任何活动，那么该节点征用介质成功，开始传输本地数据。图 6.10 中给出了接收节点和不同的发送节点之间的时序关系，两个不同的发送节点，一个发送 SYNC 分组（如图 6.10（中）所示），另一个发送数据（如图 6.10（下）所示）。

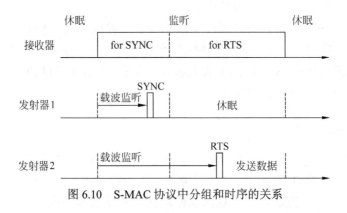

图 6.10   S-MAC 协议中分组和时序的关系

S-MAC 协议采用基于竞争的实现方法，使用基于 RTS 和 CTS 的握手的碰撞避免机制来解决介质竞争问题。若节点侦听到 RTS 或者 CTS，表示节点当前不能发送和接收数据，因此，节点切换到睡眠模式，避免持续侦听带来的不必要的能量消耗（节点只侦听简短的控制信息，对于较长的数据信息不予侦听）。

总之，S-MAC 是基于竞争协议的一种。该协议利用无线收发机的睡眠模式在低能耗和吞吐量、延时方面进行了平衡。碰撞避免机制的实现基于 RTS/CTS，然而该握手方式不适用于广播信息，广播的 RTS/CTS 分组会增加碰撞的可能性。最后，占空比参数（即睡眠和侦听的时间长短）是事先设定的，因此对于实际网络的通信性能来说可能达不到最佳性能。

6.5.3　T-MAC 协议

S-MAC 协议中的侦听期是一段固定的时间，当网络通信量很小时，将会造成不必要的能量消耗。另一方面，若网络中通信量很大，这个固定的持续时间是不够用的。T-MAC 协议（timeout MAC）(Van Dam 和 Langendoen，2003) 对 S-MAC 作出了改进，在 T-MAC 中根据通信量大小可以实时调节侦听期的长度。节点在一个时隙的开始时刻唤醒进行侦听，如果没有检测到数据传输则切换到睡眠模式。当收发数据或侦听到消息时，节点都会在完成消息传输后一段时间内继续保持唤醒状态，以此来检测是否有更多的数据通信。这个简短的超时间隔保证了节点可以快速切换到睡眠模式。这种机制最终实现了网络通信量增大时节点的唤醒时间随之增长，而当网络通信量较少时则会采用简短的唤醒时间。

图 6.11 给出了 T-MAC 的基本操作和数据交换过程。为了减少碰撞的发生，每个节点在接入介质之前的竞争期内都会等待一个随机时间段。如图 6.11(a)所示，节点 A 和 C 都需要向 B 发送数据，但是节点 A 成功征用到介质使用权并将数据发送给 B。节点为了侦听到数据的传输活动而需要保持唤醒状态的最少时间用 T_A 表示，为了保证能够侦听到某个邻节点发来的 CTS，T_A 必须足够长。一旦节点侦听到 CTS，就表示已经有节点成功征用到介质使用权。然后该节点继续保持唤醒状态直到本次数据传输的结束（通过侦听到节点 B 发出的 ACK 即可判断本次传输结束）。本次数据传输的结束就是下次竞争期的开始，如果 C 能成功征用到介质使用权，它就可以发送本地数据。

图 6.11 也显示出 T-MAC 中潜在的问题。假如消息采用单向传递方式，如 A 只能向 B 发送消息，B 只能向 C 发送消息，以此类推。每当节点 C 需要向 D 发送消息时，它都必须征用介质。若 B 在 C 发送 RTS 之前先发出 RTS，则 B 成功征用到介质，节点 C 征用失败。若 C 侦听到由节点 B 发出的 CTS，则 A 成功征用到介质，节点 C 也征用失败。当 C 在侦听到 B 发出的 CTS 后依旧保持唤醒的状态，它的目的接收节点 D 并不知道 C 想要发送数据，故而 D 在 T_A 时间结束之后便切换到睡眠模式。图 6.11(b)给出了针对所谓"早睡"问题的一种解决方法。在"将来请求发送"（future-request-to-send，FRTS）技术中，一个

有待发数据的节点在听到 CTS 后立即发送一个 FRTS 分组来告知目的接收者本地节点准备就绪。节点 D 在接收到 FRTS 之后，得知 C 要向它发送数据，它就会保持工作状态。然而，在听到 CTS 后立即发送 FRTS 分组可能会干扰到 B 接收 A 的数据，所以 A 先发送一个 DS（Data-Send）伪消息来延迟实际数据的传输。DS 与 FRTS 具有相同的长度，二者可能在节点 B 处发生碰撞，由于 DS 不含任何有效的数据信息，因此碰撞不会造成不良影响。

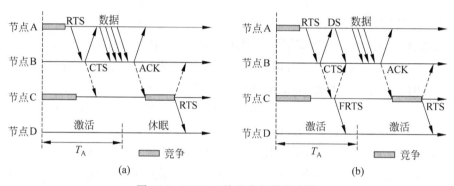

图 6.11   T-MAC 协议中的数据交换

(a) 早睡问题示意图；(b) 将来请求发送技术示意图

总之，T-MAC 协议的自适应技术允许节点根据网络通信量的大小调节节点的睡眠和唤醒持续时间的长短。在 T-MAC 中，节点发送消息采用可变长度的突发数据方式，在两次突发传送间隙中切换到睡眠模式以节省能量。S-MAC 和 T-MAC 都致力于在短的时间周期内进行信息交互，因此，在高通信量情况下效率较低。目的接收节点在接收到表示将会有数据传输的指示信息后将继续保持唤醒状态，因此，增加了节点的空闲监听次数，也导致了不必要的能量损耗。

6.5.4   Pattern MAC 协议

PMAC（Pattern MAC）（Zheng 等，2005）是使用数据帧和时隙的 TDMA 类型的另一种协议，该协议根据本地流量情况和邻居节点的工作模式调整睡眠时间。与 S-MAC 和 T-MAC 相比，PMAC 允许设备在相当长一段非活跃期关闭本地无线电装置，从而大大减少了空闲监听时的能量消耗。节点都是通过运行模式来描述它们切换到睡眠和唤醒模式的次数，这里，一个模式指的是一组比特串，每个比特代表一个时隙，用 0 表示节点进入睡眠模式，用 1 表示节点采用唤醒模式。模式仅仅是试探性的，转换表显示实际的睡眠唤醒时隙序列。一个模式的格式总是 0^m1，这里 $m=0,1,\cdots,N–1$，而 N 个时隙被认为是一个周期。例如，模式 001 和 $N=6$ 意味着一个节点计划在这个周期的第三和第六个时隙切换到唤醒模式（如果模式的长度小于 N 的话，在一个周期内重复使用这个模式）。m（指 0 的个数）的值显示了该节点周围的通信量负载，m 值越小表示该节点周围的通信量负载越重，反之越轻。

在网络的工作期间，每个节点第一个周期的模式都是 1，即 $m=0$，每个节点都假设处在一个重通信量情况下，所有节点必须始终保持在唤醒状态。如果一个节点在第一个时隙没有任何数据要发送，那么就意味着它周围的通信量可能比较小，所以节点将本地模式更新为 01。当节点无数据传送时，就会加倍本地的睡眠期（使 0 的数目按二进制指数形式增加），从而使节点较长时间维持在睡眠状态。这个过程（与 TCP 协议中的慢启动机制类似）持续反复进行，当达到预置的门限值后，零的个数将呈线性增长。即，若节点不需要发送数据，将会产生下列的模式序列：1, 01, $0^2 1$, $0^4 1$, …, $0^\delta 1$, $0^\delta 01$, $0^\delta 0^2 1$, $0^\delta 0^3 1$, …, $0^{N-1} 1$。当节点需要发送数据时，模式立即重置为 1，从而可以快速切换到唤醒模式来处理网络通信。

虽然模式仅仅是一个预期的睡眠计划，但它被用来得到实际的睡眠状态调度表（sleep schedule）。在一个周期结束时的一段时间内，节点向其他节点广播本地的模式信息，这段时间称作模式交换时间帧（PETF）。PETF 被划分成简短的时隙序列，时隙的个数是一个节点可以拥有的最大邻居数。这些时隙通过 CSMA 机制访问，不能避免冲突的发生。如果一个节点没有收到来自邻节点的模式更新信息（多数由于数据冲突造成），它就认为邻节点的模式没有发生改变。一旦节点接收到来自邻节点的模式信息，它就确定自己的调度表，调度表里面的每个时隙都可以工作在三种运行状态中的任一种。如果一个节点的邻节点在某一时隙内广播的模式信息为 1，那么该节点将转换到唤醒状态并向邻居传送信息。如果节点广播的模式信息为 1，但是没有数据需要发送，这个时隙便被用于监听。如果不是上述两种情况，节点就进入睡眠状态。

总之，PMAC 提供了一个简单的机制来制定模式调度计划表，从而适应邻节点的流量负载。当通信量小的时候，一个节点能够长时间地处于睡眠模式，从而节省了能量消耗。然而，PETF 内一部分节点可以成功接收到所有邻节点的模式更新信息，但数据冲突可能会导致一部分节点无法接收该信息。这会导致邻节点间的模式调度计划表不一致，从而造成更多的数据碰撞、无效传输和不必要的空闲监听。

6.5.5 路由增强 MAC

路由增强 MAC 协议（Routing-Enhanced MAC，RMAC）（Du 等，2007）是

另一个利用占空比来节省能量的协议。与 S-MAC 相比，它试图在端到端延迟和竞争避免上加以改进。RMAC 的关键思想是根据传感数据的传送路线安排睡眠与唤醒的转换，从而使得数据包可以在一个操作周期（operational cycle）内传送到目的地。节点向数据途经的各节点发送控制帧，通知它们有数据需要接收，使这些节点确定何时进入唤醒状态来接收或转发数据包。

如图 6.12 所示，RMAC 把操作周期分为三个部分：同步期（SYNC）、数据期和睡眠期。在同步期，节点同步它们的时钟以维持足够的精确度。数据期用于向数据包传输路线上的节点发出通知并初始化数据包的传输过程。数据期是基于竞争的，发送方随机地等待任选的一段时间外加一个额外的 DIFS，用以侦听传输介质。如果没有检测到信道被占用，发送方就发送一个 PION 帧（pioneer control frame），该帧包含了发送方与目标方和下一跳节点的地址、传输时长以及目前为止经过的跳数（在发送方被设置为 0）。传输路径中的当前一跳（如图 6.12 中的 A 节点）查询下一跳的地址（物理层查询），等待一个 SIFS 后将 PION 传给下一跳。这个过程一直持续到 PION 到达目的方。

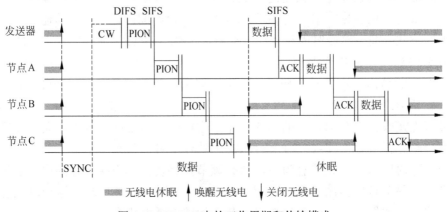

图 6.12　RMAC 中的工作周期和传输模式

在协议的睡眠周期才进行实际的数据传输。如图 6.12 所示，节点 A 维持唤醒状态，从发送方接收数据包，然后向发送方反馈一个确认帧 ACK。与 PION 的数据期过程类似，所有的数据和 ACK 包的传送都被一个 SIFS 隔开。收到来自 A 的 ACK 后，发送方就成功完成了本次任务，可以将本地射频模块切换到睡眠模式。节点 A 向下一跳 B 转发接收到的数据，并且当收到 B 的 ACK 确认帧后，将其本地射频模快切换到睡眠模式。这个过程反复进行直到数据包被目标方接收并确认。

从这个例子可以看出，发送方和节点 A 在数据期后保持在唤醒状态以便能

够立即开始第一跳数据的传输。路线上的所有其他节点在数据期完成后都可以
关闭它们的射频模块从而避免不必要的能量消耗。每个节点在收到前一跳节点
发送的数据包时进入唤醒状态。节点 i 唤醒的时间可以用如下公式进行计算：

$$T_{\text{wakeup}}(i) = (i-1) \times (\text{size(DATA)} + \text{size(ACK)} + 2 \times \text{SIFS}) \qquad (6.7)$$

这里 size(DATA) 和 size(ACK) 分别表示单独发送数据和 ACK 帧所需要的时间。

总之，RMAC 解决了基于占空比的 MAC 协议中经常遇到的高延迟问题，它
可以在一个运行周期内完成端到端的数据传送，该协议将介质征用和数据传送
分成两个独立的周期完成，有效地减少了竞争。但是即使在睡眠期的数据传送
中，仍然可能发生冲突。源节点一般都是在睡眠周期的初始时刻开始传输数据。
并且，来自两个不同源的数据包仍然可能发生冲突，比如在数据期中 PION 调
度操作成功完成的节点，但两节点并不知道对方的存在。这个问题在一个类似
的 DW-MAC 协议（Sun 等，2008a）中得到了解决，在 DW-MAC 中，调度表
的每个数据期和睡眠期是一一对应的，计算方式如下：

$$T_i^{\text{S}} = T_i^{\text{D}} \times \frac{T_{\text{sleep}}}{T_{\text{data}}} \qquad (6.8)$$

这里 T_i^{S} 表示调度帧 SCH（等价于 RMAC 中的 PION）的起始时间（由数据期的
起始时间决定）；T_i^{D} 表示睡眠期中数据传输的开始时间（由睡眠期的起始时间
决定）；T_{sleep} 和 T_{data} 分别表示睡眠期和数据期持续的时间长度。这表示数据包的
传输与其他节点睡眠期的开始不需要严格的同步，而是由数据期的竞争窗口决
定，数据传输的延迟长短与 SCH 帧传输的延迟有对应关系。与 RMAC 相比，
这个方法减少了在睡眠期的冲突可能性。

6.5.6　数据汇聚 MAC

实际上，与人们的交际模式类似，许多 WSN 都基于特定的信赖源点，根
据这一事实，有人提出了 DMAC 协议（data-gathering MAC）（Lu 等，2004）。该
协议规划由数据聚集树中的特定中心节点（sink 节点）收集传感器节点的数据，
它的设计目标是使得数据传输沿着数据聚集树的低延迟、高能效路线进行。

在 DMAC 中，到 sink 节点的多跳路径上，节点的工作周期是错列分布的，
节点按照某一序列依次被唤醒。图 6.13 举例说明了这一概念，图中给出了某一
数据聚集树以及与其相对应的错列唤醒模式。节点在发送、接收和睡眠状态之
间进行切换。在发送状态下，节点向下一跳发送数据包并且等待对方的确认
ACK。同时，下一跳处于接收状态，成功接收到数据信息后立即进入发送状态
向下一跳转发该数据包，除非该节点是数据包的目标节点。在这些接收和发送

数据包节点的间隔期间，其他节点可以切换到睡眠状态并关闭其无线射频模块以减少不必要的能量消耗。

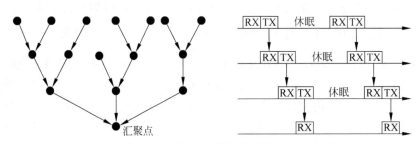

图 6.13   DMAC 协议中的数据聚集树和收敛通信

发送和接收间隔应足够大以保证一个数据包的准确传输。因为没有排队延迟，在树中深度为 d 处的节点可以在 d 个间隔内将数据包传送给 sink 节点。把节点的活动分为短小的发送段和接收段虽然减少了竞争，但是不能避免数据冲突。尤其是树中具有相同深度的节点有一样的同步的时序。在 DMAC 中，如果发送方没有接收到确认帧 ACK，它就把数据包挂在排队队列中等待下一个发送区间。在三次重传失败后，该数据包将被丢弃。为了减少冲突，节点在发送时隙开始时并不立即传输数据，而是在竞争窗口内等待一个退避周期外加一段随机时间。

在一个发送时隙，若一个节点有多个数据包需要发送，它可以延长本地工作周期，并可以请求到 sink 节点路由上的其他节点同样采取这一操作。申请延长工作周期可以采用时隙重申机制，在 MAC 帧头部中设置"更多数据发送标志"来实现。接收方检查这个标志位，如果该标志置 1，则它反馈一个同样置位的确认信息。之后节点保持唤醒状态接收和转发其他数据包。

总之，DMAC 的错列技术实现了低延迟，并且节点仅仅在简短的接收和发送区间内保持唤醒状态。由于在数据聚集树中多个节点共享同一个调度表，因而会导致数据冲突，DMAC 仅仅实现了有限的碰撞避免。在传输路由和数据传输率比较确定且变化不大的网络中，DMAC 可以达到最好的工作效果。

6.5.7   前同步码采样和 WiseMAC

WiseMAC 协议（El-Hoiydi 和 Decotignie，2004）是针对具有基础设施的 WSN 的下行链路（比如从基站到传感器节点之间的通信）能量消耗问题而设计的，它利用了前同步码采样技术（El-Hoiydi，2002）解决空闲监听导致的能量消耗问题。在 WiseMAC 中，基站在实际的数据传输之前先发送一个前同步码通知接收节点，如 6.14 图左图所示。所有的传感器节点以固定的周期 T_w 对信道进行采样监听，但它们的相对采样时间偏移量是独立且固定的。如果信道忙，传感器节点则持续监听，直到信道空闲或者收到数据帧。前同步码的大小等于采样的周期的大小，这确保了接收节点能及时唤醒并接收报文的数据部分。这种方法使得能量受限的传感器节点可以在信道空闲的时候关闭无线射频模块，而不会丢失数据包。这种方法的一个缺点是前同步码的大小影响了吞吐量的最大值，当一个设备检测到前同步码时，即使它不是目标节点也必须保持在唤醒状态。

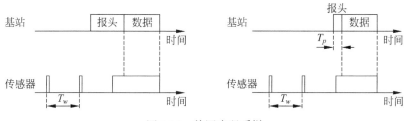

图 6.14　前同步码采样

　　WiseMAC 允许基站了解目标节点的采样调度表，从而使基站在接收节点唤醒之前就开始发送前同步码，这一技术改进了上述的缺陷。如 6.14 图中右图所示，该技术使得基站缩短了前同步码的大小。正因为如此，在接收节点无线射频模块打开之后，报文的数据部分将很快发送，这也缩短了接收节点维持在唤醒状态的时间。一个节点的采样周期偏移量信息被嵌入到确认 ACK 中，从而使基站能够获得采样周期调度表。前同步码的持续时间(T_p)由目标接收节点的采样周期最小值 T_w 和基站与接收节点之间的时钟漂移的整数倍（随着时间的推移而增长）共同决定。因此，前同步码的长度取决于通信量的大小，当通信量越大时前同步码越短（两个连续通信之间的间隔短暂），通信量越小时前同步码越长。

　　总之，WiseMAC 实现了传感器节点高效节能的唤醒/睡眠机制，同时确保当接收节点处于唤醒状态时能够成功接收到基站发送的所有数据。然而，这种机制对于广播报文效率低下，因为前同步码可能变得非常大，它必须覆盖所有接收器设备的采样点。最后，WiseMAC 也会受到隐藏终端问题的影响，也就是说，当发送方不知道存在着其他通信时，它的前同步码可能会干扰正在进行的数据传输。

6.5.8　接收端驱动式 MAC 协议

　　另外一个基于竞争的解决方案是 RI-MAC（Receiver-Initiated MAC）（Sun 等，2008），该协议中的数据传输总是由接收端发起。所有节点周期性地切换到唤醒状态以检测是否有到达的数据报文。也就是说，当传感器节点打开无线射频模块后立即检测信道是否空闲。如果信道空闲，则广播一个信标报文，通知其他节点自身已经唤醒并准备好接收报文。如图 6.15 中左图所示，一个等待发送数据的节点会一直在唤醒状态并监听是否有来自目的接收端的信标帧。如果收到信标帧，发送端立即发送数据，然后接收端会发送一个信标帧进行确认。也就是说信标帧有两个作用：一是请求发送端开始数据传输；二是对之前的数据传输进行确认。如果接收端广播信标帧之后在一段时间里没有收到数据，那么它在等待一段时间之后将重新切换到睡眠状态。

如果有多个发送端需要发送数据，接收端则利用信标帧进行协调。在信标帧中有一个字段叫退避窗口长度（BW），允许从该窗口内选择一个退避值。如果接收节点被唤醒后发送的第一个信标帧不包含 BW 字段，发送端立即开始发送数据。如果报文中存在 BW 字段，则每个发送端在 BW 中随机选择一个退避值。如果接收节点在数据通信中检测到碰撞，则在下一个信标帧中增大退避窗口 BW 值。图 6.15 中右图说明了在收到接收节点广播的信标帧后，两个节点需要发送数据的情况。接收节点检测到碰撞后，向发送端发送另一个设置了 BW 字段的信标帧。如果多次发生数据碰撞，接收节点在多个信标时间段内都没有收到报文，则放弃此次通信直接进入睡眠状态。

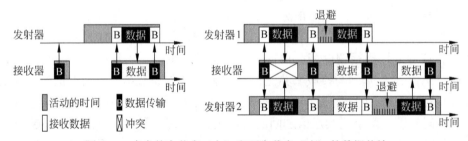

图 6.15　来自单个节点（左）和两个节点（右）的数据传输

在 RI-MAC 中，接收节点控制何时接收数据以及负责进行碰撞检测和恢复丢失数据。由于传输是由信标帧触发的，接收节点的侦听开销就很小。相反，发送端在开始传输之前必须等待接收端的信标帧，可能导致较大的侦听开销。最后，当数据包发生碰撞时，发送端持续重传直到接收端放弃此次通信，这可能导致网络中发生更多的碰撞和数据交付的延迟。

6.6　混合型 MAC 协议

一些 MAC 协议不能简单地归类于单一基于调度表或者基于竞争的类型，它们将两种类型的优良特性结合在了一起，比如，这些协议可能通过借鉴周期性无竞争的 MAC 协议的优点减少碰撞的发生，同时也采用竞争类协议的灵活性和低复杂度。本节将介绍几种典型的混合类协议。

6.6.1　Zebra MAC 协议

Z-MAC 协议（Zebra MAC）（Rhee 等，2005）采用帧和时隙方式实现无竞争访问无线介质，类似于基于 TDMA 的协议。然而，Z-MAC 中也允许节点利用 CSMA 使用那些未曾分配给本地节点的时隙。因此，Z-MAC 在低通信量网络中类似于基于 CSMA 的协议类型，在高通信量网络中类似基于 TDMA 的协议类型。

一个节点启动后，就进入建立阶段来发现邻节点和在 TDMA 中获得分配给自己的时隙。每个节点周期性地广播邻节点列表信息，通过这个过程，所有节点都能了解到自身的 1 跳和 2 跳的邻节点信息。此信息被作为分布式时隙分配协议（Rhee 等，2006）的输入，该协议为每个节点分配时隙，以确保时间表中两个 2 跳邻节点不会分配到相同的时隙。另外，Z-MAC 允许节点自主选择它所分配时隙的周期，不同的节点可以有不同的周期，称为时间帧（TF）。这个方法的优点是它不需要将最大时隙数（MSN）传播到整个网络中，那么该协议就可以采用局部时隙分配方式。具体地说，如果节点 i 分配得到时隙 s_i，F_i 表示节点 2 跳邻节点中的 MSN（最大时隙数），那么 i 的时间帧设定为 2^a，a 是一个正整数，满足 $2^{a-1} \leq F_i \leq 2^{a-1}$。之后，节点 i 在每个 2^a 时帧中都使用 s_i 这个时隙。

图 6.16 是包含 8 个节点的例子，其中数字表示分配给节点的时隙，括号里的数表示 F_i，图的下边部分给出了所有节点的对应时间序列表，浅色阴影表示该时隙用于传输，深色阴影表示没有被 1 跳或 2 跳邻居节点占用的时隙。如果使用全局性的时间帧，那么选择的时间帧大小是 6，即使节点 A 和 B 的时间帧大小都为 2，在每 6 个时隙期间，仅允许 A 和 B 使用时隙一次。但是在 Z-MAC 中，它们可以利用大小为 4 的时间帧，这不仅增加了信道使用的并行性，而且减小了信息传递的延迟。由得到的时间序列表可以看出，一些时隙（特别是时隙 6 和时隙 7）没有分配给任何节点。在全局性的时间帧中，可以选择时间帧的大小减少空时隙数，但是 Z-MAC 允许节点使用 CSMA 来竞争这些"空闲"的时隙。

时隙调度表确定之后，每一个节点把本地节点帧的大小和时隙数目传递给 1 跳和 2 跳邻居节点。虽然时隙分配给了节点，但 Z-MAC 仍然通过 CSMA 来决定哪个节点可以进行数据传输。分配到时隙的节点可以从 $[0, T_o]$ 范围内选择一个随机退避时间，而没有分配到时隙的节点要从 $[T_o, T_{no}]$ 范围内选择一个随机退避时间值，这样保证了分配到时隙的节点具有优先级。Z-MAC 同样也采用发送

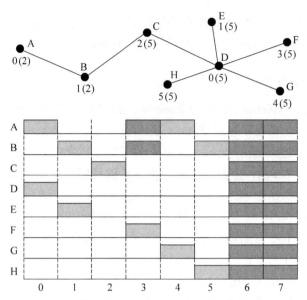

图 6.16　时间帧的选择和采用 Z-MAC 的网络时隙分配表

明确竞争通告（ECN）的方式，根据局部估计的节点竞争水平（例如根据丢包率和信道噪声的大小），每个节点决定是否向有消息要发送的邻居节点发送 ECN 信息。邻节点然后将 ECN 广播给它自己的邻节点，使它们切换到高强度竞争模式（HCL），工作在 HCL 模式下的节点只在自己的时隙和 1 跳邻节点的时隙内传送数据，降低了 2 跳邻节点的竞争程度。处于 HCL 模式的节点若在一定时间内没有收到任何的 ECN 信息，那么该节点将切换到低度竞争模式。

　　总之，Z-MAC 结合了 TDMA 和 CSMA 协议的特点，使之能迅速地适应变化的网络通信量，当网络负载比较轻时，Z-MAC 更多地采用 CSMA 的机制，而当网络负载比较重时，就减少对时隙的竞争接入。Z-MAC 需要有一个明确的时隙建立阶段，既耗时又耗能。虽然使用 ECN 消息可以在本地减少接入竞争，但是这些消息给已经繁忙的网络进一步加重了网络负载，在 TDMA 形式的接入机制中增加了消息传播延迟。

6.6.2　MH-MAC 协议

　　在许多传感器网络中，部分或者全部节点可以自由移动，这对 MAC 协议的设计带来重大挑战。MH-MAC（Mobility Adaptive Hybrid MAC）（Raja 和 Su，2008）协议提出了一种混合解决方案，对于静态节点采用基于调度表的方式，对于动态节点采用基于竞争的方式。虽然针对静态节点 TDMA 模式的调度表较为简单，但是对于动态节点却比较复杂。因此，MH-MAC 允许移动节点加入一个邻节点群组，使用基于竞争的方法来避免需要添加到调度表中的延迟。

　　在 MH-MAC 中，帧中的时隙分成两种类型：静态时隙和动态时隙。每个节点使用移动性估计算法来确定它的移动性，以及为节点选择应该使用的时隙类型。移动性估算是根据周期性的 hello 消息和接收到的信号强度。hello 消息总是以相同的发射功率发送，接收节点通过比较连续接收到的消息的信号强度来估算自身与邻居节点的相对位置。移动信标间隔被设置以一帧的开始作为起始点，来向邻节点发送移动性信息。

　　静态时隙采用了类似 6.4.6 节介绍的 LMAC 协议的方法，就是将静态时隙分成两部分：控制部分和数据部分。控制部分用于向一个邻居群组的所有节点通知时隙分配信息，所有的静态节点必须对控制部分进行侦听。但是在数据部分，只有接收节点和发送节点处于唤醒状态，其他所有节点可以关闭自身的无线射频模块。

　　对于移动时隙，节点竞争介质使用权需要两个阶段。首先，在第一阶段发送唤醒信号；在第二阶段开始传送数据。LMAC 根据节点的地址确定移动节点的优先顺序，从而有效减少了竞争。

　　由于网络中静态节点和动态节点的比率可能发生改变，MH-MAC 提供了一种机制根据观察到的动态性来调节静态和动态时隙之间的比例。每个节点估算本地节点的移动性并将该信息在前面所提到的一帧开始处的信标时隙广播给其他节点。使用移动性信息，每个节点计算出该网络的移动参数，从而决定静态时隙与动态时隙的比例。

　　总之，MH-MAC 把 LMAC 协议的优点用于静态节点，把基于竞争协议的特性用于动态节点。因此，动态节点可以不需要经过长时间的启动过程和适应性延迟而快速加入某一网络。相比于 LMAC，MH-MAC 协议允许节点在一帧中拥有多个时隙，这将会提高带宽的利用率并减少延迟。

6.7　总结

　　MAC 协议的选择对 WSN 的性能和能效方面会产生很大的影响，MAC 协议的设计也需要适应网络拓扑和流量特性的变化，另外，MAC 层的特性也会影响或决定竞争节点的延迟、吞吐量和公平性。本章讨论了几种主要的 MAC 协议，并对每种类型举例加以说明。根据主要区别将其分为两类：一类是基于传输时间调度表（例如 TDMA 类型的协议）；第二类是基于节点之间对介质的竞争。基于时间调度表的协议的最大优点是通信时不会产生碰撞。但是，一方面这些协议可能资源利用率不高，并且要求网络中的节点严格地进行同步，因此很难适应网络拓扑的变化。另一方面，基于竞争的协议能更好的适应网络中的拓扑变化，具有较高的灵活性，并且这类协议头部开销也较少。然而，这些协议并不能避免碰撞的产生，因此必须要有碰撞恢复的功能。但是，当冲突频繁发生时网络的利用率可能会降低。

习题

6.1 设计 MAC 层的主要目的是什么？为什么在共享介质网络中设计 MAC 层具有挑战性？

6.2 无竞争和基于竞争的介质访问策略的优点和缺点分别是什么？请举例说明，何种情况下使用其中一种策略优于另一种策略。

6.3 CSMA/CD 协议的关键思想是利用发送端进行碰撞检测，同时允许它对碰撞作出反馈。为什么这一设计思想不适用于无线网络？

6.4 什么是隐藏终端问题？隐藏终端问题如何影响 WSN 的性能？

6.5 假设网络拓扑图如图 6.17 中所示，圆圈表示每个节点的通信和干扰范围，也就是说,每个节点能够侦听到邻近的左右节点。（不采用 RTS/CTS 方式。）

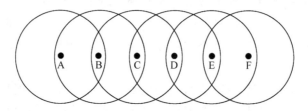

图 6.17   隐藏终端问题（习题 6.5）

（a）节点 B 正在向 A 发送数据，节点 C 想要与 D 通信。是否允许 C 与 D进行通信？（例如，是否会发生碰撞？）C 最终能否进行此次通信？

（b）节点 C 正在向 B 发送数据，节点 E 想要与 D 通信,是否允许 E 进行此次通信？E 能否进行此次通信？

（c）节点 A 正在向 B 发送数据，节点 D 正在向 C 发送数据，同时还可以允许哪些节点进行通信？

（d）节点 A 正在向 B 发送数据，节点 E 正在向 F 发送数据，同时还可以允许哪些节点进行通信？

6.6 请描述一下使用 CSMA 作为 WSN 的 MAC 协议存在的问题。

6.7 在使用 CSMA/CA 的网络中，节点访问介质之前等待一个随机延迟时间，这样做的原因是什么？

6.8　假设 RTS 和 CTS 与数据帧和 ACK 帧一样长，使用 RTS/CTS 的优点有哪些？请解释原因。

6.9　MACAW 相对于 MACA 进行了那些扩展？采用额外的控制报文的目的是什么？

6.10　IEEE 802.11 PSM 的突出特点是什么？把它运用到 WSN 中的主要困难是什么？

6.11　在 IEEE 802.11 网络中使用 NAV 字段是否能解决隐藏终端问题？

6.12　请解释 IEEE 802.11 标准中使用 3 种不同的帧间间隔的原因。

6.13　根据图 6.18 所示的网络拓扑，线段表示节点之间可以相互通信并且能够相互造成干扰。假设一个 TDMA 协议的帧大小为 5 个时隙，所有节点只能在某一时隙内发送或者接收数据。

（a）请构建一个时隙调度表使得每个节点都能够与其所有邻居进行通信。

（b）在你构建的时隙调度表中，为了达到较好的节能效果，在每一帧中，节点可以有多少时隙处于休眠状态下？如何在节点密度和节能两个方面进一步优化？请给出你的观点。

（c）假设节点 A 需要向 E 发送报文，根据你制定的时隙调度表，估算 E 收到报文需要花费多长时间（以时隙为单位计算），请给出你的理由。

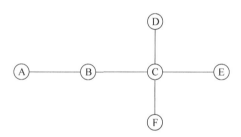

图 6.18　TDMA（习题 6.13）

6.14　对于大多数 WSN 而言，为什么 IEEE 802.15.4 标准比 IEEE 802.11 标准更具有优势？

6.15　请简要说明 MAC 协议的设计是如何影响一个传感器节点的能量效率的。

6.16　本章描述了 WSN 中 MAC 协议的 5 点要求：能量效率，可扩展性，适应性，低延迟和可靠性。针对每一要求，你能否举出一个具体的 WSN 应用，说明在该项应用中某要求比其他要求更为重要？

6.17　TRAMA 是无竞争 MAC 协议的一种，回答下面与 TRAMA 有关的问题。

（a）与基于竞争的协议相比，TRAMA 的优点和缺点是什么？

（b）传输时隙和信令时隙之间的区别是什么？

（c）NP 的设计目的是什么？

6.18 结合 Y-MAC，请说明接收端驱动式 MAC 协议的优点。对于大多数低功耗和低成本的传感器节点来说，Y-MAC 的主要缺点有哪些？

6.19 图 6.19 中的圆环说明了 DESYNC 概念。这个环有 16 个位置[0 … 15]，当前情况下，节点 A 在位置 0（发射位置），B 在位置 14，依次类推。每个单位时间内，每个节点沿圆环按顺时针方向移动一个位置。表中给出了 4 个节点的位置，以及每次发射后更新的距离信息。假设 A 收到了 D 最后一次的发射信息，得知 A 与 D 之间的距离是 10。在时刻 0 节点 A 发射，使得 B 得知它与 A 之间的距离为 2）。在时刻 1 没有节点处于发射状态，在时刻 2 节点 B 发射，使得 C 得知它与 B 之间的距离为 2。同时 A 知道了它到 B 和 D 的距离。根据本章描述的 DESYNC 算法，A 能够得到 B 与 D 的中点然后跳到该新位置（即 6），如表中时刻 2 所示。在时刻 3 每个节点向前移动一个位置。请继续采用 DESYNC 算法更新该表直到 19 时刻。试比较 19 时刻与 0 时刻的邻居节点之间的平均距离。

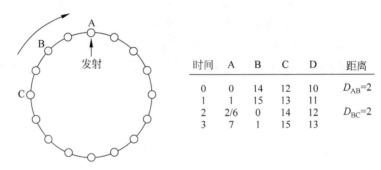

时间	A	B	C	D	距离
0	0	14	12	10	$D_{AB}=2$
1	1	15	13	11	
2	2/6	0	14	12	$D_{BC}=2$
3	7	1	15	13	

图 6.19　DESYNC 环（习题 6.19）

6.20 讨论 LEACH 中的簇头选择策略，解释 LEACH 协议在簇头建立过程中如何考虑到每个节点的可用能量。这种基于能量感知的簇头建立策略存在哪些问题？LEACH 在一个簇内部使用了 TDMA，说明这样做的优点和缺点。

6.21 为什么 LEACH 协议使用直接序列扩频技术？

6.22 移动 LMAC 协议如何处理网络拓扑的变化？

6.23 讨论说明为什么在 WSN 中过度监听是个问题，并解释 PAMAS 是如何解决该问题的。

6.24 解释在 PAMAS 协议中如何利用忙音机制解决隐藏终端问题。

6.25 请说明 S-MAC 中如何降低传感器节点的占空比，如何解决碰撞问题，以及如何解决隐藏终端问题，并列举出 S-MAC 的至少三个缺点。

6.26 相对于 S-MAC 来说，T-MAC 协议克服了哪些缺陷？简单解释 T-MAC 对流量的自适应能力。

6.27　什么是过早休眠问题？T-MAC 协议是如何解决这一问题的？

6.28　PMAC 协议中节点调整其睡眠期来观测通信量，请简述这一原理。

6.29　占空比的使用允许节点轮流交替活动期和低功耗睡眠期。然而，这往往带来大量的通信延迟。如图 6.20，节点 A 希望通过路径 A-B-C-D-E-F 向 F 发送报文。假设每两条垂直虚线之间的间隔是一个时间单元，每次通信只需要两个邻节点的活动周期中具有一个重叠的时间单元。A 与其邻居的第一次通信如图所示，完成此图以判断该报文的端到端延迟。进而解释 RMAC 协议是如何减少这些端到端延迟的，这些延迟在使用 RMAC 协议的网络中可能是什么？最后解释 RMAC 协议如何减少数据碰撞。

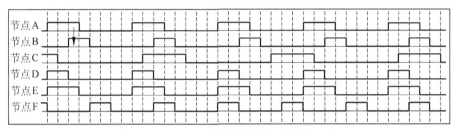

图 6.20　RMAC 工作周期模式（习题 6.29）

6.30　哪种类型的 WSN 应用会采用 DMAC 协议？

6.31　解释空闲列表问题，描述前同步码采样如何解决该问题。WiseMAC 协议如何改进了标准的前同步码采样？

6.32　在 RI-MAC 协议中，采用接收端代替发送端控制通信时间的优点是什么？RI-MAC 如何解决多发送端竞争问题？

6.33　解释 Z-MAC 协议如何允许节点确定它们自己本地时间帧而不是使用单一的全局时间帧。Z-MAC 的设计缺陷是什么？

参考文献

Bharghavan, V., Demers, A., Shenker, S., and Zhang, L. (1994) MACAW: A medium access protocol for wireless LANs. *Proc. of the Conference on Communication Architectures, Protocols and Applications*.

CC1000 (2004) Single chip very low power RF transceiver. http://focus.ti.com/lit/ds/symlink/cc1000.pdf.

CC2420 (2004) 2.4-GHz IEEE 802.15.4/ZigBee-ready RF transceiver datasheet. http://enaweb.eng.yale.edu/drupal/system/files/CC2420_Data_Sheet_1_4.pdf.

Degesys, J., Rose, I., Patel, A., and Nagpal, R. (2007) DESYNC: Self-organizing desynchronization and TDMA on wireless sensor networks. *Proc. of the 6th International Conference on Information Processing in Sensor Networks (IPSN)*.

Du, S., Kumar, A., David, S., and Johnson, B. (2007) RMAC: A routing-enhanced duty-cycle MAC protocol for wireless sensor networks. *Proc. of the 26th IEEE International Conference on Computer Communications (INFOCOM)*.

El-Hoiydi, A. (2002) Spatial TDMA and CSMA with preamble sampling for low power ad hoc wireless sensor networks. *Proc. of the 7th IEEE Symposium on Computers and Communications*.

El-Hoiydi, A., and Decotignie, J.D. (2004) WiseMAC: An ultra low power MAC protocol for the downlink of infrastructure wireless sensor networks. *Proc. of the 9th IEEE Symposium on Computers and Communication*.

Gutierrez, J.A., Naeve, M., Callaway, E., Bourgeois, M., Mitter, V., and Heile, B. (2001) IEEE 802.15.4: A developing standard for low-power low-cost wireless personal area networks. *IEEE Network* **15** (5), 12−19.

Heinzelman, W.B., Chandrakasan, A.P., and Balakrishnan, H. (2002) An application specific protocol architecture for wireless microsensor networks. *IEEE Transactions on Wireless Communications*.

Karn, P. (1990) A new channel access method for packet radio. *Proc. of the ARRL 9th Computer Networking Conference*.

Kim, Y., Shin, H., and Cha, H. (2008) YMAC: An energy-efficient multi-channel MAC protocol for dense wireless sensor networks. *Proc. of the International Conference on Information Processing in Sensor Networks (IPSN)*.

Kuo, F.F. (1995) The ALOHA system. *ACM SIGCOMM Computer Communication Review* **25** (1), 41−44.

Lu, G., Krishnamachari, B., and Raghavendra, C.S. (2004) An adaptive energy-efficient and low-latency MAC for data gathering in wireless sensor networks. *Proc. of the 18th International Parallel and Distributed Processing Symposium*.

Mank, S., Karnapke, R., and Nolte, J. (2007) An adaptive TDMA based MAC protocol for mobile wireless sensor networks. *Proc. of the International Conference on Sensor Technologies and Applications (SENSORCOMM)*.

MC13202 (2008) 2.4-GHz low power transceiver for the IEEE 802.15.4 standard. www.freescale.com /files/rf_if/doc/data_sheet/MC13202.pdf.

Raja, A., and Su, X. (2008) A mobility adaptive hybrid protocol for wireless sensor networks. *Proc. of the Consumer Communications and Networking Conference*.

Rajendran, V., Obraczka, K., and Garcia Luna Aceves, J.J. (2003) Energy efficient, collision free medium access control for wireless sensor networks. *Proc. of the 1st International Conference on Embedded Networked Sensor Systems (SenSys)*.

Rhee, I., Warrier, A., Aia, M., and Min, J. (2005) ZMAC: A hybrid MAC for wireless sensor networks. *Proc. of the 3rd ACM Conference on Embedded Networked Sensor Systems (SenSys)*.

Rhee, I., Warrier, A., Min, J., and Xu, L. (2006) DRAND: Distributed randomized TDMA scheduling for wireless ad hoc networks. *Proc. of the 7th ACM International Symposium on Mobile Ad Hoc Networking and Computing (MobiHoc)*.

Singh, S., and Raghavendra, C. (1998) PAMAS: Power aware multi-access protocol with signaling for ad hoc networks. *SIGCOMM Computer Communications Review* **28** (3), 5−26.

Sun Y., Du, S., Gurewitz, O., and Johnson, D.B. (2008a) DWMAC: Low latency, energy efficient demand wakeup MAC protocol for wireless sensor networks. *Proc. of the 9th International Symposium on Mobile Ad Hoc Networking and Computing (MobiHoc)*.

Sun, Y., Gurewitz, O., and Johnson, D.B. (2008b) RIMAC: A receiver initiated asynchronous duty cycle MAC protocol for dynamic traffic loads in wireless sensor networks. *Proc. of the 6th ACM Conference on Embedded Networked Sensor Systems (SenSys)*.

Talucci, F., Gerla, M., and Fratta, L. (1997) MACABI (MACA By Invitation): A receiver oriented access protocol for wireless multi-hop networks. *Proc. of the 8th IEEE International Symposium on Personal, Indoor and Mobile Radio Communications*.

Van Dam, T., and Langendoen, K. (2003) An adaptive energy-efficient MAC protocol for wireless sensor networks. *Proc. of the 1st ACM Conference on Embedded Networked Sensor Systems (SenSys)*.

Van Hoesel, L., and Havinga, P. (2004) A lightweight medium access protocol (LMAC) for wireless sensor networks: Reducing preamble transmissions and transceiver state switches. *Proc. of the 1st International Conference on Networked Sensing Systems (INSS)*.

Ye, W., Heidemann, J., and Estrin, D. (2002) An energy-efficient MAC protocol for wireless sensor networks. *Proc. of the 21st Annual Joint Conference of the IEEE Computer and Communications Societies (INFOCOM)*.

Ye, W., Heidemann, J., and Estrin, D. (2004) Medium access control with coordinated active sleeping for wireless sensor networks. *IEEE/ACM Transactions on Networking* **12** (3), 493−506.

Zheng, T., Radhakrishnan, S., and Sarangan, V. (2005) PMAC: An adaptive energy-efficient MAC protocol for wireless sensor networks. *Proc. of the 19th IEEE International Parallel and Distributed Processing Symposium (IPDPS)*.

第7章 网 络 层

WSN中传感器节点收集的数据一般是汇聚到基站（网关），基站连接WSN与其他网络，可以使数据可视化，对数据进行分析并进一步处理。在小规模传感器网络中，传感器节点与网关之间距离较短，所有传感器节点都可以和网关直接通信（单跳）。但是，大多数的WSN应用需要大量的传感器节点来覆盖大的地区，因此需要应用间接的（多跳）通信方法。也就是说，传感器节点不仅要获取和传播自己的信息，也要作为其他传感器节点的中继或转发节点。从一个源端到一个接收器（例如，网关设备）跨越一个或多个传感器而建立路径的过程称为路由，路由在通信协议栈的网络层具有重要作用。当WSN的节点以一个确定的方式部署，例如，它们被放置在某些预定位置时，节点和网关之间的通信能够使用预定的路由。然而，当节点以一种随机的方式部署，例如它们被随机地分布到环境中时，它所产生的拓扑结构是不均匀分布和不可预测的。这种情况下，这些节点的自组织是非常重要的，即它们必须合作以确定自身位置、识别邻节点和发现到网关设备的路径。本章介绍了路由协议和数据传播策略的主要类别，并讨论了每种类型最新的解决方案。

7.1 概述

网络层主要负责找到从数据源到终端设备（例如网关）的路径。在单跳路由模式中，如图7.1（左）所示，所有的传感器节点都能与终端设备直接通信。这是一种最简单的通信模式，所有数据可以直接单跳到达目的地。然而实际环境中，这种单跳路由方式不易实现，必须使用多跳通信模式，如图7.1（右）所示。在这种情况下，所有的传感器节点在网络层的主要任务是通过其他中继节点找到一条从源节点到汇聚节点的路由。这种路由协议的设计是具有挑战性的，因为WSN具有一些独特的特性，包括资源不足和无线介质不可靠。例如，有限的处理、存储、带宽和能量容量决定了路由解决方案是轻量级的，而WSN频繁的动态变化（例如，由于节点故障引起的拓扑结构的变化）所需要的路由方案是自适应和灵活的。此外，与传统的有线网络的路由协议不同，传感器网络协议可能无法依靠全局寻址方案（例如，Internet上的IP地址）。

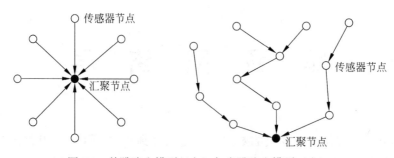

图 7.1　单跳路由模型（左）与多跳路由模型（右）

路由协议的分类方式有多种，图 7.2 分别根据网络结构或组织形式、路由发现过程以及该协议的操作提供了三种不同的分类方式（Al-Karaki 和 Kamal，2004）。就网络组织形式而言，大多数路由协议属于三种类型之一。基于平面的路由协议（flat-based routing）认为所有节点具有相同的功能或承担相同的角色。相反，以分层为基础的路由协议（hierarchical-based routing）认为不同的节点在路由过程中可能承担不同的角色。一些节点可以代表其他节点转发数据，而另一些节点只产生和传输自己的传感数据。基于位置的路由协议依靠节点的位置信息进行路由决策。路由协议负责确定或发现从源端到目标接收者的路径，因此路由发现过程也可以用来区分不同类型的路由协议。反应式路由协议按需发现路由，也就是说，当发送端打算将数据发送到接收端但却没有已经建立的路由时，就会启动路由发现。反应式路由会在实际的数据传输之前产生延迟，而先应式路由协议（proactive routing）则在实际的路由需求之前就已经建立了路径。这类路由协议也经常被描述为表驱动式，因为在本地会有一个路由表，包括目的端列表、一个或多个到目的端的下一跳邻节点和每个到下一跳邻节点的代价，本地转发决策就是根据路由表的内容来判断的。虽然表驱动路由协议消除了路由发现延迟，但是它们也许过度积极了，因为已建立的路由可能永远也用不上。另外，路由发现和路由实际使用之间的时间间隔可能非常大，这有可能产生过时的路由（例如，在间隔时间内路由的某个连接可能已经断开）。最后，建立一个路由表的代价可能很大，比如，在某些协议中，包括了把一个节点的本地信息（如它的邻居列表）传播给网络中的所有其他节点。有些协议同时表现出反应式和先应式协议的特点，属于混合式路由协议。最后，路由协议在执行上也有不同，例如，协商式路由协议（negotiation-basedrouting）在实际数据传输之前，依靠相邻传感器节点之间交换的协商消息来减少冗余数据传输。SPIN 协议族（7.5 节）就属于这一类。基于多条路径的路由协议会同时使用多个路由，以达到更好的性能和容错能力。基于查询的路由协议（query-based routing）是由接收端启动路由发现的，也就是说，传感器节点发送数据作为对目的节点路径查询报文的响应。基于 QoS 的路由协议的目的是满足某个服务质量（QoS）指标或多个指标的组合，比如低延迟、低能耗或者较低的丢包率。最后，不同的路由协议对于网络内部数据处理的方式也各不相同。相干式路由协议（coherent-based routing）在传感器数据发送到接收器和数据汇聚点之前，只执行少量的数据处理（例如，消除重复报文和打上时间戳）。而非汇聚式路由协议中，中间节点可以在原始数据转发到其他节点进行进一步处理之前，对其执行大量的本地处理。

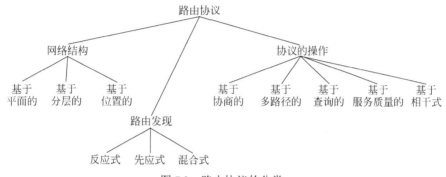

图 7.2　路由协议的分类

此外，当传感器数据明确地发送给一个或多个接收器时，路由便是以节点为中心的。大多数路由协议侧重于单播路由，即传感器数据准确地转发到一个接收器。另一方面，多播和广播路由方法将数据传送到多个或所有节点。以数据为中心的路由在接收节点没有明确定义时才使用，这种方法隐性地描述了接收节点的某些属性。例如，网关可能会发出温度的查询请求，只有能够收集此类信息的传感器才会响应查询请求。

7.2　路由度量

WSN 及应用在制约因素和特性上差异很大，因此在路由协议的设计中必须予以考虑。例如，大多数 WSN 在其可利用能量、处理能力和存储能力上都会受到限制，传感器网络在其规模、所覆盖的地理区域及其位置识别度上也有很大的不同。全球寻址方案（如在 Internet 上使用的 IP 地址）可能无法使用，甚至是不可行的，特别在有异构节点和移动节点的网络中。最后，从应用程序的角度来看，可能有各种不同的方法用于收集传感器数据。在时间驱动的方案里（例如环境监测），节点将定期收集的数据传播给一个接收器或网关设备。在事件驱动的方案里（例如野火监测），节点只在关心的事件发生时报告收集到的信息。最后，在查询驱动的方案里，网关节点的责任是在需要的时候请求来自传感器的数据。无论在网络中使用何种方案，一个路由协议的设计都是由网络中可用的资源和应用程序的需要决定的。为此，路由评价指标是用来度量路由协议关于这些资源的消耗或应用程序的性能方面的各种目标的。本节将简要介绍WSN 中常用的路由度量。

7.2.1　常用的指标

7.2.1.1　最小跳数

路由协议中最常见的度量是最小跳数（或最短跳数），即路由协议试图找到从发送端到目的地所需中继节点（跃点）最少的路径。在这个技术中，每一跳都有相同的成本，最小跳数路由协议选择的路径，最大限度地减少了从源到目的地数据传播的总成本。这一度量标准背后的基本思路是，用最短的路径，实现端到端的低延迟和资源的低消耗，因为它包含了尽可能少的转发节点。然而，由于最小跳的方式没有考虑每个节点上实际资源的可用性，因此最终路径在延迟、能源和拥塞避免上可能不是最佳的。尽管如此，因其简单性和保序性，许多路由协议都使用最小跳这个度量。（保序性是指，即使两条路径被加载到一个共同的第三条路径，也能保证这两条路径的优先顺序不变。）

7.2.1.2　能量

毫无疑问，WSN 中路由最重要的方面是能源效率，然而，没有一个专门的能量度量可以应用到所有的路由问题；相反，能源效率有不同的解释，分别介绍如下（Singh 等，1998）。

1. 每个数据包的最小能量消耗：这是最容易想到的能量效率的概念，其目标是尽可能使每个数据包从源点发送到目的节点所消耗的总能量最小。总能量是路径中每个节点用于接收和发送数据包所消耗的能量的总和。图 7.3 是一个小的 WSN 的示例，其中，源节点希望使用一条路径，能最大限度地减少数据包传送到目的地的能源消耗。虚线上的数字表示数据包通过此链接的传播消耗，因此，数据包将通过节点 A-D-G 传播，总成本为 5。请注意这与最小跳数路径（B-G）是不同的。

2. 最长的网络分区时间：当连接网络两个部分的最后一个节点失效或出现故障时，一个网络将被划分为几个更小的子网。由此带来的后果是，其中的子网可能是路由不可达的，使得子网内的传感器节点不再可用。因此，问题的关键是减少关键节点的能源消耗，这些节点使得网络上每个传感器节点至少经由一条路由可达。例如，可以用最大流最小割定理找出这样一组节点，去掉它们将导致整个网络的割断。一旦通过路由协议找到这些关键节点，就可以尝试平衡流量负载以防止这些节点过早失效。在图 7.3 中，D 就是这样的节点，如果 D 的电池耗尽，网络中的任何其他节点都无法到达节点 F、I 和 J。

3. 节点功率的最小方差：在这种情况下，网络内所有节点是同等重要的，其面临的挑战是尽可能将能量消耗平均地分配给网络中所有的节点。这种方法的目的是最大限度地提高整个网络的生命周期，例如，它可以尽可能保持更多的节点长时间地处于有效状态，而不是一些节点比其他节点更早失效，从而不断降低网络的规模。在理想的情况下（但实际上是不可能的），所有的节点会在同一时间内失效。

4. 最大（平均）能量容量：在这种方法中，重点不是减少数据包传播所消耗的能量，而是侧重于节点的能量容量（即目前的电池充电水平）。使用此度量的路由协议，偏向于从源端到目的地具有最大总能量容量的路由。在图 7.3 中，节点下面括号中的数字表示节点的剩余能量容量。在这个例子中，路由协议可以选择路径 C-E-G，它有最大的总容量（即 8）。使用此度量的路由协议必须精心设计，以避免为了最大限度的提高总能量容量，而陷入选择不必要的过长线路的误区。此度量的一种变化形式可以避免这个问题，即最大化能量容量的平均值。

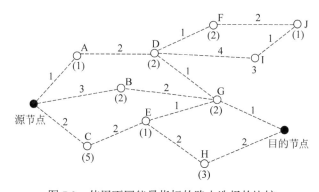

图 7.3　使用不同能量指标的路由选择的比较

5. 最小能量容量的最大化（maximum minimum energy capacity）：最后，路由的主要目标不是最大化整个路径的能量容量，而是选择具有最大的最小能量容量的路径。这种技术倾向于选择具有较大的能量储备的路径，但也保护了低容量节点，防止其过早失效。在图 7.3 中，使用此度量的协议会选择 B-G 路径，因为沿着这条路线的最小容量是 2，大于所有其他可能途径的最小容量。

这些对能量的不同认识导致协议的实现大相径庭，其结果（即选定的路线）和开销也各不相同。例如，为确定每个数据包消耗的最小能量，可能通过以一个数据包大小作为输入的消耗函数，来计算接收和传输数据包的成本。另一方面，能量容量随时间而变化，因此使用能量度量的路由协议必须从其他节点反复获得这些容量值。

7.2.1.3 服务质量

服务质量（QoS）涉及网络的性能评价，包括端到端延迟、吞吐量、抖动（延迟变化）以及丢包率（或出错率）。QoS 度量的选择取决于应用的类型。实施目标探测与跟踪的传感器网络要求时间敏感的传感数据的端到端延迟尽量低，而数据密集型网络（例如多媒体传感网）可能需要有高的吞吐量。预期传输时间（expected transmission time，ETT）是一个评价延迟的常用度量，定义为（Draves 等，2004）：

$$ETT = ETX \times S/B \tag{7-1}$$

其中，S 是数据包的平均大小，B 是链接带宽。ETT 表示在 MAC 层要成功传输数据包所预期的执行时间。预期传输次数（expected transmission count，ETX）把丢包率作为路由的度量参数，其定义为通过无线链路成功传送一个数据包所需要的传送次数（Couto 等，2003）。通常多种 QoS 度量参数（如端到端延迟与丢包率）结合在一起使用，例如，带宽延迟系统涉及网络带宽与端到端延迟。度量的选择影响不同层面的网络设计，包括网络（路由）层与 MAC 层。大多数的 WSN 必须在整个网络中满足针对应用服务的 QoS 与能量效率之间的平衡。

7.2.1.4 鲁棒性

许多传感器应用都希望使用能长期保持稳定与可靠的路径。为此，一个节点可以测试或估计到每个相邻节点的链路质量，然后选择下一跳节点，以提高成功传送的概率。但是这个度量很少单独使用。一个路由协议可以识别几个最少跳数路径，然后在这些路径中选择一条具有最高整体或平均链路质量的路径。在含有移动节点的网络中，路由协议也可以使用链路稳定性参数，这是用于度量一条链路在未来可以使用的可能性。这个度量可以用来偏向于选择更健壮的路径与静止的节点。

7.3 洪泛和闲聊

将信息传播到网络中或是一个不确定位置的节点上的一个古老且简单的方法是将其洪泛到整个网络。发送节点把数据包广播到邻节点，这些节点重复这个过程，再次将数据包转发到其各自的邻节点，直到所有节点已经收到了数据包或者数据包已经达到最大限度的跳转。通过洪泛，如果存在一条通向目的地的路径（假设是无损交流），就可以保证目的地能够接收到数据。洪泛的主要优势是其简单性，而其最大的缺点是会引起拥塞。因此，必须采取措施保证数据包不会无限制地在网络中传递，例如最大跳转数可以用来限制数据包向前传递的次数。最大跳转数必须足够大使得数据包可以到达所有有意的接收者，也必须足够小以确保数据包不会在网络中长时间传递。还有，数据包中的序号（包含源地址）可以用来唯一标识数据包。当一个节点接收到一个之前已经到达的数据包（即相同的来源/目的地对和相同的序号），节点就直接将其丢弃。尽管有这一机制，洪泛依然面临很多其他挑战（Heinzelman 等，1999）：

1. 内爆：一个收到数据包的节点通过广播将数据包转送到它所有的邻节点，而不管这些节点是否已经从其他节点接收过这个数据包。由于不必要的收发操作，导致了资源浪费。图 7.4（左）说明了这一问题。节点 A 传递数据包 P1 给它的两个邻节点 B 和 C。B 把数据包转发给自己的邻节点 D，最后，C 也把数据包传送给 D。即使 D 丢弃了重复的数据包，能量也已经从 C 到 D 的数据包传送过程中浪费了。

2. 重叠：传感器经常用于监视重叠的地理区域，如图 7.4（右）所示。传感器 A 和 B 共同覆盖区域 Y。这样，这两个传感器将收集重复的数据，并都将收集的数据传送给邻节点 C。与内爆问题类似，相同的信息被两次送给同一接收者，这也会导致资源的浪费。与内爆问题不同的是，重叠问题更难解决，因为解决这个问题不仅需要考虑传感器网络的拓扑，还必须考虑要收集的信息与传感器节点的对应关系。

3. 资源盲区：洪泛协议的简单也意味着它无法识别各个节点的资源限制。因此洪泛法不能根据一个特定节点的可用能量来调整自己的路由行为。

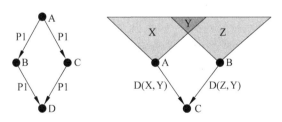

图 7.4　内爆问题（左）与重叠问题（右）

洪泛的一种变化是闲聊（Hedetniemi 等，1988）。闲聊时，节点不一定要广播数据，而是使用一个可能路径，节点以概率 p 把数据传递给自己的邻节点，以概率 $(1-p)$ 丢弃数据。这样可以减少传输量，也可以随机地保存能量。但是，这只解决了洪泛的内爆问题，而没有解决重叠与资源盲区问题。通过闲聊，也可能出现传感器数据传输失败的情况，例如，节点唯一的邻节点决定不向其他节点传递数据。如果选择高概率传送，通信量会很高（概率为 1 相当于传统的洪泛），因此限制了闲聊的优势。另一方面，如果概率低，开销会明显减小，但数据传送失败的概率增大。

7.4 数据中心式路由

大多数传感器网络中，节点不如其产生的信息重要。因此，在以数据为中心的路由技术中，重点是获取和传播特定类型或具有某种属性的信息，而不是从特定节点收集数据。本节综述了平面网络的数据中心式路由以及散播协议。在平面网络中，所有的节点就路由而言扮演相同的角色，它们合作完成路由任务（即不需要拓扑管理）。

7.4.1 通过协商的传感网信息传播协议

SPIN（Sensor Protocols for Information via Negotiation）（Kulik 等，2002）是一组基于协商的、以数据为中心和时间驱动的洪泛协议。但是与传统洪泛相比，SPIN 中节点依靠两个关键技术来克服洪泛的缺点。为了解决内爆与重叠问题，SPIN 节点在数据传输之前与邻节点协商，这使它们避免了不必要的通信。为了解决资源盲区问题，每个 SPIN 节点使用资源管理器来跟踪实际资源消耗，使其可以根据资源可用性来调整路由和通信行为。

SPIN 使用元数据来简单完整地描述传感器节点收集的数据。为了确保元数据对 SPIN 有用，一个关键的要求是：如果 x 代表某些传感数据 X 的元数据，那么 x 的大小（以字节单位）必须小于 X 的大小。此外，两个相同的传感数据必须用相同的元数据表示。同样地，如果两个传感器数据不同，那么它们的元数据表示也应该不同。传感器数据向元数据的实际映射是对应于应用程序的，SPIN 针对每个应用来解析和合并其自身的元数据。例如，相机传感器可以使用 (x, y, ϕ) 作为元数据，(x, y) 是地理坐标，ϕ 是方向。

7.4.1.1 SPIN-PP

SPIN-PP 是 SPIN 系列中的第一个成员，它使用点对点传送介质对网络进行优化，即两个节点之间可以进行专门交流而不受其他节点的干扰。在 SPIN-PP 中，数据通过三步握手协议（如图 7.5）完成洪泛。首先，当新的数据到达，节点用一个广播消息（ADV）通过数据的元数据向它的邻节点公布这个事件。一旦接收到这个消息，节点便检查其是否已经接收过这个数据。如果没有，节点用一个数据请求消息（REQ）作为回应，表示它请求接收广播的数据。最后，发送节点用包含公告数据的 DATA 消息回应 REQ 消息。

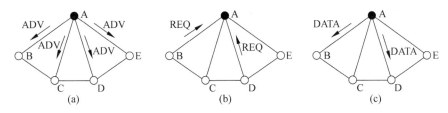

图 7.5　SPIN 协议

(a) 公告阶段；(b) 请求阶段；(c) 数据传输

如图 7.5(b) 所示，只有不具备数据备份的节点才可以回应 ADV。还有，一旦从 A 处接收到 DATA 消息之后，节点 B 和 D 便将这份数据与它们自己的数据整合在一起，然后向邻近节点公告它们整合的数据。SPIN-PP 的主要优势是简单，而且节点只需要知道它的单跳邻居便可以运行。这个协议是面向具有均衡通信链路的无损环境设计的，如果这些数据没有在超时间隔内到达，对于丢失的 ADV 消息，节点可以定期重新公告，对于丢失的 REQ 消息与 DATA 消息，节点可以要求重传。这个协议也可以使用明确的确认消息。例如，REQ 消息可以包含某个节点想要接收的与不想接收的数据的明确列表。基于这个列表，一个节点可以识别出之前的公告是否被邻节点成功接收。

7.4.1.2　SPIN-EC

SPIN-PP 的另一种变化版本叫做 SPIN-EC，相对于 SPIN-PP 协议增加了一个简单的启发式设计以增加对能量的保存能力。只要所有的节点都具有充足的能量，它们都参与到 SPIN-PP 的三步握手进程中。但是，当一个节点的能量接近特定的低能量阈值时，它就需要选择性地参与三步握手。也就是说，一个节点只有确信其可以完成整个协议流程而不出现低于能量阈值的情况时，才会参与三步握手进程。因此，只有当节点具有充足的能量来传输请求和接收数据时，它才会对广播消息给予应答。同理，一个节点只有确信即使所有邻节点都请求一个数据副本时它也可以完成整个协议流程，才会启动与邻节点之间的三步握手进程。

7.4.1.3　SPIN-BC

SPIN-PP 和 SPIN-EC 是基于点对点的通信协议，然而 SPIN-BC 通过采用广播的通信方式对上述协议进行了改进。在广播的传输模式下，发送节点发送的每一条信息都将被其传输范围内的所有节点接收。SPIN-BC 采用廉价的、一对多的通信方式，节点也因为可以监听到其传输范围内的所有消息从而可以更有效地调整它们的资源保护措施。

SPIN-BC 采用了三步握手过程，包括发送广告（ADV）、回复请求（REQ）、发送数据（DATA）。相比于 SPIN-PP 所采取的方法，主要有以下三个不同：

（1）所有的消息都通过广播的模式直接传送，即所有在发送节点传输范围以内的节点都将接收到消息的副本。

（2）一旦接收到 ADV 消息，节点将会检查它是否希望接收这个广播数据。如果愿意接收，则节点将统一地从提前设置好的区间中随机选择计时器。只有在计时器到点后，节点才会再一次广播 REQ 消息（在消息头中指定 ADV 消息的发送方身份）。如果节点在计时器到点之前就已经监听到 REQ 消息，则节点将会取消计时器并不再发送自己的 REQ。

（3）发送节点只会发送一次广播数据，即，对于相同数据的多次 REQ 消息将会被发送节点忽略。

随机计时器可以用来避免不同的邻节点之间发送 REQ 消息时产生的冲突，另一方面，也可以避免节点发送那些其他节点已经发送过的 REQ。这个方法可以显著地降低传输过程中发送消息的次数。例如，对于每一次传输，节点只需要发送一次 ADV 消息并传输一份 DATA 消息的副本。

7.4.1.4 SPIN-RL

SPIN 协议的最后一个变体是 SPIN-RL，它对传输中丢包的情况和非对称通信等方面进行了改进，从而比 SPIN-BC 更可靠。首先，每个节点将监听 REQ 消息，如果在一定的超时期内节点没有收到对应的数据，那么节点认为 REQ 消息或者是 DATA 消息可能没有到达。这种情况下，该节点将通过广播 REQ 消息指定某个节点重新请求该数据，被指定的节点是从此前广告过 REQ 消息的节点中随机选择的。此外，SPIN-RL 还有一个优点是限制了数据的发送频率。即：一旦节点发送了一条数据，它都会等待一个指定的时间间隔后才会响应其他对该数据消息的请求。

7.4.2 定向扩散路由

定向扩散（directed diffusion）（Intanagonwiwat 等，2000）是另外一种以数据为中心的路由协议，节点感知的数据由属性-值对来命名，因此也是与具体应用相关联的。定向扩散的主要思想是节点通过发送兴趣消息来请求数据。兴趣扩散过程中将建立梯度值来指导感知数据传送到接收节点，数据传输路径上的中间节点能够整合不同的数据，从而可以有效地减少冗余信息的转发次数。

定向扩散不需要依赖全局的有效节点身份标识，相反，它使用属性值来描述一个感知任务并且构造一条路由路径。例如，一个简单的车辆跟踪应用可以描述为：

type = vehicle	// 检测车辆位置
interval = 20 ms	// 每 20 毫秒发送一次数据
duration = 10 s	// 执行任务 10 秒
rect = [–100,–100,200,200]	// 工作区域

即节点希望接收到的数据应该匹配以上提供的属性，回应的数据也应该采用相同方式，即使用相同的属性-值对来描述。

一旦某应用使用上述命名方式描述，则必须把这个情况通告整个传感网。这个过程可以用图 7.6 来说明。一个汇聚节点定期向它的邻居广播兴趣消息直到整个网络中每个节点都接收到（图 7.6（a））。每个节点都建立一个到汇聚节点的梯度，这个梯度就是从接收兴趣消息的节点到邻节点的回复链接。因此，就可以通过兴趣消息和梯度建立事件源到汇聚节点间的路径（图 7.6（b））。一旦事件源开始传输数据，它可以使用多条路径向汇聚节点传输。随后汇聚节点基于其局部的某个数据驱动准则来增强它的一个邻节点。例如，一个汇聚节点接收到前所未见的事件，它就加强它的邻节点。为此，汇聚节点可以向其邻居重新发送最初的兴趣信息，反过来邻节点也会基于局部规则加强它的一个或多个邻居节点（图 7.6（c））。

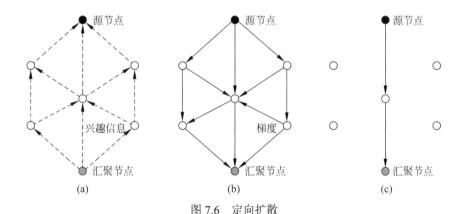

图 7.6　定向扩散
(a) 兴趣消息传播；(b) 初始梯度设置；(c) 数据传送

定向扩散和 SPIN 的主要区别是，前者的查询消息是基于汇聚节点的需求产生的，而不是由 SPIN 中的源节点通过发送广告来产生的。根据梯度建立的过程，所有的通信都是邻居到邻居的，不需要寻址方案，允许每个节点对传感器数据执行聚合和缓存，这两个策略都可以有效降低能量的消耗。最后，定向扩散是一个以查询信息为基础的协议，可能对某些 WSN 应用不适合，例如那些持续的数据传输请求（环境监测应用）。

7.4.3　谣传路由

经典的洪泛协议可以描述成事件洪泛，即源节点通过一个事件将它的感知数据传输给全网络。当没有位置信息把查询消息传送到合适的传感器，洪泛查询就成为向网络中所有节点传送查询的过程。谣传路由（Braginsky 和 Estrin，2002）是一种尝试把洪泛技术与定向扩散相结合的路由协议。

在谣传路由中，每个节点都要维护其邻节点的列表和事件表，其中事件表存储所有已知事件的转发信息。一旦节点发现一件事（例如物理世界中的一个现象），这个事件便加入事件表（包含零距离），并以一定概率产生一个代理（并不是所有的事件都会产生代理）。代理是一个存活期很长的事件包，它在整个网络中转发，将这个事件和转发途径中遇到的其他事件一起传输给偏远的节点。一旦代理到达一个节点，节点便用代理承载的内容来更新自己的事件表。例如，图 7.7(a) 表示节点 E 的代理没到达 A 之前，节点 A 的事件表中标示的事件 E1 和 E2 的路由路径。当代理通过 G 到达 A 之后，A 发现事件 E1 有一条更短的路由路径（E-F-G-A），从而 A 更新了自己事件表中 E1 的路由路径（图 7.7(b)）。

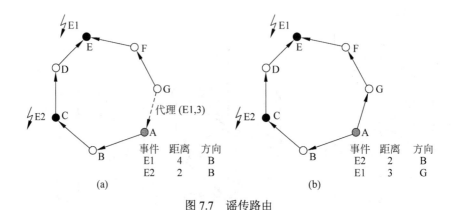

图 7.7　谣传路由

(a) 在代理 B 到达之前到 E1 的路径；(b) 代理到达之后的路径

当一个节点想去发起一个针对指定事件的查询时，它首先检查自身是否存在到目标事件的路由，如果存在，则它直接将查询转发给路由表中指定的邻节点。如果这样的路由不存在，就随机选择一个邻节点转发查询信息。这个过程在每一个节点上持续，其中查询信息将收集已经访问过的节点列表从而避免重复访问。代理和查询消息都设置了生存时间（TTL）来计数，这个值在每一跳中递减，并且只有当该值大于零时节点才会转发信息。即使节点并不知道目标事件的方向，通过随机转发给周围的邻节点，查询信息还是有可能转发给拥有目标事件的节点的。由于存在查询不到目标事件的可能，所以查询节点可以用一些技术来标示这种情况，例如，超过一定时间没有收到回复消息，就开始洪泛查询消息（回复时间的长短取决于 TTL 值的设置）。

总之，谣传路由试图在查询和事件洪泛中寻找到一个均衡点。当查询事件率很高时，采用查询洪泛的代价是很昂贵的。而当查询的事件在网络中存在的数量很少时，使用事件洪泛的方式可以获得不错的收益。两种协议都不适用于中度事件查询比率。谣传路由使用了以查询为基础的方法，它尝试将查询信息仅仅发送给网络中那些已经存储目标事件的节点，而不是洪泛给网络中的所有节点。谣传协议并不关注延迟，而是提供一个不是最优的，但可以使用户满意的路由路径。此外，由于节点要存储事件表，而事件表是随着网络中信息转发而逐渐增大的，因此，当网络中的事件很多时，存储和维护这种表的代价是一个问题。

7.4.4　基于梯度的路由

另一种定向扩散的概念是基于梯度的路由（gradient-based routing，GBR）（Schurgers 和 Srivastava，2001）。这种方法中，梯度由到汇聚节点的距离决定。与定向扩散相似，GBR 使用了兴趣的概念来描述汇聚节点获取某类信息的意愿，在这些兴趣泛洪的过程中，每个节点的梯度被确定下来。每个兴趣宣告信息记录了节点与汇聚节点之间的跳数，在 GBR 中称为节点的高度。一个节点和它的邻居之间的高度差就是它们之间链路的梯度。一个数据包选择梯度最大的链路进行传输。

当多个路由交汇在某个节点，它们携带的数据要融合起来。在 GBR 中，节点可以建立一个数据联合实体（DCE），它负责数据压缩以提高网络的资源利用效率。进一步，GBR 采用了流量传播技术来更加均匀地平衡网络中的流量。在随机传播方案中，当节点在相同梯度情况下有两个或多个下一跳时，每个节点就会随机选择其下一跳。在基于能量的方案中，当一个节点的能量低于某个确定的阈值，它就增加它的高度，这会减少其他节点通过它传播信息的可能性。由于每个节点的高度是它所有邻居中最低的高度值加上 1 得到，所以改变一个节点的高度也影响到了它邻节点的高度。最后，在数据流方案中，新的数据流会避开已经有数据流流过的节点。为了实现这点，每个接收到数据包的节点增加高度，并通知它的邻居（除了向它发送这个包的节点外）。结果，因为已经存在的数据流过的节点都增加了它们的高度，所以，最初的数据流不受影响，新的数据流会选择另外的路径。

7.5   主动式路由

主动式（或表驱动）路由协议在实际需要之前就建立好路径。此方法的主要优点是，当需要时，路由都是可用的，而且不会像按需路由协议（on-demand routing）一样在寻路的时候产生延迟。该协议的主要缺点是要建立和维护路由表的开销可能非常大，而且这些表中的无效信息可能会导致路由错误。

7.5.1   DSDV 路由协议

DSDV（destination-sequenced distance Vector）路由协议（Perkins 和 Bhagwat，1994）是经典分布式贝尔曼-福特算法（Bellman-Ford algorithm）的改进版本。在距离矢量算法中，每一个节点 i 维持一张从每一个邻居节点 j 到目的节点 x 的距离 $\{d_{ij}^x\}$ 列表。如果有节点 k 使得 $d_{ik}^x = \min\{d_{ij}^x\}$，则节点 i 会选择节点 k 作为转发分组的下一跳。这些信息与目标节点分配的针对每个表项的序列号一起存储在路由表中。该序列号的目的是允许节点区分失效的路由和新的路由，防止发生路由环路。每个节点会定期地通过广播来更新路由表，而且当新的重要的消息可用时就立即更新。DSDV 使用两种类型的分组来共享其路由表的内容。一种是包含所有可用的路由信息的全备份分组，而另一种是只包含自上一次全备份所改变的信息的增量分组。通常增量分组远远小于全备份，从而降低了 DSDV 的控制头部开销。当一个节点接收到增量分组，会将其与该节点的当前信息进行比较，如果分组中的路由信息具有更新的序列号，则用分组中的路由信息替换节点中的相应路由信息。若序列号相同，但分组中的路由有一个更短的距离，则节点的路由表中的路由信息也会被分组中相应的信息所取代。

图 7.8 是一个可能的网络拓扑结构，左图给出了节点的位置和连接，右表是节点 D 的路由表（第一个表）。假设节点 C 将从其当前位置移动到 H 和 G 附近的一个新位置，H 和 G 成为了节点 C 的新邻居。D 的邻节点的更新分组最终会通知 D，通过 B 到达 C 的路由是无效的，并告知节点 D 存在着一条通过 E 达 C 的新路由。因此，D 将更新自身路由表中节点 C 的信息，将 E 显示为下一跳邻居，并将新的到达距离更新为 3（图 7.8 中的第二个表）。

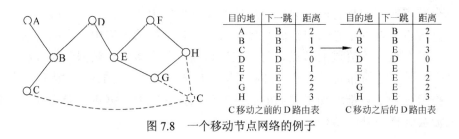

图 7.8   一个移动节点网络的例子

7.5.2 优化的链路状态路由

另一个主动式路由的例子是优化的链路状态路由（optimized link state routing，OLSR）协议（Clausen 等，2001），这是基于链路状态的算法。在这种方法中，节点周期性地向网络中所有的其他节点广播拓扑更新信息，允许它们获得完整网络的拓扑映射并立即决定到网络中任意目的节点的路径。

在 OLSR 中，每个节点使用邻居检测以确定其邻居并探测该邻节点的变化。因此，节点周期性地广播一个包含该节点身份（地址）和该节点所知邻居表的 HELLO 报文。对于每一个邻居，邻居表还表明该节点和邻节点之间是对称的（双方均可接收彼此消息）或者是不对称的。通过收集邻居的 HELLO 报文，节点可以知道其两跳邻节点信息。为了得到整个网络的信息，拓扑信息必须通过整个网络进行洪泛。相比经典的洪泛方法，OLSR 依靠多点中继器（multipoint relays，MPR）提供一个更有效的方法来传播控制信息。也就是说，一个节点选择一组对称邻节点为 MPR 节点，称为 MPR 选择集。只有 MPR 节点将报文转发到其他节点，才会显著地减少重复传输，这个概念如图 7.9 所示。

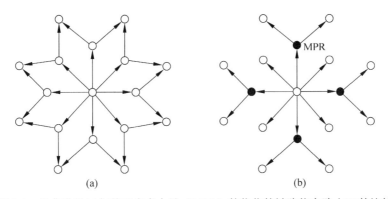

(a)　　　　　　　　　　(b)

图 7.9　经典洪泛(a)与基于多点中继（MPR）的优化的链路状态路由(b)的比较

所有节点可以使用不同的算法和启发方式来独立地选择自己的 MPR 节点。例如，一个节点能通过接收 HELLO 报文确定其两跳邻居，可以计算出一组最小的可达所有两跳邻居的单跳邻节点。这些单跳邻节点则被选为 MPR 节点，并通过 HELLO 报文得知自己的新角色。

OLSR 并不会通知所有的邻节点；相反，它的控制报文（MPR 节点将其转播）包含了 MPR 节点的地址。实际上，一个节点会向所有的 MRP 宣布其可达性，因为所有的节点都选择了 MPR 集，到所有节点的可达性将在整个网络公告。因此，每个节点将获得网络的局部拓扑映射，它可以用来确定到达网络中任何可达目的节点的最佳路由（例如，使用最短路径算法）。

7.6 按需路由

相比于主动式路由协议，反应式协议只有在明确需要时才发现和维护路由。源节点获知目的节点的身份和地址，则在网络中启动一个路由发现过程，当至少一个路由被发现或所有可能的路由被检测到时，此过程才结束。该路由会一直维持，直到它断开或源节点不需要时。

7.6.1 自组网络按需距离矢量

按需协议或反应式协议的一个例子是 AODV（Ad Hoc on-demand distance vector）协议（Perkins 和 Royer，1999）。与 OLSR 不同，节点既不维护任何路由信息，也不参与定期地路由表交换。AODV 协议依赖于一种广播路由发现机制，该机制用于在中间节点动态地建立路由表。

当源节点需要向其他节点发送数据时，AODV 启动路径发现过程，但源节点路由表中并没有路由信息。因此，源节点向其邻节点广播路由请求消息 RREQ，RREQ 分组中包含源地址、目的地址、跳数值、广播号和两个序列号。当源节点发送一个新的 RREQ 分组时，广播号会随之递增，其与源地址结合能唯一标识一个 RREQ 分组。节点收到 RREQ 之后，若该节点有到指定目的节点的当前路由，则此节点会直接向传送 RREQ 的邻节点响应一个单播路由应答报文 RREP。否则该 RREQ 就被转发给中间节点的邻居。RREQ 的副本（由源地址和广播号标识）则会被丢弃。

网络中的每个节点维护其自身的序列号。源节点发出的 RREQ 分组中包含两个序列号：源节点序列号和它知道的目的节点最新的序列号。因此，只有当中间节点到目的节点的路径的序列号大于或等于 RREQ 分组中目的节点的序列号时，中间节点才会响应。当一个 RREQ 被转发，中间节点收到 RREQ 后记录邻居节点的地址，从而建立一个从目的节点到源节点的反向路径。RREP 传回到源节点后，每个中间节点建立一个指向传来 RREP 的节点的正向指针，并记录最新的目的节点序列号。RREP 中包含源节点地址、目的节点地址、到目的端的序列号和跳数。当出现以下情况时，接收 RREP 的中间节点会把这个分组传播到源节点：（1）这是第一次收到 RREP；（2）该 RREP 含有比之前 RREP 更大的目的节点序列号；（3）该 RREP 的目的节点序列号与之前 RREP 的目的节点序列号相同，但跳数更小。这降低了 RREP 传向源节点的数目，并保障了到达源节点的是最短路由信息（由跳数决定）。图 7.10 是一个路径发现过程的例子。

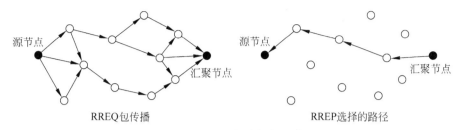

图 7.10　AODV 的路径发现过程

　　每个节点的路由表表项中都有一个计时器用来限制未使用线路的寿命。邻节点通过定期地交换 HELLO 报文来监视其链路状态。当路由中的一条链路（例如，由于移动节点）断开时，靠近源节点的中间节点会注意到链路断开，然后向源节点发送一个路由错误分组 RERR。接收 RERR 后，源节点可以再重新启动路径发现过程。

　　使用 AODV 时，路由仅在需要时建立，由此避免了路由表更新和路由交换带来的开销，因为其中可能存在着永远都不会被用到的路由。虽然如此，AODV还是需要相邻节点之间定期地交换 HELLO 报文。另外，存在着当源节点想要发送数据，但其路由表中并不存在有效路由的可能，所以在路由可用前会有一个初始延迟（相对于路径发现过程的完成来说）。最后，由于从源到目的节点的路由是根据从目的端到源端的 RREP 分组的反向路径建立的，因此 AODV 假设所有的链路都是对称的。

7.6.2　动态源路由

　　DSR 协议（dynamic source routing）（Johnson，1994）采用类似 AODV 的路由发现和路由维护程序。在 DSR 中，每个节点维护一个具有路由记录的路由缓存，此缓存随着节点学习到新的路由而不断更新。与 AODV 类似，节点想要发送一个分组时，会首先检查自身的路由缓存，看其中是否存在一条到目的节点的路由。如果没有，发送方会通过广播一个请求分组的方式来启动路由发现过程，该请求分组中包含目的地址、源地址以及一个唯一的请求 ID。因为该请求是全网传播的，所以每一个节点在转播它之前会将其自身的地址插入到请求分组中。因此，该请求分组记录了一条包含它所访问过的所有节点的路径。当一个节点接收到一个请求分组时，若发现自身地址已被记录其中，则会丢弃该分组同时也不将其进一步转播。节点将近期转发过的记录着发送方地址和请求 ID 的请求分组存储到其缓存中，并丢弃所有重复的请求分组。

　　一旦一个请求分组到达目的节点，它就记录下了从源节点到目的节点的整个路径。在对称网络中，目的节点使用与请求分组所使用的完全相同的路径，将包含有所收集的路由信息的响应分组以单播的方式传到源节点。在非对称链路网络中，目的节点可以自发地启动一个到源节点的路由发现过程，此时目的节点发出的请求分组也包含有从源节点到目的节点的路径。一旦响应分组（或目的节点的请求分组）到达源节点，源节点就将新的路由添加到其缓存中，并开始向目的节点发送分组。与 AODV 相似，DSR 也采用了一个基于错误报文的路由维护程序，此错误报文在链路层检测到因为链路断开而产生的传输失败时便会生成。

与先应式路由协议相比，DSR 与 AODV 具有相似的优点和缺点。与 AODV 不同的是，在 DSR 中，每一分组都携带路由信息，而且它允许中间节点主动地在其缓存中添加一条新路由。此外，相比于 AODV，DSR 的另一个优点是支持非对称链路。

7.7 分层路由

层次路由是把节点分为簇来解决平面路由协议的一些缺陷，扩展性更强，效率更高。层次路由协议的主要思想是传感器节点直接与所在簇的簇头通信。与普通节点相比，簇头具有更强的计算能力和能量存储，因此簇头负责传送传感器数据给 sink 节点。这一方法能显著减少传感器节点的数据通信量和能量消耗，但是簇头的通信量将比普通节点更多。

设计和使用层次路由协议的挑战在于簇头的选择、簇的形成和由节点移动或簇头失效引起的网络动态适应性。与平面路由相比，分层策略能够减少数据在无线媒质中传播的冲突，提高传感器节点传送数据的周期，从而提高能效。分簇也可能改善路由过程，但与许多平面路由相比可能会导致更长的路径。分簇同样会促进网内传感数据的聚合，因为来自于相同位置的（可能监控环境重叠区域）传感器的数据有可能通过相同的簇头。图 7.11 展示了两种不同的分簇方法。当所有的簇头节点直接与 sink 节点通信时（左图），所面临的挑战是如何减少簇的形成。当簇头不是直接与 sink 节点通信时（右图），基于分簇的路由协议也必须建立从所有的簇头到 sink 节点的多跳路径。

在地标路由技术（landmark routing）（Tsuchiya, 1988）中，节点自组分层，一个地标就是据它一定距离（跳数）的节点知道如何到它的路径。例如，在图 7.12 左图中，假设节点 2~6 有到节点 1 的路由信息，而节点 7~11 没有到节点 1 的路径，那么节点 1 就是一个距其一跳至两跳的节点的"可见"地标。节点 1 就是一个半径为 2 的地标。一般来说，若节点 i 到所有其他节点有 n 跳路由信息，那么这个节点就是一个半径为 n 的地标。采用此定义，就能建立这样

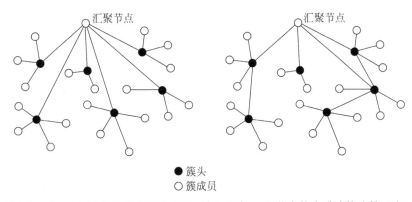

●簇头
○簇成员

图 7.11　与 sink 节点的单跳连接分簇（左）和与 sink 节点的多跳连接分簇（右）

一个地标分层：一个数据包能够通过选择合适的地标序列传送给目的节点。图 7.12
右图就是这种分层的一个范例，虚线和圆表示每个地标的半径。全局地标指的
是那些半径大于网络直径的地标，也就是说，在网络中，其他节点都拥有到这
个节点的路径。在地标路由中，节点地址由一系列最近的地标标识符组成，例
如，图 7.12 中节点 LM0 的地标地址是 LM2、LM1 和 LM0。在此具体实例中，
源节点检查自身的路由表并会找一个到 LM2 而不是 LM0 或 LM1 的路由项。因
此，源节点会选择一条到达 LM2 的路径。每个节点会沿着这条路径做出相同的
选择，直到数据包到达 LM1 范围内的节点。这个节点会找到到 LM2 和 LM1 的
路由项，但由于 LM1 拥有更好的路径，因此会选择到 LM1 的路径。最后，一
旦数据包到达 LM0 范围内的节点，就会选择一条直接到 LM0 的路径。

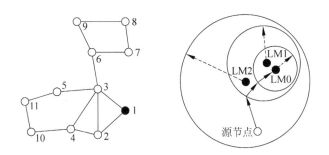

图 7.12　地标定义（左）与地标分层路由（右）

　　将 FSR（Fisheye state routing）（Pei 等，2000）与地标路由的概念相结合，
发展出了地标路由协议（LANMAR）（Gerla 等，2000）。它使用地标建立一个
双重逻辑层，其中每个地标是对应逻辑子网的簇头。FSR 是一种链路状态路由
协议，它的路由更新频率由距离决定，也就是说，在鱼眼范围内的路径（某一

预先设定的距离）比较远节点的路径准确。在 LANMAR 中，路由更新信息仅通过一跳邻节点和地标节点交换，与所有其他节点的更新频率为 0。当一个节点需要转播一个数据包时，只要目标节点在其鱼眼范围内，那么此数据包将会直接转发给目标节点。否则，此数据包将会被转发给与目标节点的逻辑子网对应的地标。重复此步骤，一旦此数据包进入目标节点的范围内，就直接将其转发给目标节点。

另一种分层的分簇算法是 LEACH 协议（详见 6.4.5 节），它结合了分簇方法与 MAC 层技术。LEACH 假设每个簇头与基站能够直接通信，为了消除冗余，簇头负责簇成员与基站的所有通信，并负责聚合来自簇成员的数据，目的是为了消除冗余。LEACH 能明显降低能耗（主要依赖于冗余去除的多少），传感器节点（簇头除外）不负责其他节点的数据转发。

PEGA-SIS 协议（power-efficient gathering in sensor information systems）（Lindsey 和 Raghavendra，2002）的主要思想是每个节点只与邻节点交换数据包，并轮流负责把数据包转发给基站。为达到这个目的，节点组织成一条链，例如，用一个特定节点或由基站计算得到的贪婪算法来实现，然后向所有其他节点广播此链的信息。当数据沿着此链行进时，它能聚合其他数据直到到达基站。PEGASIS 能效很高，因为每个节点只与其最近的节点通信，从而在一条链中，一个节点能够使其到相邻点的传送功耗达到最低水平，并且偶尔承担向基站转发数据的功能。与 LEACH 相似，这一协议假设所有节点能与基站通信。它的缺点是会出现明显的数据包延迟，尤其是源节点与目的节点相距较远时。最后，充当转发数据到基站的中继节点会成为一个瓶颈。

Safari 架构（Du 等，2008）也提供自组网分层和一个类似于地标方法的路由协议。这些地标，在 Safari 中被称为 drums，它们采用自选算法（一种无集中协调的分布式算法）形成子网，这些子网被称作蜂窝（cells）和超级蜂窝（supercells）。在最低的蜂窝层中（第 0 层），每个节点就是一个蜂窝。在第 1 层中，Safari 定义了基础蜂窝，即包含多个节点但不包含其他蜂窝的蜂窝。高层蜂窝由多个低层蜂窝组成。每个 drum 在子网规定范围内周期性地广播信标信息，这些信标有助于层的形成，在网络拓扑结构中指示节点位置并且提供到 drum 蜂窝的路由信息。Safari 使用混合算法选择路由，蜂窝内的路径基于 DSR 协议，而先应式路由方法通常用来计算到较远节点的路径。相邻蜂窝间的通信依赖于目的节点的分级地址和存储在每个节点的信标记录。一般来说，蜂窝间通信使用由蜂窝 drums 发出的信标的反向路径。Safari 与其他方法相比的主要优势在于其可扩展性，因为它使用了混合路由方法和分层地址划分策略。

7.8 基于位置的路由

当传感器节点能够使用各种定位系统或算法确定其自身位置(见第 10 章中定位技术的例子)时,就能使用基于位置的路由或地理位置路由。传感器使用节点的位置信息而不是拓扑连接信息确定转发决策。在基于位置的单播路由中,数据包直接传送给由位置标识的目的节点。也就是说一个发送者不仅要知道它自己的位置也要知道目的节点的位置。位置信息既可以采用查询的方法(比如洪泛查询,请求目的节点发送一个包含其位置信息的响应),也可以采用位置代理方法,就是把节点身份映射到位置。在基于位置的广播或多播路由方法中,相同的数据包会传送到多个目的节点。多播协议利用已知的目的节点位置通过减少冗余链路来降低资源消耗。

节点的身份信息通常不如其位置信息重要,这是因为数据可能传播给在特定地理位置区域的所有节点。这种方法叫做地域群播,举例来说,它能把查询发送到特定的区域而不是洪泛到整个网络,从而大大降低了对带宽和能量的要求。一旦数据包到达期望区域,它就能散播(多播)给这个区域的所有节点或者至少传送给这一区域的一个节点(任播)。

基于位置的路由协议要求网络中的每一个节点都知道自身的地理位置信息和相邻一跳节点的身份、位置信息(比如通过周期性的信标帧来获取)。目的节点要么是用一个节点的位置信息表示(而不是用唯一地址表示),要么是用一个地理区域表示。与其他路由方法相比,基于位置路由的优势是在转发时仅需要地理位置信息,并且还不需要维护路由表或者建立源节点到目的节点的路径,从而不再需要控制数据包(除了邻节点之间的信标信息)。

7.8.1 基于位置的单播路由

基于位置的单播路由的目标是将数据包直接发送给由位置确定的单一目的节点。在路由协议中,每个节点都负责制定一个转发决策以确保数据包每一跳都能更接近目的节点。图 7.13 所示就是一个简单的例子,其中虚线圆表示转发节点的传输范围,箭头表示数据包的传输路线。在此贪婪转发方法中,只需要每个节点知道其本身和邻节点的位置信息,并且,源节点必须知道目的节点的位置。然而这种方法存在一定的风险,最突出的问题就是,数据包可能到达这样的节点,这个节点可以作为下一跳使数据更接近目标,但是它却没有邻居节点。而识别和规避这种空洞是多数基于位置的路由协议需要解决的主要挑战。借助几个具有代表性的基于位置的单播路由协议,我们将在本节的其他部分讨论这个问题的解决方法。

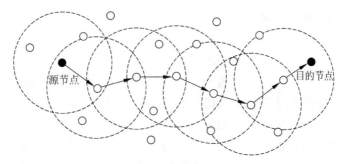

图 7.13　基于位置单播路由

7.8.1.1　贪婪周边无状态路由

GPSR（Greedy Perimeter Stateless Routing）（Karp 和 Kung，2000）是基于节点位置和数据包目的地制定转发策略的路由协议。GPSR 中节点只需要知道它们一跳邻节点的信息就可以确定如何转发数据包。源端用目的端的位置信息来标记这个数据包。如果一个节点知道所有邻节点的位置（例如，通过定期发送 HELLO 报文或者信标帧来获得），中间节点就可以选择在地理位置上最靠近目的节点的邻节点来制定局部最优转发策略。一个节点一个节点地重复此过程，数据包在每一跳都会越来越接近目的节点，直到达到目的地。

由于每一个中间节点制定转发策略时仅基于其邻节点的位置信息，为了始终保持到达目标节点的路径，有时数据包不得不临时被传送到距离目标节点更远的节点上。图 7.14 就是这种情况。节点 x 比其邻节点 y 和 w 更接近目的节点。围绕目的节点的虚弧线的半径等于目的节点到 x 的距离。基于贪婪转发协议，x 不能选择任何一个通往目的节点的路径。

在此例中，x 的传输范围与以目的节点为圆心，以目的节点到 x 的距离为半径的的弧线相交的区域称为空洞，因为 x 在此区域内没有邻节点。因此，GPSR 协议提供了一种能够绕过这种空洞，允许数据包继续沿路径传输到目的节点的机制。为此，GPSR 利用著名的右手法则来穿越此区域（如图 7.14 所示）。此法则表明，当数据包由 y 到达 x 时，下一条经历的边是从（x,y）边绕着 x 逆时针循环方向的边。右手法则沿顺时针方向遍历了这个多边形的内部区域（此处为三角形），沿逆时针方向遍历了这个多边形的外部区域（三角形的外部）。

GPSR 利用这个方法绕过空洞发送数据包。如图 7.14(a)所示，用右手法则遍历这个区域（由 $x,w,v,$目的节点，z,y,x 围成），相当于沿着空洞找出比 x 更接近于目的节点的节点。根据这种方法进行的边的按序遍历称为边缘转发（perimeter）。遗憾的是，右手法则不总是能遍历封闭多边形所有的边。在非平面图形中，也就是说当图形有交叉边时，右手法则很可能就不适用于这种不能跟踪封闭多边形边缘的情况。在 GPSR 中，有多种技术可应用于获得平面图形（即去除所有交叉边），例如可以把一个图化简为相对邻域图（RNG）或加布里埃尔图（GG），只要去除的边没有割断网络。例如，为了获得 RNG，可以考虑两个节点 u 和 v 的射频覆盖交叉区域，这个区域被称为 u 和 v 之间的弓形，它对于节点 w 来说必须是空的，只有这样边（u,v）才能包含在 RNG 中。也就是说如果当前区域是非空的，链路（u,v）将会被删除。

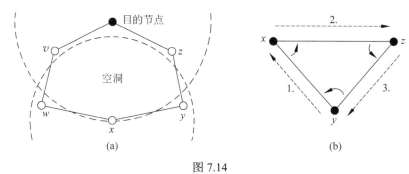

图 7.14

(a) x 节点的路由空洞；(b) 右手定则

总之，GPSR 工作在两种不同的模式中。收到一个数据包时，节点就在其邻居表中搜索在地理位置上距离目的端最近的邻节点。如果此邻节点更接近于目的节点，数据包将会转发给此邻节点。否则，节点进入边界转发模式并在数据包上记录贪婪转发失败的位置。边缘转发模式中收到数据包时，此位置将与转发节点的位置进行比较，如果转发节点到目的节点的距离小于被记录位置到目的节点的距离，数据包将回到贪婪转发模式。

7.8.1.2　转发策略

贪婪转发的目的是每一跳都使数据包更接近目的节点。每一个节点仅以本地信息来制定转发策略。但是，有不少现成的转发策略都能满足这种要求，但却可能导致不同的资源需求和路径选择。在基于位置的单播路由协议中，常见的转发策略有：

1. 贪婪转发：这种常用技术在每一跳中都选择到目的节点距离最近的邻节点。在图 7.15 中，选中的节点是 E。贪婪转发的目的是减少到达目的节点所需的跳数。

2. NFP（nearest with forwarding progress）：此策略选择所有积极邻节点中距离目标节点最近的节点（根据距离目标节点的地理距离）（Hou 和 Li，1986）。如果能够调整自己的发送功率，传感器节点就用能到达临界点的最小功率来发送（如图 7.15 中的节点 A），从而有利于减少相邻区域的数据包冲突。

3. MFR（most forwarding progress within radius）：MFR 策略（Takagi 和 Kleinrock，1984）选择到目的节点接近度最大的邻节点，从源点到目的节点画一条直线，然后做其他节点与源点的连线在该直线的的投影，投影的长度就是该节点的接近度（如图 7.15 中的节点 B）。这种技术试图使数据包在传输过程中必须的跳数减至最少。

4. 指南针路由（compass routing）：这种策略选择的邻节点要满足其与源节点的连线和源节点与目标节点连线之间的夹角最小（Kranakis 等，1999）。这种方法（图 7.15 中的节点 C）试图使数据包的空间传输距离减至最小。

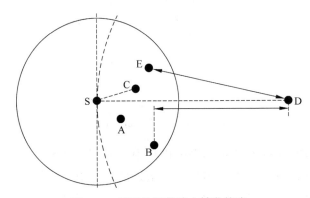

图 7.15   基于位置的路由转发策略

除了这些只依靠几何形状决定下一跳邻节点的策略，转发策略也可将其他条件与几何相结合。例如，可以用到达一个邻节点所需要的发送功率来减少节点转发数据包过程中消耗的能量，可以用其剩余能量来延长网络的生命周期，或者可以使用链接质量（如信噪比）来提高数据包成功转发的数量并且降低重传的次数。

7.8.1.3 GAF

GAF（geographic adaptive fidelity）（Xu 等，2001）是另一个基于位置信息的能量敏感型单播路由协议，但其主要是为具有移动节点的网络设计的。该算法把网络区域划分成虚拟网格，在任何给定的时刻每个单元格内只有一个设备充当转发节点。该节点负责向基站传输数据而其他节点进入睡眠状态。而且 GAF 中假设存在两个相邻的单元格 A 和 B，A 中所有的节点都可以和 B 中所有的节点通信，反之亦然（如图 7.16）。网格和单元格的大小可以事先确定，允许每一个节点（假设该节点知道自己的位置）决定归属于哪个单元格。这意味着大多数的网络节点将在四个方向都有邻节点（除了边缘单元格中的节点）。

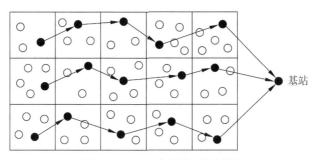

图 7.16　GAF 虚拟单元格划分

　　GAF 中的节点在三种不同状态下转换。最初，每个节点都进入发现状态，在此状态下侦听同一单元格内其他节点的信息。它设定了一个计时器，一旦计时器超过某一特定时间，该节点就广播发现消息，进入活动状态。节点设置另外一个计时器，一旦该计时器超时，就再次进入发现状态。在活动状态下，节点周期性重播发现消息。然后，不论节点是处于活动状态还是发现状态，当确定其他节点会处理转发的数据包时，就进入睡眠状态。这是通过应用相关竞争机制实现的，例如，基于一个节点的预期寿命。处于活动状态的节点在竞争过程中会比发现状态中的节点胜出。在信息交换的情况下，节点的 ID 将会被用来决定哪一个节点可以作为转发节点。总之，这种方法的目的是尽快实现每个单元格中只有一个节点处于活动状态。进入睡眠状态的节点，周期性地重新进入发现状态，再参与转发节点的竞争。

7.8.2　基于位置的组播路由

　　组播用来将相同的数据包发送给多个接收端。单播路由简单地将数据包分别发送给每个接收端。但是这种方法的资源利用率不高，因为它连接到不同的接收端，而没有尽可能地共享路径。另一种方法就是将数据包简单地洪泛到整个网络，这样就确保每个接收端都能收到数据包的一个副本，但这同样也耗费了大量资源。组播路由是使相同的数据包高效地传送到所有的接收节点的路由，它的实现方法是，使数据包到达所有目的节点经历的跳数最小。常用的技术是建立一个组播树，以数据包源地址为根节点，以目的节点为叶子节点。本节介绍的是传感器网络利用地理位置信息组播的几个代表性协议。

　　基于位置的可扩展组播（SPBM）协议（Transier 等，2007）用一系列管理策略为某个特殊的报文维护一个到所有目的端的列表。SPBM 使用层次组成员管理来确保即使目的节点非常多时该方法也能卓有成效，而不是采用将所有目的节点地址放入数据包头部的方式。这样，可以将网络描述成一个深度为 L 的四叉树，图 7.17 中左图展示了一个深度 L=4 的（层数为 0 到 L-1）的例子。正方形通过它所连接的层次数来标识，例如正方形 442 属于第 0 层，位于第 3 层的正方形包含了整个网络、第 2 层的正方形 4 和第 1 层的正方形 44。第 0 层正方形中所有节点都在彼此的无线通信范围内。

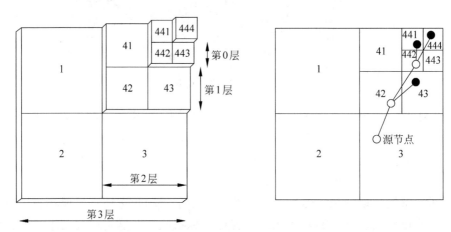

图 7.17   SPBM 中四叉树网络的说明（左）和四叉树的路径选择（右）

基于这种层次性寻址法，每个节点维护两张表：一张全局表，包含每层其他三个邻近方块记录；一张局部表，包含节点的第 0 层邻居的所有成员节点。全局表中的每条记录包含了方块的标识符和方块中所有节点的清单。局部表中的每条记录包含了节点 ID 和节点信息。节点信息指出了节点所属的组播群并编码成矢量，其中每个比特代表一个组播群。例如，全局关系表中方块 41 的一条为 10100010 的记录表明方块 41 中有属于组播群 2、6、8 的节点，局部关系表中节点 14 的一条为 00000001 的记录表明节点 14 仅是组播群 1 的一个成员。节点局部关系表的内容将定期地在节点的第 0 层方块内广播。每个第 0 层方块内随机地选取一个节点定期地给其对应的第 1 层方块内所有节点发送全局关系表。以此类推，在更高一层中仍然以这种方式进行。

利用这些表，源节点就可以将数据包传送给属于这个组播群的所有节点。如图 7.17 中右图所示，源节点希望传输一个数据包给位于 441、444 和 43 方块内属于它自己组播群的成员（用黑点表示）。它首先使用其全局关系表得知它的组播成员位于第 2 层方块 4 内，于是就把数据包发往方块 4。SPBM 使用贪婪算法通过选择下一跳邻节点，使其最大程度地靠近目的节点。一旦数据包到达方块 42 中的节点，此节点就会知道有组播成员位于第 1 层方块 43 和 44 内，然后它就会将数据包发送到那两个方块中。这种分发组播数据包的规则是基于启发式算法，它为群发数据包和以私有路径向每个目的节点发送数据包提供了折中的办法。一旦转发节点在其局部关系表中找到组播成员，它就会将数据包直接传给该成员。一旦贪婪算法失效，协议就会转为边缘路由模式。

其他基于位置的组播协议包括地理组播路由协议 GMR（Sanchez 等，2006）和基于接收端组播协议 RBMulticast（Feng 和 Heinzelman，2009）。GMR 采用耗费较低的计算量的启发式邻居选择策略，实现了以"代价进步比"（cost over progress）为度量参数的高效路由。这种度量指的是在朝目的节点前进过程中被选作转发节点的比率（即从邻居节点到目的节点的总剩余距离减去从转发节点到所有目的节点的总剩余距离）。RBMulticast 是基于接收端的组播方法，即发送端传输数据包时不需要指定下一跳节点。类似于 SPBM，RBMulticast 将网络划分为组播区，根据目的节点的位置来分发数据包。然而，RBMulticast 是一种完全无状态协议，因此它不需要成员关系表，它通过虚拟节点来代表各个组播区，每个转发节点为每个至少包含一个组播成员的区域复制数据包。数据包的目的节点是一个特定组播区的虚拟节点。在 RBMulticast 中，MAC 层确保由最靠近虚拟节点的邻节点来负责转发数据包。换言之，RBMulticast 假定有一个 MAC 协议支撑，接收端用 MAC 为自身获取通信频道，距离目的端最近的节点更早地参与竞争，使自己更有机会成为下一跳节点。

7.8.3　地域群播

在很多 WSN 中更倾向于向特定地理区域内的所有或某些节点传播信息。这对很多传感器网络应用都是一个很普遍的模型，尤其是在不知道单个传感器的确切位置时。例如，在基于查询的网络中，同一个查询命令可以传达给监视特定区域的多个传感器，而不是重复地给不同的单个传感器发送相同的查询。路由选择问题中有两个独立的挑战：（1）在目标区域附近发送数据包，（2）在目标区域内分发数据包。对于第一个挑战，尽管在目标区域内或其附近没有单个传感器节点的确切位置，但仍可以使用类似于之前介绍的基于位置的单播路由来处理。如果数据包仅到达目标区域内的一个节点就可以了，那么当数据包传送到目标区域内至少一个节点时，该协议就算完成了。然而，如果区域内的所有节点都必须获得一个数据包的副本，那么第二个挑战可以使用之前所描述的广播技术进行处理。因此，面向多接收端的地域群播其实是单播和广播地理路由的联合应用。

7.8.3.1　地理和能量敏感型路由

GEAR（geographic and energy aware routing）（Yu 等，2001 年）是地域群

播协议的一种，它规定数据包发送到指定区域内的所有节点。GEAR 由前文提到的两个步骤完成：（1）使用地理和能量敏感的邻节点选择算法将数据包发送到指定区域内，（2）利用地理位置递归的传递算法将数据包分发给目标区域内的所有节点。

网络中的每个节点经其邻节点到达目的节点都会有两种类型的开销。每个邻节点 N_i 和目标区域 R 的预估开销 $c(N_i, R)$ 定义如下：

$$c(N_i, R) = \alpha d(N_i, R) + (1 - \alpha)e(N_i) \tag{7.2}$$

其中 α 是一个可调权值，$d(N_i, R)$ 是邻节点 N_i 到区域 R 的中心 D 的距离，且被所有邻节点中的最大距离归一化，$e(N_i)$ 是节点 N_i 的消耗能量并被所有邻节点中损耗的最大能量归一化。换言之，预估开销是由节点到目标区域的距离和剩余能量构成。节点 N 已知的开销 $h(N, R)$ 则是使得节点能避免网络中空洞所需开销预估值的优化（如果没有空洞，已知开销和预估开销则相同）。GEAR 使用局部贪婪转发策略，即一旦节点收到一个数据包，它会在距离目的节点更近的邻节点中挑选下一跳节点。

当节点 N 收到数据包时，如果没有距离目的节点更近的邻节点，节点 N 则获知其在空洞内。这时，就用已知的开销函数在 N 的邻居点中选择一个作为下一跳，即数据包转发到已知开销最小的那个节点（预先定义的次序打乱了节点之间的联系）。在节点选择了下一跳邻节点 $N_{\min}$ 后，它就把自己的已知开销 $h(N, R)$ 重新设置为 $h(N_{\min}, R) + C(N, N_{\min})$，其中 $C(x, y)$ 是从 x 发送数据包到 y 所需要的开销。因此，已知开销将会增加，这样可使上游节点规避将数据包转发给位于空洞中的节点。图 7.18（a）就是此过程的一个例子，其中 T 代表目标区域的中心。节点 S 想要将数据包发送给目的节点，并且它有三个更靠近目的节点的邻节点：B、A 和 I。B 和 I 的已知和预估开销都是 $\sqrt{5}$，A 的已知和预估开销都是 2。节点 S 会选择开销最小的邻节点 A 转发数据包，A 此时发现它处

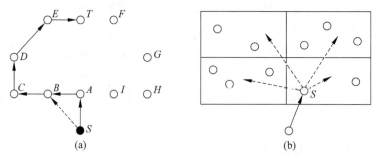

图 7.18　GEAR

(a) 空洞周围的学习路线；(b) 递归的地理转发

于空洞内，就会把数据包发送给已知开销最小的邻节点，比如 B。与此同时，它会更新自己的已知开销 $h(A,T)=h(B,T)+C(A,B)$，即假定 (A,B) 开销为 1，A 新的已知开销就是 $\sqrt{5}+1$。下一次节点 S 收到转发给 T 的数据包时，它就会将数据包直接转发给 B 而不是 A 以规避空洞。

一旦数据包到达目标区域 R，就会使用简单的能抑制重复报文的洪泛策略将数据包发给 R 内的所有节点。但是，由于洪泛的开销大，GEAR 一般采用地理递归式转发方法，如图 7.18(b) 所示。假定目标区域 R 是一个大矩形，节点 S 收到一个发给 R 的数据包，而其本身就位于 R 内。然后，S 就产生四个数据包副本并将它们发送到 R 内四个小分区域中（图中小矩形）。对于每个分区，GEAR 重复转发和分发过程直到数据包到达的节点是当前分区中的唯一节点为止。

7.8.3.2　GFPG

GFPG（geographic-forwarding-perimeter-geocast）（Seada 和 Helmy，2004）是另一种将地理路由和区域洪泛相结合的协议。它使用贪婪转发方法将数据包发送到地域组播区，其中目的节点是地域组播区的中心。当贪婪转发方法失效时，用边缘路由来规避空洞。一旦数据包到达地域组播区，利用简单的洪泛可以将它发送到区域内的所有节点。然而，前提是没有障碍和间隔，即区域内的所有节点不用绕出该区域就能相互到达。如果没有这种前提，转发就得不到保证。因此，GFPG 将地域组播和边缘路由结合起来确保数据包能传送到每个节点。例如，图 7.19 中的灰色地域组播区中有两个节点簇，在组播区内它们不能相互到达（如最左下和最右上的两节点存在间隔）。

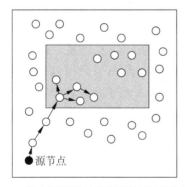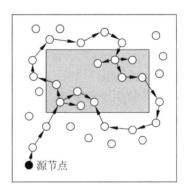

图 7.19　带有间隔的地域组播区的例子（左）和 GFPG 在该区域中使用区域洪泛加边缘路由将数据包传送到所有节点（右）

一旦数据包到达地域组播区就会被洪泛到所有节点，但区域边界节点除外，即那些节点至少有一个区域外的邻节点，它们也需要将数据包发送给平面图中区域外的邻节点。平面图中区域外的节点使用右手法则给它们的邻节点转发数据包，数据包在区域表面移动直到再次进入到区域内（图 7.19）。区域内第一个接收边缘包的节点在确定之前未接收过该包后，会将它洪泛给邻节点。边缘路由因此可以将地域组播群中两个不相连接的簇联系到一起。

7.9 基于 QoS 的路由协议

尽管多数路由和数据分发协议目的在于提高某方面的服务质量，如最少跳数路由协议尝试通过使用"短"路径来实现低延迟，但是，一些路由协议明确提出了一个或多个服务质量的路由标准。这些协议的目标是在满足一个或多个 QoS 度量（延迟、能量、带宽、可靠性）和优化稀有网络资源配置的情况下，在发送端和目的端之间寻找通路。为了提供满意的服务质量，WSN 面临很多挑战，包括动态拓扑、资源稀缺性（包括能量限制）、无线信道的质量变化、缺乏集中控制和网络设备的异构性等。本节将介绍一些有代表性的用于自组织网络和传感网络的基于服务质量的路由协议。

7.9.1 顺序分配路由协议

SAR（sequential assignment routing）（Sohrabi 等，2000）是最早明确考虑到服务质量的路由协议之一，同时它也是多路径路由方法的一个实例。SAR 创建了多棵树，每棵树的根都位于 sink 节点的一跳邻节点，从而建立了从每个节点到 sink 节点的多条路径。这些树从 sink 节点向外延伸，规避了低服务质量（如高延迟）的节点。路径的相应 QoS 作为另外一个 QoS 度量，它的值越高意味着服务质量越低。树建立完成之后，节点可能成为多棵树的一部分，即它可以从通往 sink 节点的多条路径中进行选择。SAR 基于 QoS 度量、能量（路径专用时能无损耗传输的数据包数目）和数据包的优先级来为数据包选择路径。SAR 的目标是在网络的生命周期内使得平均加权 QoS 最小化。多条路径的可用性确保了容错性和从损坏路径的快速恢复性。然而，建立和维护这些树（如路由表）的开销很大，尤其是在大型传感器网络中。

7.9.2 SPEED 协议

很多 WSN 应用要求在一定时间内完成传感数据的收集，以确保收集到的信息有效并能及时起到作用。例如，监控系统对移动目标的探测、桥梁的即将倒塌等都需要迅速作出响应。

对于有软实时要求的应用，SPEED（He 等，2003）是一种提供实时通信服务的路由协议。SPEED 提供的实时通信服务包括实时单播、实时区域多播和实时区域任播。SPEED 也是一种基于地理位置的路由协议，即节点依赖从其邻节点而不是路由表获得的位置信息。位置信息通过周期性的 HELLO（或信标）消息来获得，它包含节点 ID、位置和平均接收延迟。每个节点维护一个包含其每个邻节点 ID、位置信息、过期时间、接收延迟和发送延迟的邻居表。发送延迟是从邻节点接收到信标消息的延迟，而接收延迟是数据包在发送端的 MAC 层所经历的延迟和传输延迟的总和。通过周期性地平均所有邻节点的接收延迟来获得一个总的接收延迟。

SPEED 协议的一个路由组件是无状态不确定地理位置转发（SGNF）。节点 i 的相邻集定义为距离 i 最小距离为 K 的所有邻节点（所有位于 i 的通信覆盖域内的节点）的集合。节点 i 相对于目的节点 Dest 的候选转发节点集合（FS_i^{Dest}）由该节点相邻集中距离目的节点的距离小于 K 的节点组成。即如果 L 表示节点 i 和目的节点之间的距离，L_{next} 表示节点 i 的邻节点 j 和目的节点之间的距离，L 与 L_{next} 的差一定大于等于 K，这样才能将 j 加入到 i 的候选转发集中。数据包只会向属于 FS_i^{Dest} 集合的节点转发，如果这个集合为空，数据包会丢弃。SPEED 协议进一步将候选转发节点集合分为两个子集：一个子集包含发送延迟小于给定的单跳延迟 D 的节点，另一个子集包含剩余节点。转发节点将从第一个子集中选出，高转发速率的节点将更有可能被选出。转发速率同时考虑了距离和延迟，计算公式为：

$$转发速率 = \frac{|L - L_{next}|}{发送延迟} \tag{7.3}$$

其中，可以用离散指数分布来权衡负载均衡和最优路径长度。如果候选转发节点的第一个子集中无节点，转发概率将基于 SPEED 协议的另一个组件——邻节点反馈环——被计算出来。这个组件负责通过观察邻节点的传输差错率（节点不能提供所需要的转发速率）来确定转发概率。如果这个转发概率小于 0 到 1 之间的一个随机数，数据包会被丢弃。建立邻节点反馈环的目的是保持系统性能处在一个希望值，也就是说，它试图保持单跳延迟低于给定值 D。

SPEED 的最后一个组件是反向压力重新路由机制，它负责：（1）在一个节点发现下一跳节点失败时防止路由空洞的发生；（2）利用反馈机制减轻拥塞。图 7.20 展示了这种技术的两个实例。在两个实例中，阴影区域表示高流量，发生拥塞。在第一种情况下，节点 6 和 7 的延迟将通过信标交换过程通知节点 3。SPEED 的 SGNF 组件降低了节点 6 和 7 被选为转发节点的概率，以此来减轻这些节点处的拥塞。在第二种情况下，节点 3 的所有转发节点均发生拥塞，此时，邻居反馈环和 SGNF 同时工作来解决拥塞。例如，节点 3 可能丢弃一定数量的数据包，在计算该节点延迟时这些丢弃数据包的延迟计为 D。节点 3 的平均延迟将增加，这将被节点 3 的上游节点（如节点 2）探测到。如果节点 2 与节点 3 一样拥塞，进一步的反向压力将会作用于节点 1，也就是说，反向压力重新路由机制将不断向上游节点作用，直到到达源节点，到达源节点后将抑制接下来的数据包向该条路径转发。

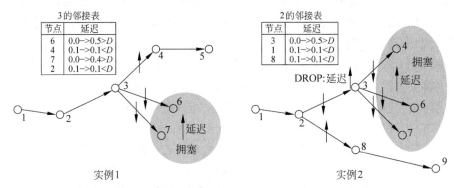

图 7.20　SPEED 协议中反向压力式重新路由机制的两个例子

7.9.3　MMSPEED 协议

　　MMSPEED 协议（multipath multi-SPEED）（Felemban 等，2006）的目的是在时效性和可靠性两方面提供不同的 QoS，同时不采用提前路由发现机制或全局网络状态更新方法，而是通过局部路由决策来降低协议开销。与 SPEED 类似，此协议依赖节点的地理位置做出转发决策，它们通过邻节点间周期性信标消息来交换位置信息。

　　考虑到时效性，MMSPEED 在全网范围内保证数据包可以选择多种发送速率。从概念上看，这个协议可以理解为在单一物理层上多个 SPEED 层的虚拟叠加（图 7.21 中左图）。每层 l 拥有一个预先规定的速率下界——集合速率（SetSpeed$_l$）。换言之，当节点为它的每个邻节点计算转发速率时（见 7.9.2 节），它将选择一个转发邻居，其转发速率至少为所期望的集合速率值。例如，假设数据包 x 需要的最小速率 ReqSpeed(x)的计算公式为：

$$\text{ReqSpeed}(x) = \frac{\text{dist}_{s,d}(x)}{\text{deadline}(x)} \tag{7.4}$$

其中，dist$_{s,d}$ 是在给定的端到端时限内，数据包 x 从源节点 s 到目的节点 d 之间的传输距离。数据包的速率层 l 可以用如下公式选择：

$$\text{SetSpeed}_l = \min_{j=1}^{L}\{\text{SetSpeed}_j \,|\, \text{SetSpeed}_j \geq \text{ReqSpeed}(x)\} \tag{7.5}$$

其中，L 是可选的速率的数目。在这种情况下，节点选择前进速率估计值（RelaySpeed=$|dist_{s,d} - dist_{i,d}|/delay_{s,i}$）最小为 $SetSpeed_l$ 的邻节点 i。路径中的数据包延迟有可能与延迟估计值不同，因此，一个节点选择的层与另一个节点选择的层可能不同。例如一个慢速数据包能够在随后的节点上选用高速层来迅速提高速率。为此，有必要计算数据包在其时限内的剩余时间，这需要网络中的时钟同步。但是，MMSPEED 测量每个节点经过的时间并在数据包上加载传输这个信息，这样后面的节点就能够确定它相对于时限的剩余时间。

类似地，MMSPEED 为数据包提供多种可靠性选择。为此，它利用了从源节点到目的节点存在的多个过剩路径，尽管这些路径的长度和 QoS 都不同（图 7.21 中右图）。每个节点 i 保留着它的每个邻节点 j 最近的平均丢包率 $e_{i,j}$，这些丢包包括拥塞控制中的有意识丢包和无线信道中的错误丢包。基于这些平均值，节点计算自己与目的节点之间的丢包率如下：

$$RP_{i,j}^d = (1 - e_{i,j})(1 - e_{i,j})^{\left\lceil dist_{j,d}/dist_{i,j} \right\rceil} \tag{7.6}$$

其中，$\left\lceil dist_{j,d}/dist_{i,j} \right\rceil$ 是节点 j 到目的节点 d 的跳数估计。这个估计基于两个假设：后续节点与节点 i 的数据丢包率相似；后续到达目的节点的过程与当前过程类似。基于这样的计算，节点可以计算满足数据包端到端可达性要求的转发路径条数。总到达概率（TRP）初始值为 0，当使用不同转发路径时进行更新，即 TRP 计算公式为：

$$TRP = 1 - (1 - TRP)(1 - RP_{i,j}^d) \tag{7.7}$$

其中，（1–TRP）表示所有当前路径均不能成功将数据包传送到目的节点的概率；（1–$RP_{i,j}^d$）表示附加路径不能传送数据包的概率。因此，重新计算出的 TRP 表示至少有一条路径可以成功将数据包传送到目的节点的概率。当 TRP 大于要求的端到端可达性 P^{req} 时，节点就可以对这个 TRP 添加路径。

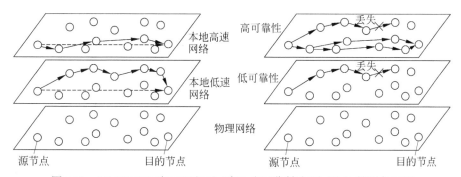

图 7.21　MMSPEED 在延迟方面（左）和可靠性方面（右）的服务区别

MMSPEED 考虑到了延迟和可靠性。在这种情况下，协议为给定的数据包确定所需速率水平，然后在那些具有足够前进速率的节点中寻找多个转发节点，这样总的到达可能性至少与要求的到达可能性相同了。

7.10 总结

一般情况下，路由是多跳网络的重要组成部分。由于其自身特性，如严格的资源限制和不可靠的链路和节点，路由在无线 ad hoc 网络和传感器网络中具有特殊的挑战性。具体来说，路由协议必须高效运作，以避免过早耗尽传感器网络中的有限资源（最明显的是能源），以及必须能够适应不断变化和不可预知的网络特性，包括网络拓扑结构和密度的变化。本章讨论了几类路由策略（以数据为中心、分层、基于位置），以及很多具体的路由协议例子。表 7.1 总结了本章所讨论的协议的一些关键特性。

表 7.1　网络层协议总结

协　议	特　点
SPIN	平面拓扑，数据为中心，基于查询，基于协商
Directed diffusion	平面拓扑，数据为中心，基于查询，基于协商
Rumor routing	平面拓扑，数据为中心，基于查询
GBR	平面拓扑，数据为中心，基于查询
DSDV	带有主动路由发现的平面拓扑
OLSR	带有主动路由发现的平面拓扑
AODV	带有被动路由发现的平面拓扑
DSR	带有被动路由发现的平面拓扑
LANMAR	带有主动路由发现的平面拓扑
LEACH	分层拓扑，支持 MAC 层
PEGASIS	分层拓扑
Safari	分层拓扑，混合路由发现（近端被动，远端主动）
GPSR	基于位置，单播
GAF	基于位置，单播
SPBM	基于位置，多播
GEAR	基于位置，地域性群播
GFPG	基于位置，地域性群播
SAR	带有 QoS 的平面拓扑（实时，可靠），多路径
SPEED	带有 QoS 的基于位置（实时）
MMSPEED	带有 QoS 的基于位置（实时，可靠）

虽然已有很多 WSN 路由解决方案，但独特的挑战和网络部署的多样性意味着仍存在各种各样的挑战，例如，考虑资源利用效率和提供服务质量。最近一段时间，能支持特定应用的 QoS 要求，涉及多性能指标的 WSN 受到越来越多的重视。未来的 WSN 路由协议的其他研究领域还将包括：能进行局部决策的高效节能方案，能有效利用效率和可靠性冗余的协议，能适用于新出现的拓扑结构的协议（例如，多层次的体系结构），具有高安全性的路由协议，以及把路由和传感器数据网内处理结合起来解决的方案。

练习

7.1 前面的章节讲了几种 MAC 协议，而本章介绍路由协议。你能想到一些例子来说明 MAC 协议的选择如何影响路由协议的设计、性能和效率吗？

7.2 先应式路由协议和反应式路由协议之间的区别是什么？每类至少举两个例子。考虑下面的 WSN 的情况，并解释为什么你会选择先应式或反应式路由解决方案：

（a）用于在一个城市里监测空气污染的 WSN，城市里每个传感器每分钟向一个偏远的基站报告其传感器数据。大多数传感器安装在灯柱上，但也有些安装在城市公交车上。

（b）用来测量一个区域湿度的 WSN，仅当超过了一定的阈值时低功耗传感器才会报告测试数据。

（c）用来检测车辆是否存在的 WSN，其中每个传感器在本地记录车辆检测的次数。仅当需要专门查询某个传感器时才把这些记录交付到基站。

7.3 什么是以数据为中心的路由？为什么以数据为中心的路由与基于身份（地址）的路由相比是可行的，或者是必要的？

7.4 分别为以下类别描述一个 WSN 的应用：时间驱动、事件驱动、查询驱动。

7.5 在图 7.22 所示的网络拓扑中，根据以下准则确定源节点 A 到 sink M 的最佳路由，并描述你是如何计算最优路由的成本。数值 X/Y 表示沿该链路发送一个数据包的时间延迟（X）与能量成本（Y）之比，每个节点下的数值 Z 表示该节点的剩余能量。

（a）最小跳数；

（b）每个数据包所消耗能量的最小值；

（c）最大平均能量容量（消除会导致无效的更高平均路径长度的跳数）；

（d）最大最小能量容量；

（e）最小时间延迟。

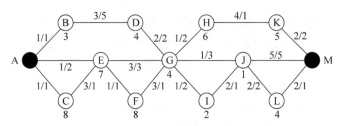

图 7.22　习题 7.5 的拓扑图

7.6　如图 7.23 所示，WSN 被建模为一个 5×5 网格，基站放置在网络的中心（左拓扑结构）或在左下角（右拓扑结构）。假设每个节点只与网格内的一跳邻节点通信，在一条链路上，传输或发送数据包的成本只需一个单位能量（忽略数据包接收和处理成本）。

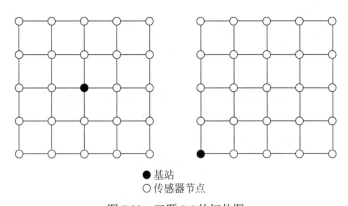

●基站
○传感器节点

图 7.23　习题 7.6 的拓扑图

（a）对于这两种拓扑结构，找到一个能量最佳路由图，换言之，使每个数据包通过网络所需的能量最小。

（b）观察图 7.24 所示的图形。当每个节点的负载定义为该节点需要服务的路由数（包括其自身）时，网络中的平均载荷和总载荷是多少？在计算时不计基站。

（c）图 7.24 中，若每个节点每秒产生并转发其自己的数据包，同时转发前一秒接收到的数据包，则网络拓扑的生命周期是多少？假设每个节点的初始能量预算是 100。每次传输花费 1 个单位能量（接收等成本不计），第一个节点的能源预算耗尽时就认为是网络的一次生命周期。比较两个结果，阐述网络拓扑的设计原则，针对基站的放置位置和路由树结构来优化网络的生命周期。

（d）假设使用图 7.24 中的第一个拓扑结构，且每个传感器准确地将数据包发送到基站。然后该拓扑被切换到第二个拓扑结构，且每个传感器发送一个数据包到左下角的基站。然后拓扑又被切换回到第一个拓扑结构，并重复该过程。解释为什么网络的生命周期会改变，以及通过这样的观察还可以得出怎样的设计原则？（为了便于比较，仅关注每个节点已经达到其最大载荷的情况。）

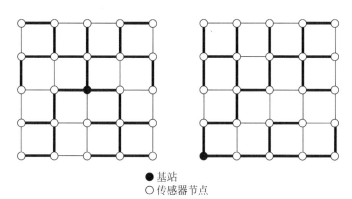

●基站
○传感器节点

图 7.24　习题 7.6 的拓扑图及其路径

7.7　洪泛是一种向网络中一个特定节点或所有节点发送数据的简单策略。回答以下问题：

（a）解释本章所描述的洪泛的三大挑战。

（b）哪些挑战可以通过闲聊（gossiping）解决？如何解决？

（c）在图 7.22 和图 7.23 所示的拓扑结构中，最大跳数的最佳选择是什么？解释你的答案。

（d）序列号如何有助于减少不必要的传输？仅有序列号就可以吗？如果不是，还需要哪些其他信息以便正确地使用它们？

7.8　使用图 7.22 中的拓扑结构，解释内爆、重叠和资源盲区的问题。

7.9　SPIN 协族如何解决洪泛所面临的三大挑战？基于协商协议（比如 SPIN）的缺点是什么？

7.10　解释定向扩散的概念。你能想到至少三个改进的策略或目标吗？

7.11　如表 7.2 所示，观察图 7.22 中的网络拓扑及节点 G 的路由表。

（a）描述 G 如何用谣传路由向事件 E1、E2 和 E3 发送查询消息（注意 G 没有关于事件 E3 的路由表条目）。

（b）假设（i）节点 I 通知节点 G，I 可以通过 2 跳到达事件 E2，（ii）节点 F 通知节点 G，F 可以通过 4 跳到达事件 E3，（iii）节点 E 通知节点 G，E 可以通过 1 跳到达事件 E1，（iv）节点 D 通知节点 G，D 可以通过 2 跳到达事件 E1，（v）节点 H 通知节点 G，H 可以通过 2 跳到达事件 E2，（vi）节点 D 通知节点 G，D 可以通过 1 跳到达事件 E3。则节点 G 最终的路由表是怎样的？你能否通过最靠近的传感器节点确定这 3 个事件的位置？

表 7.2 节点 G 的路由表（习题 7.11）

事件	距离	方向
E1	3	F
E2	4	I

7.12 距离矢量路由和链路状态路由的概念是什么？请比较它们维护路由表的开销。

7.13 比较一种先应式路由协议（例如 DSDV）和一种反应式路由协议（例如 DSR）的头部开销和路径优化。

7.14 与 AODV 协议相比，DSR 的路由发现过程会导致更大还是更小的开销？解释你的答案。

7.15 在 AODV 中，路由发现报文有没有可能一直在网络中传输下去？请说明理由。

7.16 当节点 A 能收听到节点 B，但 B 不能收听到 A 时，会出现非对称（或单向）链接。请解释 AODV 协议中是否会出现这一问题，如果是，怎样处理？

7.17 分层路由的概念是什么？跟其他技术相比，它有什么优势？

7.18 表 7.3 总结了一个 WSN 中所有节点的路由信息，每一行标示出了节点对某个特定节点的路由信息。例如，第一行显示，节点 A 知道它能通过 1 跳到达节点 B 和 C，通过 2 跳到达节点 D 和 E。由给出的信息，画出网络拓扑，并确定每个节点的地标半径。

表 7.3 习题 7.18 的路由信息

	A	B	C	D	E	F	G	H
A	0	1	1	2	2	—	—	—
B	1	0	1	1	1	2	—	—
C	1	1	0	2	1	—	2	—
D	—	1	2	0	1	1	2	2
E	2	1	1	1	0	—	1	—
F	—	2	—	1	2	0	1	1
G	—	2	2	2	1	1	0	1
H	—	—	3	2	—	1	1	0

7.19　在 LANMAR 协议中使用鱼眼状态路由（fisheye state routing），相比于基本地标路由技术来说有什么优势？

7.20　在图 7.25 中，用一些小黑点表示若干节点。每个节点有 2 个单位的通信范围。位置在(0, 0)的灰色节点如何用 GPSR 协议发送数据包给位于坐标(9, 9)的灰色节点？指出需要经过的节点。

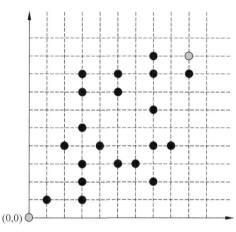

图 7.25　GPSR 路由的例子（习题 7.20）

7.21　GPSR 协议何时进入边缘路由模式？在这种模式中如何使用右手法则？

7.22　举例说明边缘模式会导致数据包穿过网络的整个外部边界，或者证明这个假设是错误的。

7.23　观察图 7.26 中的拓扑。节点 A（它的通信范围由图中的圆圈指定）希望通过它的一个邻节点发送一个数据包到目的节点 L。根据以下列出的转发策略，A 分别会选择哪个邻节点作为途经的节点？

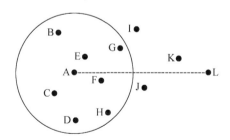

图 7.26　GPSR 的转发策略（习题 7.23）

（a）贪婪转发；
（b）最近转发进度；

（c）半径内最多转发进度；

（d）指南针路由。

7.24 GAF 虚拟网格的单元格大小能够预先确定，并且每个节点都知道自己属于哪个单元格。讨论选择非常大或非常小的单元格会造成什么后果。

7.25 SPBM 协议如何确保对大量接收端的有效多路径传播？

7.26 RBMulticast 的概念是什么？它是怎样解决 SPBM 协议的缺点的？

7.27 GEAR 协议使用两种代价：已知代价和估计代价。说明怎样使用已知代价在小孔（holes）周围传送数据包（用一个具体的例子来说明）。使用估计代价的目的是什么？用本章中描述的那样计算估计代价，其原因是什么？

7.28 图 7.27 所示是一个传感器网络拓扑，每个节点的传输范围是 2 个单位。位于(0, 0)的节点想广播一个数据包给矩形内的所有节点。说明 GFPG 是如何通过路由向区域中的节点发送数据包的，以及它如何把数据包分发给矩形内的所有接收节点。简要地指出哪些节点（在地理群播区域内部和外部）会接收到数据包。

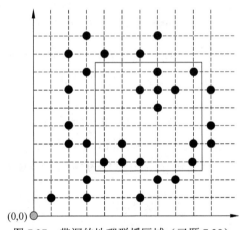

图 7.27　带洞的地理群播区域（习题 7.28）

7.29 回答以下关于 QoS 敏感型路由协议的问题：

（a）多径路由有什么优点和缺点？

（b）SPEED 协议中的 SGNF 算法如何工作？

（c）SPEED 协议中的反向压力重新路由机制如何工作？

（d）为什么 MMSPEED 协议在数据包沿着一条路径传输时要改变它们的速度？

（e）在 MMSPEED 协议中，如何综合考虑延迟和可靠性？

参考文献

Al-Karaki, J.N., and Kamal, A.E. (2004) Routing techniques in wireless sensor networks: A survey. *IEEE Wireless Communications* **11** (6), 6–28.

Braginsky, D., and Estrin, D. (2002) Rumor routing algorithm for sensor networks. *Proc. of the 1st ACM International Workshop on Wireless Sensor Networks and Applications*.

Clausen, T., Hansen, G., Christensen, L., and Behrmann, G. (2001) The optimized link state routing protocol, evaluation through experiments and simulation. *Proc. of the IEEE Symposium on Wireless Personal Mobile Communications*.

Couto, D.D., Aguayo, D., Bicket, J., and Morris, R. (2003) High throughput path metric for multi-hop wireless routing. *Proc. of the 9th Annual International Conference on Mobile Computing and Networking (MobiCom)*.

Draves, R., Padhye, J., and Zill, B. (2004) Routing in multi-radio, multi-hop wireless mesh networks. *Proc. of the 10th Annual International Conference on Mobile Computing and Networking (MobiCom)*.

Du, S., Khan, A., Pal-Chaudhuri, S., Post, A., Saha, A.K., Druschel, P., Johnson, D.B., and Riedi, R. (2008) Safari: A self-organizing, hierarchical architecture for scalable ad hoc networking. *Ad Hoc Networks* **6** (4), 485–507.

Felemban, E., Lee, C.G., and Ekici, E. (2006) MMSPEED: Multipath multi-SPEED protocol for QoS guarantee of reliability and timeliness in wireless sensor networks. *IEEE Transactions on Mobile Computing* **5** (6), 738–754.

Feng, C.H., and Heinzelman, W.B. (2009) RB Multicast: Receiver based multicast for wireless sensor networks. *Proc. of the IEEE Wireless Communications and Networking Conference (WCNC)*.

Gerla, M., Hong, X., and Pei, G. (2000) Landmark routing for large ad hoc wireless networks. *Proc. of the IEEE Global Communications Conference (GLOBECOM)*.

He, T., Stankovic, J.A., Lu, C., and Abdelzaher, T. (2003) SPEED: A real-time routing protocol for sensor networks. *Proc. of the International Conference on Distributed Computing Systems*.

Hedetniemi, S.H., Hedetniemi, S.T., and Liestman, A.L. (1988) A survey of gossiping and broadcasting in communication networks. *Networks* **18** (4), 319–349.

Heinzelman, W., Kulik, J., and Balakrishnan, H. (1999) Adaptive protocols for information dissemination in wireless sensor networks. *Proc. of the 5th ACM/IEEE International Conference on Mobile Computing and Networking (MobiCom)*.

Hou, T., and Li, V. (1986) Transmission range control in multi-hop packet radio networks. *IEEE Transactions on Communications* **34** (1), 38–44.

Intanagonwiwat, C., Govindan, R., and Estrin, D. (2000) Directed diffusion: A scalable and robust communication paradigm for sensor networks. *Proc. of the 6th Annual International Conference on Mobile Computing and Networking (MobiCom)*.

Johnson, D.B. (1994) Routing in ad hoc networks of mobile hosts. *Proc. of the IEEE Workshop on Mobile Computing Systems and Applications*.

Karp, B., and Kung, H.T. (2000) GPSR: Greedy perimeter stateless routing for wireless networks. *Proc. of the 6th Annual International Conference on Mobile Computing and Networking (MobiCom)*.

Kranakis, E., Singh, H., and Urrutia, J. (1999) Compass routing on geometric networks. *Proc. of the 11th Canadian Conference on Computational Geometry*.

Kulik, J., Heinzelman, W., and Balakrishnan, H. (2002) Negotiation-based protocols for disseminating information in wireless sensor networks. *Wireless Networks* **8** (2/3), 169–185.

Lindsey, S., and Raghavendra, C.S. (2002) PEGASIS: Power-efficient gathering in sensor information systems. *Proc. of the IEEE Aerospace Conference*.

Pei, G., Gerla, M., and Chen, T.W. (2000) Fisheye state routing in mobile ad hoc networks. *Proc. of the ICDCS Workshop on Wireless Networks and Mobile Computing*.

Perkins, C.E., and Bhagwat, P. (1994) Highly dynamic destination-sequenced distance-vector routing (DSDV) for mobile computers. *ACM SIGCOMM Computer Communication Review* **23** (4), 234–244.

Perkins, C.E., and Royer, E.M. (1999) Ad hoc on-demand distance vector routing. *Proc. of the 2nd IEEE Workshop on Mobile Computing Systems and Applications*.

Sanchez, J.A., Ruiz, P.M., and Stojmenovic, I. (2006) GMR: Geographic multicast routing for wireless sensor networks. *Proc. of the 3rd Annual IEEE Communications Society Conference on Sensor, Mesh and Ad Hoc Communications and Networks*.

Schurgers, C., and Srivastava, M.B. (2001) Energy efficient routing in wireless sensor networks. *Proc. of the IEEE Military Communications Conference (MILCOM)*.

Seada, K., and Helmy, A. (2004) Efficient geocasting with perfect delivery in wireless networks. *Proc. of the IEEE Wireless Communications and Networking Conference (WCNC)*.

Singh, S., Woo, M., and Raghavendra, C.S. (1998) Power-aware routing in mobile ad hoc networks. *Proc. of the 4th Annual International Conference on Mobile Computing and Networking (MobiCom)*.

Sohrabi, K., Gao, J., Ailawadhi, V., and Pottie, G. (2000) Protocols for self-organization of a wireless sensor network. *IEEE Personal Communications* **7** (5), 16–27.

Takagi, H., and Kleinrock, L. (1984) Optimal transmission ranges for randomly distributed packet radio terminals. *IEEE Transactions on Communications* **32** (3), 246–257.

Transier, M., Füssler, H., Widmer, J., Mauve, M., and Effelsberg, W. (2007) A hierarchical approach to position-based multicast for mobile ad hoc networks. *Wireless Networks* **13** (4), 447–460.

Tsuchiya, P.F. (1988) The landmark hierarchy: A new hierarchy for routing in very large networks. *Proc. of the ACM Symposium on Communications Architectures and Protocols*.

Xu, Y., Heidemann, J., and Estrin, D. (2001) Geography-informed energy conservation for ad hoc routing. *Proc. of the 7th Annual International Conference on Mobile Computing and Networking (MobiCom)*.

Yu, Y., Govindan, R., and Estrin, D. (2001) *Geographical and energy aware routing: A recursive data dissemination protocol for wireless sensor networks*. Technical Report. UCLA/CSDTR 010023, UCLA Computer Science Department.

第三部分

节点和网络管理

第8章 能量管理

因为节点的能量非常有限，所以能量消耗是 WSN 重点关注的问题。事实上，所有的无线设备都面临能量不足的问题，而以下原因使得 WSN 的能耗问题更加严重：

1. 与其承担的感知、处理、自主管理和通信等复杂功能相比，节点的体积非常小，难以容纳大容量电源。

2. 一个理想的无线传感器网络由大量节点组成，因此，不能通过人工方式更换节点电池或者给电池充电。

3. 虽然学术界正在研究可再生能源和自动充电机制，但节点太小仍然是限制其应用的因素。

4. 部分节点失效可能会导致整个网络过早地分离成一些子网。

功率消耗问题可以通过两个途径来解决：一方面是开发针对 WSN 能耗特殊性的高效节能通信协议（自主管理、媒质访问和路由等）；另一方面是找出网络中的无用活动，减少这些活动对整个网络的影响。

无用活动可以分为局部（限于单个节点）或全局（有一定范围的网络）两种情况，这两种情况都可以进一步视为软件和硬件执行时偶发的副作用，或者没有进行优化的结果。例如，现场观测显示，由于意外地过度监听信道，传感节点通信子系统的工作时间比预期的要长，从而使得节点过早地耗尽了电量（Jiang 等，2007）。同样，一些节点试图与已经不可达的节点建立连接，这种无目的的尝试也使它们的能量被过早消耗殆尽。

然而，大部分低效活动都是配置硬件或者软件组件时没有优化的结果。例如，空闲进程或者通信子系统都浪费了大量能量。在邻节点相互通信时，节点仍然盲目地感知或者过度侦听网络，也会消耗大量能量。

动态能量管理（DPM）策略可以保证能量被有效利用。这一策略可以是局部范围的，也可以是全局范围的。局部 DPM 策略的目标是，给每一个子系统提供足以完成当前任务的能量，以此来使单个节点能耗达到最小。没有任务时，DPM 策略让某些子系统工作在最节能的模式下，或者让其进入休眠模式。全局 DPM 策略试图定义一个全网范围的休眠状态来使网络的整体能耗达到最小。

实现上述目标有不同的方法。一种方法是让每个节点设定自己的睡眠时间表，并与邻节点交换这些表，使节点间能协调感知和高效通信，这种方法称为同步休眠法。该方法的问题在于邻节点间的时间和休眠表一样，都要同步，而这一过程是非常耗能的。另一种方法是让单个节点保留自己的睡眠表，需要通信时，先发送前同步信号，直到收到接收方发送的许可后才开始创建。这就是异步休眠模式，它不需要同步睡眠时间表，但在数据传输时，该方法存在延时的问题。这两种方法中，节点都要周期性地醒来查看是否有节点要与它们通信，或者任务队列中是否有等待处理的任务。

本章的重点是 WSN 中的局部动态能量管理策略。

8.1 局部能量管理

了解无线传感器节点中不同的子系统是如何消耗能量的，是开发一个局部能量管理策略的第一步。可以利用该信息来避免无用活动，并对如何节约能量进行安排。而且，它可以用来评估节点能量的整体消耗速率，以及该速率是如何影响整个网络的生存期的。

在下面的小节里，将对构成一个节点的不同子系统进行更详细的介绍。

8.1.1 处理器子系统

大多数现有的处理子系统都使用微控制器，尤其是英特尔的 Strong ARM 处理器和 Atmel 的 AVR 处理器。通过配置，这些微处理器可以工作在不同的电源模式下。例如，ATmega128L 微处理器有六种不同的电源模式：空闲模式、ADC降噪模式、节能模式、掉电模式、待机模式和扩展待机模式。空闲模式是在允许 SRAM、计时器/计数器、SPI 端口和中断系统继续工作的同时，停止 CPU 工作。掉电模式是在下一次中断到来或者硬件复位之前，保存寄存器的内容，冻结振荡器，并禁用其他所有芯片功能。在节能模式下，异步计数器继续工作，这样可以在其他部件进入休眠状态的同时，使用户仍能保持一个基准时间。ADC降噪模式则是停止除了异步时钟和 ADC 模块外的 CPU 和所有 I/O 模块工作。这样可以将 ADC 转换时的噪音降到最低。在待机模式中，仅有一个水晶/谐振器振荡器工作，其他设备均进入休眠状态。这样可以快速启动而消耗非常少的能量。在扩展待机模式中，主振荡器和异步时钟都继续工作。除了上述配置，处理器子系统还可以在不同的电压和时钟频率下工作。

尽管让处理系统工作在不同的模式下可以有效地节省能量，但是模式间的转换也需要能量，并会产生延迟代价。在设计某种特定的工作模式之前，必须先考虑这些问题。

8.1.2　通信子系统

通信子系统的能量消耗受到多方面的影响：包括调制类型和调制系数、发射机的功率放大器和天线效率、传输距离和传输速率,以及接收机的灵敏度。其中一些属性可以动态配置。此外，通信子系统可以自主启动或关闭发射器和接收器，或者两个操作都执行。通信子系统中存在大量活动的元件（如放大器和振荡器），因此，即使在设备空闲时，系统中也存在大量的静态电流。

确定最有效的活动状态的运行模式并不是一件简单的事情。例如，单纯降低发射频率和功率不一定能降低发射器能耗。原因是，传输数据所需要的有效功率和功率放大器上以热量形式耗散的能量之间存在一个平衡。通常，浪费的能量（以热量形式）随着发射功率的降低而增加。事实上，多数商用发射器只在一两个发射功率上可以高效地工作。若发射功率低于一定水平，放大器的工作效率则迅速下降。一些廉价的收发器，即使工作在最大发送功率模式，也会有超过 60%的直流电源功率以热量形式浪费掉了。

例如，Chipcon 公司的 CC2420 收发器，从–24dBm 到 0dBm 有八个可编程输出功率，见表 8.1，其中第 3~5 列分别为 1.8V 直流电压时的输出功率、电流消耗和功率消耗。图 8.1 给出了归一化的电流消耗（以最小电流消耗为参考）以及发射功率水平与电流消耗的关系。如图所示，将发射功率提高 55dB，电流消耗仅仅增加了一倍。

表 8.1　Chipcon CC2420 在 2.45GHz 下的输出功率设置和典型的电流消耗

PA 级	dBm	输出功率/mW	电流消耗/mA	功率消耗[*]/mW
31	0	1	17.4	31.32
27	–1	0.794328235	16.5	29.7
23	–3	0.501187234	15.2	27.36
19	–5	0.316227766	13.9	25.02
15	–7	0.199526231	12.5	22.5
11	–10	0.1	11.2	20.16
7	–15	0.031622777	9.9	17.82
3	–25	0.003162278	8.5	15.3

* V_{dd}=1.8V

能量问题面临的另一问题是，通信子系统从空闲模式或者待机模式转换到运行模式需要一定的时间。这个转换会带来延迟，也要消耗能量。例如，Chipcon 公司收发器的频率合成器的锁相回路（PLL）需要 192us 来上锁。

图 8.2 说明了功率放大器的效率。放大器的效率是指发射功率和放大器消耗的直流输入功率之比。

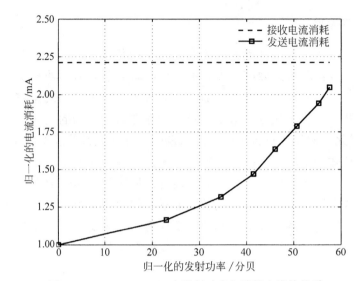

图 8.1　ChipconCC2420 中发射功率和消耗电流的关系

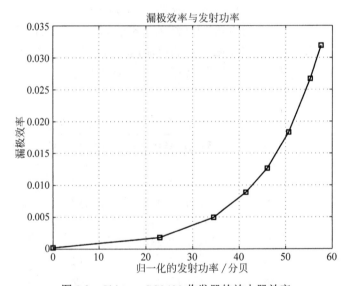

图 8.2　Chipcon CC2420 收发器的放大器效率

　　通信子系统从空闲或等待状态过渡到工作状态是需要时间的，由此产生的能耗或带来另一个能量问题。状态的转换会产生延迟，比如，Chipcon 公司的收发器频率合成器的锁相环（PLL）需要 192 微秒来锁相。

8.1.3　总线频率和内存时序

　　当处理器子系统通过内部高速总线与其他子系统交互时会消耗能量。具体能耗取决于通信的频率和带宽。这两个值可以根据交互的类型来最优化，但是总线协议时序通常是为特定总线频率而最优化的。而且，为了保证最佳性能，当总线频率改变时，要先通知总线控制器的驱动器。

8.1.4　主动式存储器

主动式存储器是由电子元件按照行和列排列而成的，每一行形成一个独立的存储体。为了存储数据，这些元件必须定期刷新，刷新频率和刷新间隔可以用来衡量必须要刷新的行的数量。低刷新间隔对应一个必须在刷新操作发生之前完成的低时钟频率，反过来，高刷新间隔对应一个必须在刷新操作发生之前完成的高时钟频率。考虑两个典型的值，2K 和 4K。刷新间隔为 2K 时，可以刷新更多的单元并且操作能更快地完成，因此它比 4K 的刷新率消耗更多的能量。刷新率为 4K 时，存储器刷新步调低，刷新单元少，但是能耗低。

通过设置，一个记忆单元可以工作在以下能量模式中：温度补偿自刷新模式、局部阵列自刷新模式或者掉电模式。存储单元的标准刷新率可以根据它周围环境温度来调整。为此，一些商用的动态 RAM（DRAM）已经集成了温度传感器。除此之外，整个存储阵列不需要存储数据时，也可以提高自刷新频率。一次数据存储一般只使用部分存储阵列，因此可以将刷新操作限制在需要存储数据的那部分阵列中，这就是部分阵列自刷新模式。如果没有存储要求的话，则可关闭大部分或整个板载内存阵列的电源。

内存时序是另一个影响内存能量消耗的参数，它是指与访问内存单元相关的延迟。在处理器子系统访问特定内存以前，首先要确定特定的行或存储体，然后再用一个行地址选通信号（RAS）将其激活。激活后，可以一直访问该单元，直到用完数据。激活存储单元中的一行所需要的时间是 t_{RAS}，该值相对而言很小，但如果设置错误的话，整个系统的稳定性都会受到影响。一个存储单元由列地址选通信号（CAS）激活。从一列或一个存储单元被选中到数据开始读写的时间差记为 t_{RAS}，该时间可长可短，取决于存储单元如何被访问。如果是顺序访问的，就可以不用考虑。但如果存储单元是随机访问的，就要先释放正在被访问的列，然后才能选中新的列。在这种情况下，t_{RAS} 会造成极大的延时。

在列地址选通信号（CAS）和有效数据到达数据端口之间的延时称为 CAS 延时。CAS 延时越低，性能越好但能耗越高。停止访问一行并选中下一行所需的时间称为 t_{RP}。结合 t_{RCD}，切换行并选中需要读写或刷新的下一个单元所需的时间可表示为 $t_{RP}+t_{RCD}$。选中和预加电之间的时间差称为 t_{RAS}，用它来衡量在下一个存储器选中之前处理器所需等待的时间。表 8.2 列出了描述 RAM 时序的参数。

表 8.2　RAM 时序的参数

参　　数	描　　述
RAS	行地址选通或行地址选择
CAS	列地址选通或列地址选择
t_{RAS}	预加电与激活一行之间的时延
t_{RCD}	从 RAS 到 CAS 访存时间访存需要的时间
t_{CL}	CAS 时延
t_{RP}	从一行到下一行需要的时间
t_{CLK}	时钟周期的持续时间
指令率	芯片选择时延
等待时间	数据可以从内存中读写所需要的全部时间

当用时钟逻辑访问 RAM 时，RAM 中的时间通常会取最接近的时钟周期。例如，当一个 100MHz（时钟周期为 10ns）的处理器访问 RAM 时，一个周期为 50ns 的 SDRAM 进行首次读操作时需要 5 个时钟周期，在进行同样容量的后续读操作时需要 2 个时钟周期。通常用"5-2-2-2"来描述这一时序。

8.1.5　电源子系统

电源子系统用于给其他所有的子系统提供能源。它由电池和 DC-DC 转换器构成，某些电源系统还包括变压器等额外部件。DC-DC 转换器负责将主电压转换为各个部件正常工作所需的电压。转换可以是降压过程（buck），也可以是升压过程（boost），或者是升降压之间转换的过程（flyback），这取决于各个子系统的需求。不过，转换也需要消耗能量，而且转换效率可能也不高。在下面的小节中，我们将对能量的损耗及转换效率低下的原因进行讨论。

8.1.5.1　电池

无线传感器节点是由电池供电的，电池的电量有限。影响电池质量的因素有多种，但最大的因素是成本。在大范围内部署 WSN 时，使用成百上千个电池的成本会给网络部署带来很大的限制。

电池容量以安培时来定义，符号是 C。这个定义描述了一个电池在未显著影响额定电源电压（或电压差）前提下的放电速率。事实上，随着放电速率的增加，额定容量不断减小。

大多数便携式电池的额定值为 $1C$，意思是当以 $1C$ 的速率放电时，电池能在一个小时内连续提供 1000mA 的电量。理想情况下，该电池以 $0.5C$ 的速率进行放电时，能以 500mA 持续放电两个小时；或是以 $2C$ 的速率放电时，能以

2000mA 持续放电半个小时。1C 通常被设为放电 1 个小时，同样，0.5C 是放电 2 个小时，0.1C 是放电 10 个小时。

　　实际上，电池的运行情况要比上面描述的差。通常用普克特方程来定量描述电池容量的误差，即电池的实际持续时间：

$$t = \frac{C}{I^n} \tag{8.1}$$

其中，C 是电池的理论电量，单位为安培时；I 是电流消耗，单位为安培；t 是电池的放电时间，以秒为单位；n 是一个与电池内阻直接相关的普克特常数。普克特常数的值表明了电池在大电流放电时的性能。n 接近于 1，说明电池的性能良好。当电池在大电流下放电时，n 越大电量就损失得越多。电池的普克特常数通常通过实验获得，例如铅蓄电池的 n 值在 1.3~1.4 之间。

　　当拉电流速率比放电速率要高时，电流的消耗速率高于电解液中活性物质的扩散速率。如果这一过程持续较长时间，就会导致当电解液还有活性物质时，电极的活性物质就消耗完了。这种情况可以通过间歇性的电池拉电流来解决。

　　图 8.3 表明了在大电流及连续供电下，电池的有效容量是如何减小的。通过间歇性的使用电池，能够在不供电时提高电解液中活性物质的扩散率和转移率，使其与过度放电产生的消耗相匹配。这一恢复方法，可以减缓电池容量的减小，提高电池的工作效率。这一情况在图 8.3 中以点画线表示。

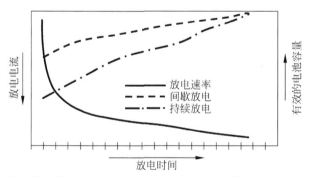

图 8.3　普克特曲线展示了放电速率和有效电压之间的关系。x 轴是时间轴

8.1.5.2　DC-DC 转换器

　　DC-DC 转换器的作用是实现电压间的转换，它与 AC-AC 转换器的转换功能类似。DC-DC 转换器的主要问题是转换的效率。典型的 DC-DC 转换器由电源、开关电路、滤波电路和负载电阻构成，图 8.4 是 DC-DC 转换器的基本电路结构。

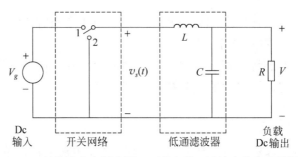

图 8.4　DC-DC 转换器由电源电压、开关电路、滤波电路和负载阻抗组成

如图 8.4 所示，该电路有一个连接到直流电源 V_g 的单刀双掷开关。对于直流电源来说，电感 L 相当于短路，电容 C 相当于开路。因此当开关处于位置 1 时，其输出电压 $v_s(t)$ 等于 V_g；当处于位置 2 时，其输出电压为 0。以频率 f_s 改变开关的位置将产生一个周期 $T_s = 1/f_s$ 的方波 $v_s(\mathrm{t})$。

$v_s(t)$ 能以占空比 D 来进行表征，占空比 D 表示了开关处于位置 1 时所占时间的比例，其值在 0~1 之间。开关电路的输出电压波形如图 8.5 所示。

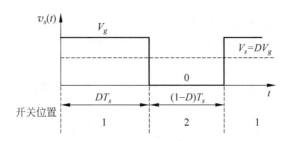

图 8.5　DC-DC 转换器中开关电路的输出电压

DC-DC 转换器由活动转换部件，如二极管和功率 MOSFET 管来实现。其典型工作频率从 1kHz 到 1MHz，具体的值由半导体器件的速度决定。

通过傅里叶逆变换，$v_s(t)$ (V_s) 的直流分量可以表示为：

$$V_s = \frac{1}{T_s} \int_0^{T_s} v_s(t)\mathrm{d}t = DV_g \tag{8.2}$$

上式表示 $v(t)$ 的平均值。

换句话说，该积分值表示了图 8.5 中一个周期电压波形下的面积，或是 V_g 的值乘以时间 T_s 的积。开关电路将电源的直流分量降低了一个因子，该因子等于占空比 D。因为 $0 \leqslant D \leqslant 1$，所以 $V_s \leqslant V_g$。

理想状态下开关电路并不消耗能量。然而在实际情况中，由于有阻性元件，开关电路存在功耗。因此一个典型开关电路的效率在 70%~90% 之间。

除了所需的直流分量外，$v_s(t)$ 同样包含有开关频率 f_s 的谐波分量，该分量并不需要。需要滤除这些谐波分量以保证转换器的输出电压 $v(t)$ 与电源的直流分量 V_s 相等，因此 DC-DC 转换器需要一个低通滤波器。在图 8.4 中，一个一阶 LC 低通滤波器与开关电路相连接。该滤波器的截止频率可以表示为：

$$f_c = \frac{1}{2\pi\sqrt{LC}} \tag{8.3}$$

截止频率 f_c 要远小于开关频率 f_s，以保证低通滤波器能有效地滤除谐波分量，只让直流分量 $v_s(t)$ 通过。同样，因为无源元件（电感和电容）都是能量存储元件，所以理想的滤波器并不消耗能量。因此，DC-DC 转换器产生一个幅值由占空比 D 控制的直流输出电压，并且 DC-DC 转换器使用理想状态下不消耗能量的器件。

转换率 $M(D)$ 定义为在稳态下的输出电压 V 与输入电压 V_g 之比：

$$M(D) = \frac{V}{V_g} \tag{8.4}$$

对于如图 8.4 所示的降压转换器，$M(D)=D$。输入直流电压 V_g 与开关电路占空比 D 之间的线性关系如图 8.6 所示。

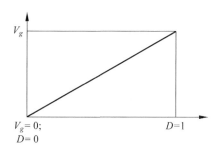

图 8.6　DC 电源电压与开关电路的占空比之间的线性关系

8.2　动态电源管理

在设计无线传感器节点时，可以将上面所讨论的内容都考虑进去。一旦确定了设计时间参数，动态电源管理策略将自动确定最经济的操作，从而减小系统的能耗。这需要将应用需求、网络拓扑结构和不同子系统的任务到达速率都考虑进去。虽然实现动态电源管理（DPM）的策略有很多，但主要为以下三类：

1. 动态操作模式
2. 动态调度
3. 能量采集

8.2.1 动态操作模式

根据正在进行和将要进行的活动，经过设置，一个无线传感器节点的子系统可以工作在不同的电源模式下，这在前面的小节中已经进行了阐述。假设在通常情况下，一个子部件有 n 种不同电源模式。如果 x 个部件都有 n 种不同的电源模式，那么一个 DPM 策略就有 $x \times n$ 种不同的电源模式配置方式，记为 P_n。显然并不是所有的配置都是合理的，因为还要考虑各种各样的限制和系统的稳定性要求。因此 DPM 策略的任务就是选出符合无线传感器节点活动需求的最优配置。

在选择特定的电源配置时，有两个相关的问题需要解决：

1. 在两种电源配置间进行切换时会消耗额外的能量；

2. 切换存在延时，有可能会错过感兴趣的事件。

表 8.3 给出了一个存在六种不同电源模式的 DPM 策略的例子：$\{P_0, P_1, P_2, P_3, P_4, P_5\}$。在五种主要的电源模式间进行切换的情况如图 8.7 所示。

表 8.3 节能配置

配置	处理器	内存	感知子系统	通信子系统
P_0	活动	活动	开	发射/接收
P_1	活动	开	开	开（发射）
P_2	空闲	开	开	接收
P_3	休眠	开	开	接收
P_4	休眠	关	开	关
P_5	休眠	关	关	关

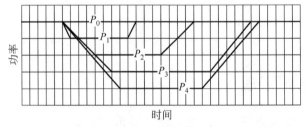

图 8.7 不同能量模式间的切换和切换的花费

选择特定的能量模式既要考虑现在的状态，也要考虑不同硬件组件队列中预定的任务。根据实际情况估计未来的任务，可以确定把相关组件置于正确能量模式上需要的时间，从而可以用最小的延迟来处理任务。同样，如果估计得不准确，会使节点错过感兴趣的事件，或者增加响应延迟。

在 WSN 中，网络外部的事件，如管道中的泄漏、结构中的断裂、农场中的瘟疫等，不能当做确定性事件来建模，否则就没必要部署监控系统了。因此，对事件发生的估计应该是概率性的。传感任务的信息可以用来建立一个预测事件发生率和持续时间的逼真概率模型。一个精确的事件到达模型能够保证 DPM 策略提供正确的配置，使节点拥有最长的生存期和最小的能量消耗。

8.2.1.1 状态切换开销

假设无线传感节点的每个子系统都只在两个不同的能量模式下工作，即只有开和关两种状态，并且假设从开到关没有能量消耗，而从关到开在能量和时延上都有消耗。如果节点在关闭状态中节省的能量足够大，也就是说，关闭状态节省的能耗相当大并且关闭的时间很长，那么该消耗是可以接受的。量化这些开销并且设置一个切换阈值是很有用的。

假设子系统处在关闭状态的最小时间是 t_{off}，这段时间消耗的能量是 P_{off}，过渡需要的时间是 $t_{\text{off,on}}$，这段过渡时间消耗的能量是 $P_{\text{off,on}}$，在开状态的能量消耗为 P_{on}。则有：

$$P_{\text{off}} \cdot t_{\text{off}} + P_{\text{off,on}} \cdot t_{\text{off,on}} \geqslant P_{on} \cdot (t_{\text{off}} + t_{\text{off,on}}) \tag{8.5}$$

因此，当满足如下式子的时候，t_{off} 是合理的（Chiasserini 和 Rao，2003）：

$$t_{\text{off}} \geqslant \max\left(0, \frac{(P_{\text{on}} - P_{\text{off,on}}) \cdot t_{\text{off,on}}}{P_{\text{on}} - P_{\text{off}}}\right) \tag{8.6}$$

可以很容易地泛化式（8.5）和式（8.6）来描述一个拥有 n 个不同运行状态模式的子系统，在这种情况下，将从任意状态 i 过渡到状态 j，记为 $t_{i,j}$。因此，如果满足式（8.7）的话，那么此切换也是合理的。

$$t_j \geqslant \max\left(0, \frac{(P_i - P_{j,k}) \cdot t_{i,j}}{P_i - P_j}\right) \tag{8.7}$$

其中，t_j 是子系统在状态 j 的持续时间。

以上的公式假设从高能耗模式（开状态）切换到低能耗模式（关状态）所需要的消耗可以忽略。如果不是这样，过渡（从状态 i 到状态 j，$E_{\text{saved},j}$）中节省的能量可以表述为：

$$E_{\text{saved},j} = P_i \cdot (t_j + t_{i,j} + t_{j,i}) - (P_{i,j} \cdot t_{i,j} + P_{j,i} \cdot t_{j,i} + P_j \cdot t_j) \tag{8.8}$$

如果从 i 状态切换到 j 状态与从状态 j 到 i 的能耗一样，延时也一样（对称的转换消耗），式（8.8）可以表述为：

$$E_{\text{saved},j} = P_i \cdot (t_j + t_{i,j} + t_{j,i}) - \left(\frac{P_i + P_j}{2}\right)(t_{i,j} + t_{j,i}) - (P_i - P_j) \cdot t_j \tag{8.9}$$

显然，当 $E_{\text{saved},j} > 0$ 时过渡是合理的。这可以通过下面三个不同的途径实现：

1. 提高 P_i 与 P_j 的空隙；
2. 提高状态 j 的持续时间 t_j；
3. 减少交换时间，尤其是 $t_{j,i}$。

8.2.2 动态调度

动态电压调度（DVS）和动态频率调度（DFS）是 8.2.1 节讨论的方法的补充。这两种方法旨在当处理器内核处于运行状态时实时改变其性能，该方法对内存单元和通信总线也同样适用。在大多数情况下，调配给处理器处理的任务并不需要峰值性能。相反，一些任务在它们的生存期结束之前就完成了，之后，处理器就进入低功耗的空闲模式。图 8.8 显示了一个处于峰值性能状态下的子系统，尽管两个任务已提前完成，但是处理器仍旧运行在很高的频率和供电电压下，这是很浪费的。

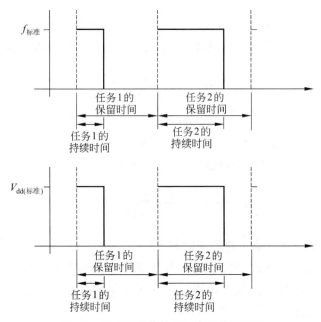

图 8.8　工作在峰值性能状态下的处理器

图 8.9 展示了动态频率和电压调节的应用，在这些应用中，处理器子系统的性能可以根据任务的重要程度而动态地调整，如适当降低性能等。如图所示，在降低了供电电压和运行频率后，每个任务的完成时间都延长到其预期时间。

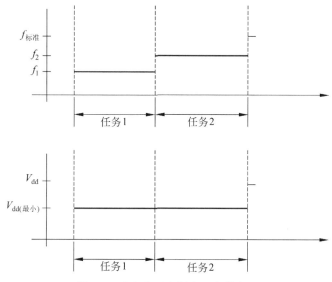

图 8.9　动态电压和频率调度的应用

处理器子系统的基本单元是晶体管。根据操作区域的不同（截止、线性和饱和），晶体管分为模拟晶体管和数字晶体管。一个模拟晶体管（放大器）工作在线性放大区域时，晶体管的输入输出之间有以下线性关系：

$$v_{\text{out}} = \frac{A}{1-AB} v_{\text{in}} \tag{8.10}$$

其中，A 是放大器的开环增益，B 是为了保证放大器稳定而将输出反馈到输入的比例。

与之相反，开关晶体管工作在截断或者饱和区，使得输入和输出电压之间的关系为非线性，这也是数字系统中 0 和 1 是如何产生、表示和处理的。从截断区到饱和区的切换时间决定了晶体管作为一个开关元件的好坏程度。理想的开关晶体管的切换时间为零，但实际应用中的晶体管，持续时间要大于零。在所有因素中，处理器的质量取决于开关的切换时间。

反过来，开关切换时间受很多因素的影响，其中一个是晶体管三个脚之间的累积电容所产生的影响。图 8.10 给出了一个典型的由 CMOS 管组成的 NAND 门。

回忆一下，电容是由中间被电解质隔开的两个导体组成的，这两个导体很可能不一样。电容的容量与导体横截面的面积成正比，与导体的间距成反比。

对于一个开关晶体管，工作在很高频率下的时候，源极、栅极和漏极之间会产生电容，这会影响晶体管的响应速度。开关转换时间可以用如下的表达式近似表示：

$$t_{\text{delay}} = \frac{C_s \cdot V_{\text{dd}}}{I_{d_{\text{sat}}}} \qquad (8.11)$$

其中，C_s 是源极的电容，V_{dd} 是漏极的偏离电压，$I_{d_{\text{sat}}}$ 是饱和漏极电流。

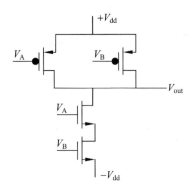

图 8.10　由 CMOS 管构成的 NANO 门

开关转换消耗能量，消耗的大小受很多因素影响，其中两个因素是工作频率和偏移电压。Sinha 和 Chandrakasan（2001）提出了一种一阶近似的算法，如下所述：

$$E(r) = CV_0 2T_s f_{\text{ref}} r \left[\frac{V_t}{V_0} + \frac{r}{2} + \sqrt{r\frac{V_t}{V_0} + \left(\frac{r}{2}\right)^2} \right] \qquad (8.12)$$

其中，C 是每个周期的平均开关转换电容；T_s 是采样周期；f_{ref} 是在 V_{ref} 的工作频率；r 是归一化的处理速率（$r = f / f_{\text{ref}}$）；$V_0 = (V_{\text{ref}} - V_t)^2 / V_{\text{ref}}$，$V_t$ 是阈值电压。

从公式（8.12）可以推导出，降低工作频率可以线性地节省能量消耗，而降低偏置电压能够再加节省能量消耗。然而，这两个指标的减少是有限度的。例如，CMOS 逻辑结构正常运行的最小运行电压可以由下面的公式表示(Swanson 和 Meindlm，1972)：

$$V_{dd,\text{limit}} = 2 \cdot \frac{kT}{q} \cdot \left[1 + \frac{C_{fs}}{C_{ox} + C_d} \right] \cdot \ln\left(1 + \frac{C_d}{C_{ox}} \right) \qquad (8.13)$$

其中，C_{fs} 是单位面积的表面电容，C_{ox} 是单位面积的栅极氧化物电容，C_d 是单位面积的通道耗尽区电容。对于如图 8.10 所示的 CMOS 逻辑管，公式（8.13）表明，在 300K 的时候 $V_{dd,\text{limit}} = 48\text{mV}$。寻找最优电压极限需要在开关转换能耗和相关时延之间加以折中。

8.2.3　任务调度

在动态电压和频率调度中，DPM 策略的目标是自动确定偏置电压（V_{dd}）

的高低和处理器子系统的时钟频率。特定电压或频率的选取受一系列因素影响，包括应用程序的等待时间要求和任务到达率等。理想情况下，要调整这两个参数，使得任务能够"恰好准时"完成。通过这种方式，处理器不会持续空闲，从而浪费能量。然而，实际上，由于处理器的工作量无法预知，估计会有误差，所以不可避免地会有空闲期。理想与真实的动态电压调整策略的对比如图 8.11 所示。

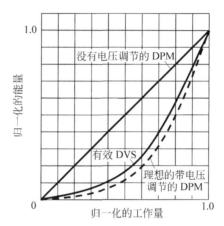

图 8.11　基于负载估计的动态电压调度应用（Sinha 和 Chandrakasan，2001）

8.3　概念架构

无线传感器节点中实现 DPM 策略应解决三个基本问题：

1. 在尝试优化能量消耗过程中，DPM 自身产生了多少额外的工作？

2. DPM 应该是集中式策略还是分布式的策略？

3. 如果是集中式的方法，应该使用哪个子组件负责该任务？

　　一个典型的 DPM 策略是监控各子系统的活动，并做出最适合的能量配置策略，从而优化整体的功率消耗。并且这个决定应该反映应用程序的要求。虽然该过程消耗一定的能量，但如果节省的能量足够大，就可以认为它是合理的。一个准确的 DPM 策略需要估计任务到达和处理速度的基准。

　　DPM 策略采用集中式还是分布式，也取决于各方面因素。集中式方法的一个优点是它更容易获得某一节点能耗的全局视图，从而执行一个综合的调整策略。另一方面，集中式方法增加了管理子系统的计算开销。分布式的方法允许各个子系统进行局部的功率管理，有很好的可伸缩性，这种做法的问题是局部策略有时会与全局策略相矛盾。由于无线传感器节点及其执行的任务都相对简单，因而大多数现有的电源管理策略都提倡集中方式。

集中式方案的主要问题是决定用哪个子系统来处理任务——处理器子系统或电源子系统。直观地说，电源子系统应该执行管理任务，因为它有完整的节点能量储备信息及每个子系统的功耗预算信息。但是该系统缺乏处理器子系统的重要信息，如任务到达速率和各个任务的优先级。还有，它需要有一定的计算能力，目前可用的电源子系统不具备这些特点。

多数现有的无线传感器节点体系结构都是以处理器子系统为中心，其他子系统都通过它来相互通信。此外，操作系统在处理器子系统上运行、管理、确定优先级和调度任务等。因此处理器子系统对所有其他子系统的活动有一个较全面的认识，这些特性使处理器子系统适合执行 DPM。

8.3.1　体系结构概述

DPM 策略的目标是优化节点的功率消耗，但它不能影响系统的稳定性。此外，也要满足感知数据的质量和延迟的要求。幸运的是，在很多现实场景中，部署 WSN 都是为了一个特定的任务，这项任务不会改变或者只会逐渐改变。因此，DPM 的设计师需要根据无线传感器节点体系结构、应用要求和网络的拓扑结构来制订适当的策略，如图 8.12 所示。

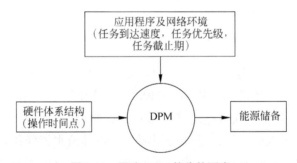

图 8.12　影响 DPM 策略的因素

系统的硬件结构是定义多种电源运行模式和它们之间转换方式的基础。根据节点活动的改变，或基于全局电源管理方案或者根据应用要求，局部电源管理策略定义这些电源模式转换的规则。该规则可以用一个循环过程来描述，包括三个基本操作：能量监测、电源模式估计和任务调度，如图 8.13 所示。

图 8.13 说明了如何将动态电源管理理解为一台在不同状态间转换以响应不同事件的机器，它为任务安排一个任务队列，并监视任务执行时间和能量消耗。根据任务完成的速度，它估计新的能量预算并转换电源模式。当有系统支持的电源模式估计的功率预算有误差时，DPM 策略会采用更高级的电源模式。

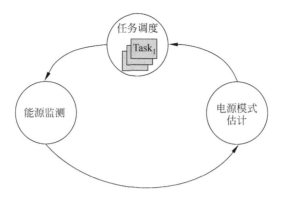

图 8.13　DPM 策略的一个抽象结构

图 8.13 所示的是抽象的体系结构,图 8.14 给出了一个动态电压调节的具体实现。处理器子系统从应用、通信子系统和感知子系统接收任务。另外,它还处理与内部网络管理有关的工作,如管理路由表和睡眠时间表等。这些资源以 λ_i 的速率产生任务,而总的任务到达速率 λ 是各个任务到达速率之和, $\lambda = \sum \lambda_i$。负载监视器观察 τ 秒时间内的任务量记为 λ,并且预测下一个 β 秒的任务到达速率。在图中 r 表示估计的任务到达速率。根据新计算的任务到达速率 r,处理器子系统估计需要的电源电压和时钟频率来处理将要到来的任务。

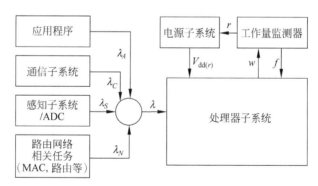

图 8.14　动态电压调度的概念结构,这种架构是 Sinha 和 Chandrakasan 2001 年提出的架构的修改版本

习题

8.1　动态电源管理是 WSN 的重要问题,请给出三个理由。

8.2　能量管理的本地策略和全局策略有什么不同?请举例回答,如何在链路层实现全局能量管理。

8.3　请举两个 WSN 中偶然因素导致能量消耗的例子。

8.4   传感器节点中，本地能量策略是如何提高能量效率的？

8.5   基于同步睡眠的能量管理策略的主要缺点是什么？

8.6   请说明基于异步睡眠的能量管理策略的思想

8.7   请解释 ATmega128L 微处理器的六个操作模式。

8.8   活动内存的刷新频率是什么？

8.9   请解释 RAM 时序的几个概念：

（a）RAS

（b）CAS

（c）tRCD

（d）tCL

8.10   请解释什么是处理器 RAM 时序的"2-3-2-6"配置。

8.11   简要说明 DC-DC 转换器如何实现以下功能：

（a）升/降压转换（flyback）

（b）升压（boost）

（c）降压（buck）

8.12   什么是额定电流容量？

8.13   为什么电池实际工作于小于额定电流容量？

8.14   如果充电电流的速率大于放电电流的速率会有什么样的副作用？

8.15   请说明一个典型的 DC-DC 转换器有哪些部件。

8.16   假设图 8.15 中所示的电路使用的是 DC-DC 转换器，那么在什么频率下，
       负载电阻 R_L 的两端的电压差最大？

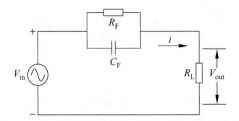

图 8.15   动态电压调节的结构示意图（习题 8.16）

8.17   在下面的子系统中，为什么从低能耗模式切换到高能耗模式时要消耗能量？

（a）处理器子系统

（b）通信子系统

8.18   什么情况说明状态转换也是有开销的？

8.19   为什么开关晶体管工作在高频时开关性能会降低？

8.20   累积电容如何影响 CMOS 管的开关时间？

参考文献

Chiasserini, C., and Rao, R. (2003) Improving energy saving in wireless systems by using dynamic power management. *IEEE Transactions on Wireless Communications* **2** (5), 1090–1100.

Jiang, X., Taneja, J., Ortiz, J., Tavakoli, A., Dutta, P., Jeong, J., Culler, D., Levis, P., and Shenker, S. (2007) An architecture for energy management in wireless sensor networks. *SIGBED Rev.* **4** (3), 31–36.

Sinha, A., and Chandrakasan, A. (2001) Dynamic power management in wireless sensor networks. *IEEE Des. Test* **18** (2), 62–74.

Swanson, R., and Meindl, J. (1972) Ion-implanted complementary MoS transistors in low-voltage circuits. *IEEE Journal of Solid State Circuits* **7** (2), 146–153.

第9章 时间同步

在分布式系统中，每个节点都有自己的时钟和对于时间的定义。然而，为了确定物理世界中事件之间的因果关系，为了消除传感器的冗余数据，为了能在整体上促进传感器网络的工作，传感器节点之间需要遵循一个共同的时标。传感器网络中的每个节点都独立运作，并且依赖于其自身的时钟，所以不同的传感器节点的时钟读数也不同。除了这些随机差异（相位偏移），不同传感器时钟之间的间隙也会由于振荡器漂移率的变化而进一步增加。为了确保感测到的时间可以以有意义的方式进行比较，时间（或时钟）必须同步。有线网络的时间同步技术已经得到很多的关注，但这些技术并不适用于无线传感器，原因是无线感知环境会带来一些特殊的问题。这些挑战包括 WSN 可能的大规模性、自主配置需求以及健壮性，潜在的传感器的移动性以及对节能的需求（Sundararaman 等，2005）。本章将介绍考虑了这些制约因素和挑战的时间同步技术。

9.1 时钟和同步的问题

基于硬件振荡器的计算机时钟是所有计算设备的重要组成部分。典型的时钟由一个稳定的石英振荡器和一个计数器组成，这个计数器随着每次石英晶体的振荡递减。当计数器的值为 0 时，它将复位为其初始值，并产生一个中断。而每一个中断（或者时钟周期）都将触发一个软件时钟（另一个计数器）。应用程序可以通过一个适当的应用程序编程接口（application programming interface，API）来读取并使用软件时钟。因此，软件时钟为每一个传感器节点提供了一个本地时间，其中 $C(t)$ 表示在某一个实时时间 t 时的时钟读数。时间分辨率是软件时钟的两个增量（计数）之间的间距。

对于两个节点的本地时间而言，时钟偏移量表示时钟之间的时间差。同步是指调整一个或者两个时钟，从而使它们的读数匹配。时钟率则表示一个时钟推移的频率，而时钟偏差则表示两个时钟频率之间的差别。理想时钟的时钟率的值恒为 $dC/dt = 1$，但实际上很多参数影响了实际的时钟率，例如环境的温度和湿度、电源电压以及石英的年龄。偏移率的偏差结果表明两个时钟的相对漂移速率，即 $dC/dt - 1$。一个时钟的最大漂移率用 ρ 来表示，石英钟的典型值为 1ppm~100ppm（$1ppm = 10^{-6}$）。这个数值由振荡器的制造厂商给出，且满足

$$1 - \rho \leqslant \frac{\mathrm{d}C}{\mathrm{d}t} \leqslant 1 + \rho \tag{9.1}$$

图 9.1 显示了漂移率（drift rate）如何影响时钟的读数，它使得时钟要么准确无误，要么变快或者变慢。漂移率导致传感器时钟读数即使在同步以后也不一致，因此，有必要定期执行同步过程。假设时钟完全相同，那么任意两个被同步以后的时钟之间最大的漂移为 $2\rho_{\max}$。为了把相对偏移限制到 δ 秒，同步操作之间的间隔 τ_{sync} 必须满足：

$$\tau_{\mathrm{sync}} \leqslant \frac{\delta}{2\rho_{\max}} \tag{9.2}$$

$C(t)$ 必须是分段连续的，即它必须是一个时间的严格单调函数。因此，时钟的调整是一个渐进过程，比如可以使用线性补偿函数来改变本地时间斜率。单纯地让时钟向前或者向后跳转可能会带来很严重的后果，例如，设定一个计时器在某个特定时间产生一个中断，然而执行同步会漏掉一些时间，可能使得这个特定时间永远不会到来。

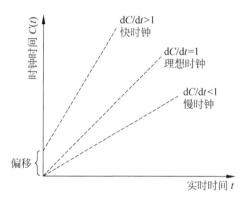

图 9.1　本地时间 $C(t)$ 与实时时间 t 时间的关系

同步有两种，一种是外部的，一种是内部的。外部同步是指所有节点的时钟都与一个外部时间源（或者参考时钟）同步。外部参考时钟是一个类似于世界协调时 UTC 的精确的实时标准。内部同步是指在没有外部参考时钟支持的情况下，所有节点的时钟之间互相同步。内部同步的目的是：尽管时间可能与外部参考时间不同，但是网络中所有节点的时间都一样。外部时间同步既保证了网络中的所有时钟一致，又保证了与外部时间源一致。当节点与外部参考时钟同步时，时钟精度表示时钟相对于参考时钟的最大偏移。当网络中的节点内同步时，精度表示网络中任意两时钟之间的最大偏移（Kopetz，1997）。需要注意的是，如果两个节点外部时钟同步的精度是 Δ，则它们内部时钟同步的精度为 2Δ。

9.2   WSN 中的时间同步

许多分布式系统的应用和服务通常都需要时间同步。人们已经提出了许多可以应用于无线和有线系统的时间同步协议，例如，网络时间协议 NTP（Network TimeProtocol）（Mills，1991），该协议是一种可广泛部署的、可扩展的、健壮的、自配置的同步方法。特别是结合全球定位系统 GPS 之后，其精度可以达到微秒数量级。然而，由于 WSN 的特性和限制，NTP 之类的方法并不适用。本节将探讨 WSN 需要时间同步的原因，并讨论为满足时钟同步的高效性和鲁棒性所面临的挑战和限制。

9.2.1   时间同步的必要性

WSN 中的传感器检测物理世界中的对象，并将活动和事件报告给感兴趣的观察者。例如一些近身检测传感器，当有活动物体（例如车）经过时，会触发一个事件（见图 9.2），磁、电容以及声学传感器都属于这一类。在传感器密集分布的网络中，多个传感器将进行同样的活动，并发生同样的事件。这些事件之间精确的时间相关性对于解决下面的问题至关重要：检测到了多少移动的物体，物体向哪个方向移动，以及物体以怎样的速度移动？因此观察者能否为事件建立正确的逻辑顺序非常重要。例如，如图 9.2 所示，实时时间的顺序是 $t_1 < t_2 < t_3$，那么传感器标注的时间顺序必须是 $C_1(t_1) < C_2(t_2) < C_3(t_3)$。为了精确地确定物体移动的速度，传感器时间标注的时间差必须与实时时间的时间差对应，即：$\Delta = C_2(t_2) - C_1(t_1) = t_2 - t_1$。对 WSN 的数据融合而言，这是非常重要的，因为数据融合所关注的是观测相同或者相关事件的多传感器的数据集合。而数据融合更深一层的目标是：消除冗余的传感器信息，缩短重要事件的响应时间以及降低对资源的需求（如能源消耗）。

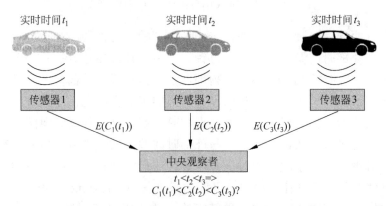

图 9.2   使用多传感器对移动物体的速度和方向的检测

对于分布式系统中各种应用程序以及算法而言，时间同步也是必需的。这些程序和算法包括：通信协议（例如最多一次消息传递）、安全（例如在基于Kerberos 的身份验证系统中，限制使用一些特别的关键字，并协助检测重放消息）、数据一致性（缓存一致性和数据复制一致性）以及并发控制（原子性和相互排斥）（Liskov，1993）等。

MAC 协议（例如时分复用），允许多个设备共享一个通信访问介质。将时间分为时隙，再把时隙分配给无线设备，并且每个时隙仅属于一个无线装置。基于 TDMA 方法的优点是：媒体接入可以预测（只允许每个节点在一个或者多个反复出现的时隙发送数据），而且该算法是能量高效的（当节点在一个时隙中既不是发送方也不是接收方时，就进入省电休眠模式）。然而为了实施 TDMA，各节点必须拥有统一的时间视角，也就是说，它们需要知道每个时隙确切的开始和结束时刻。

对于能量使用方面，许多 WSN 都依赖于休眠/唤醒机制，这个协议允许一个网络选择性地关闭一些传感器节点或者让一些节点进入低功耗休眠状态。这个协议中，传感器之间的时间协调是非常重要的，因为节点需要知道它们应该何时进入休眠状态，何时被唤醒，从而确保相邻节点之间唤醒状态相同，保证节点间能够通信。

最后，在 WSN 中，需要准确地定位传感器节点或者所监测的对象。许多定位技术都依赖于测量技术（下一章介绍）来估计节点间的距离。而要检测无线电或者声音信号的传播时间，同步技术是必不可少的。

9.2.2　时间同步面临的挑战

传统的时间同步协议都是为有线网络设计的，它们并没有把低成本低功耗的传感器节点和无线介质等因素考虑在内。与有线环境相似，WSN 也面临着时钟噪声攻击（clock glitch），以及由于温度和湿度变化所导致的时钟漂移等问题。尽管如此，传感器网络的时间同步协议必须将一系列额外的问题和限制条件考虑在内，我们将在本节进行相关讨论。

9.2.2.1　环境影响

时钟的漂移率随环境的温度、压力和湿度的波动而有所不同。有线计算机一般工作在相当稳定的环境（例如，A/C 控制的群集室或办公室）中。与之不同，无线传感器常常部署在室外以及一些恶劣环境中，在这样的条件下，这些环境属性很容易波动。在受控制的环境下，振荡器的频率变化最多为3ppm（1ppm 的误差相当于每 12 天有 1 秒的错误），该误差由室内温度的变化导致（Mills，1998）。然而对于工作在户外的低成本传感器节点而言，变化幅度可能更大。

9.2.2.2　能量限制

无线传感器通常用能量有限的电源来驱动，也就是说其电源是一次性电池或充电电池（如通过太阳能电池板充电）。更换电池会极大地增加成本，特别是对于规模较大的网络和部署节点比较困难的时候。因此，为了保证电池的寿命，时间同步协议不能消耗过多的能量。由于节点间的通信是时间同步的基础，一个高能效的同步协议就应该使得节点间达到同步所通信的消息量最小。

9.2.2.3　无线介质和移动性

众所周知，无线通信介质是不可预知的。雨水、雾、风和温度的改变都会带来环境特性的变化，从而导致通信介质性能的波动（Otero 等，2001）。这些波动限制了网络的吞吐量，提高了误码率，并产生无线电干扰等问题。无线链接之间的非对称性使节点之间的信息交换产生更多的问题，也就是，节点 A 可以接收节点 B 的消息，但是节点 A 的消息过弱而使得节点 B 无法准确解析。通常，A 到 B 路径的特征（例如延时）可能与 B 到 A 的特征有显著的不同，从而产生非对称通信延迟。此外，无线网络中的通信干扰受网络的密度、无线设备的通信和干扰范围以及这些设备的活动水平等因素影响。许多无线传感器是移动的（例如安装在车辆上或者由人携带），这会导致拓扑结构和链路质量变化显著且快速。最后，传感器节点可能不再工作或者能量耗尽，因此即使网络的拓扑结构或者密度发生变化的时候，时间同步也要能继续工作。由于面临这些挑战，时间同步协议必须具有鲁棒性和可重构性。

9.2.2.4　其他约束

除了电源能量的限制，低功耗低成本的传感器节点在处理速度和存储空间上也受到限制，这更要求时间同步协议必须低消耗、轻量化。小尺寸、低成本的传感器设备不允许采用大尺寸、昂贵的硬件来实现同步（例如 GPS）。因此设计时间同步协议时，应该基于资源有限的环境，并尽可能少增加或不增加总体开支。WSN 通常是大规模部署的，同步协议应该适应节点数目或密度的增长。最后，不同的传感器应用对时钟的精度和准度有不同的要求。例如，在目标追踪的应用中，时间同步能保证事件和消息的正确排序（在没有外部参考时钟的条件下）就足够了，但是对精度的要求是几个微秒的级别。另一方面，传感网络检测公共场所在一天的某段时间内的人流量时，需要外同步，其时间准确度达到秒级就可以了。

9.3　时间同步基础

时间同步通常是基于传感器节点之间某种形式的信息交换。如果介质像在无线系统里那样支持广播模式，那么，收发较少的消息就可以使多个设备同时完成时间同步。本节主要讨论时间同步技术中一些基本概念。

9.3.1　同步消息

大多数现有的时间同步协议是基于两两同步的模式。在这种模式中，两个节点之间进行同步至少需要一个同步消息（synchronization messages）。要在整个网络范围内实现时间同步，可以在多个节点对之间不断重复该过程，直到每个节点都根据参考时钟将自己的时钟调整好。

9.3.1.1　单向消息交换

最简单的两两时间同步是在两个节点之间同步时只用一个消息，也就是，一个节点发送一个时间戳给另一个节点。如图 9.3（左）所示，t_1 时刻，节点 i 向节点 j 发送一个时间同步消息，将时间 t_1 作为时间戳嵌入其中。收到消息时，j 从本地时钟中取得一个本地时间戳 t_2。以 t_1、t_2 两个时间戳的差作为 i 和 j 之间的时钟偏移 δ 的一个度量。准确地说，这两个时间的差值可以表示为：

$$(t_2 - t_1) = D + \delta \tag{9.3}$$

其中，D 表示未知的传播延时。在无线介质中，传播延时是非常小的（几个微秒），通常可以忽略或者默认为某个特定值。节点 j 可以用这种方法计算出频偏，从而调整自己的时钟，实现与 i 的同步。

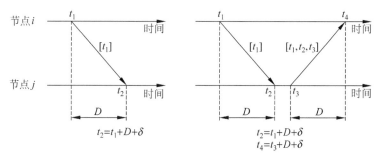

图 9.3　两两时间同步示例

9.3.1.2　双向消息交换

另一种更加准确的方式是采用两个同步消息，如图 9.3（右）所示。在 t_3 时刻，j 给 i 一个包含时间戳 t_1、t_2、t_3 的回复消息。在 t_4 时刻，i 接收到第二个消息时，在假定传播延时为固定值时，两个节点都能确定频偏。然而，节点 i 能更准确地确定传播延时和频偏：

$$D = \frac{(t_2 - t_1) + (t_4 - t_3)}{2} \tag{9.4}$$

$$\text{offset} = \frac{(t_2 - t_1) + (t_4 - t_3)}{2} \tag{9.5}$$

需要注意的是，这里假设传播延时在两个方向上都是相同的，并且在时间的度量尺度上，时钟漂移并不改变（因为时间单位的跨度很短，所以认为频偏是一致的）。尽管只有 i 有足够的信息确定频偏，但是它可以在第三个消息中与节点 j 共享。

9.3.1.3 接收端-接收端同步

另一个实现方法是采用了接收端-接收端同步准则的协议，这种模式是根据同一消息到达不同节点的时差来实现同步。与大多数传统的接收-发送的同步模式不同，在广播环境中，这些节点几乎在相同时间接收到消息，接收节点可以通过交换各自的接收时间来计算彼此的频偏（即接收时间的差异可以反映它们的频偏）。图 9.4 是这种协议的一个例子，如果有两个接收器，只要三个消息即可使两者同步。在 9.4.5 节，我们将讨论一个在 RBS 协议中应用这种模式的例子。注意，广播消息不包含时间戳，而是利用广播消息到达接收节点的时间不同来使节点相互同步。

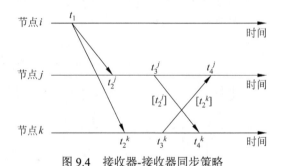

图 9.4 接收器-接收器同步策略

9.3.2 通信延时的不确定性

通信延时的不确定性对于时间同步所能达到的精度有很大影响。如图 9.5 所示，通常，同步消息的延时包含以下几部分（Kopetz 和 Ochsenreiter，1987）：

1. 发送延时：发送节点生成同步消息和将消息发送到网络接口的时间。这包括操作系统活动（系统调用接口、内容切换）、网络协议栈以及网络设备驱动器等引起的延时。

2. 访问延时：这是发送节点访问物理信道的延时，主要取决于 MAC 协议。基于竞争的协议，如 IEEE 802.11 的 CSMA/CA，必须等待信道空闲才能进行访问。当同时有多个设备访问信道时，冲突会引起更长的延时（例如 MAC 协议的指数补偿机制）。更容易预测到的延迟是，在基于 TDMA 的协议中，设备在发送消息前，必须在一个周期内等待属于它的那个时隙到来。

3. 传播延时：传播延时是消息从发送端到接收端真正的延时。当节点共享物理信道时，传播延时是非常小的，在分析关键路径时通常可以忽略。

4. 接收延时：接收设备从介质层中接收消息、处理消息以及将到达消息告知主机所需的时间。告知主机的方式一般通过中断方式，用这种方式可以读取中断发生的本地时间（即消息到达时间）。因此，接收时间一般比发送时间小一些。

为了减小其中一些组件的数量和种类，许多 WSN 的同步方案采用了底层的技术。例如，MAC 层时间戳可以分别减少接收和发送的延时。

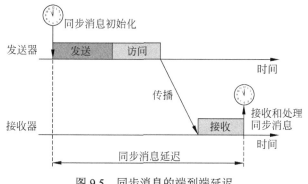

图 9.5　同步消息的端到端延迟

9.4　时间同步协议

目前，已经开发了许多 WSN 的时间同步协议，这些协议多数是根据前面介绍的消息交换思想，然后加以改进。本节将介绍一些有代表性的方案和协议。

9.4.1　基于全球时间源的参考广播

全球定位系统（GPS）连续广播从 1980 年 1 月 6 日 0 时起开始测量的 UTC 时间。然而，与 UTC 不同的是，GPS 不受到闰秒的影响，因此比 UTC 时间快若干整数秒（2009 年是 15 秒）。甚至廉价的 GPS 接收器都可以接收到精度为

200ns 的 GPS 时间（Dana，1997；Mannermaa 等，1999）。时间信息也可以通过路基的无线电基站来传播，例如，美国国家标准及技术研究所用无线电基站WWV/WWVH 和 WWVB（Lichtenecker，1997）持续广播基于原子时钟的时间。然而，这些方案有许多限制从而影响了在 WSN 中的应用。例如，GPS 信号不是任何地方都可以接收到的（例如水下、室内、茂密的森林中），并且对电源的要求也相对较高，这对低成本的传感器节点来说是不可行的，并且添加 GPS 对小小的节点来说太大了也太贵了。可是，许多传感器网络是既包含能量有限的传感器设备，也包含功率较大的设备的层次化的系统，功率较大的设备通常作为网关或者是簇头。这些大功率设备可以支持 GPS 或无线接收器，可以作为主时钟源。网络内其他所有节点可以利用它，使用本节介绍的"发送器-接收器"模式进行时间同步。

9.4.2　基于树的轻量级同步

　　基于树的轻量级同步（LTS）协议（Van Greunen 和 Rabaey，2003）的主要目的是用尽可能小的开销提供特定的精度（而不是最大精度）。LTS 能够用于多种集中式或者分布式的多跳同步算法中。为了理解这种方案，我们先讨论对于一对节点的同步信息交换。图 9.6 用图形化的方式描述了这种方案。

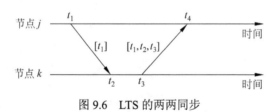

图 9.6　LTS 的两两同步

　　首先，节点 j 发送一个同步消息给节点 k，同步消息的时间戳包含了传输时间 t_1。k 在时间 t_2 收到消息，回复一个包含了时间戳 t_3 和之前记录的时间 t_1 和 t_2 的消息。这个消息在 t_4 时刻被 j 收到。注意，t_1 和 t_4 是基于 j 的时钟，而时间 t_2 和 t_3 是基于 k 的时钟。假设传输时延是 D（更进一步，认为 D 在两个方向是一样的），两个时钟之间未知的时钟偏移为 offset，节点 k 的时间 t_2 等于 t_1+D+offset。同样，t_4 等于 t_3+D-offset。所以，offset 可以按如下公式计算：

$$\text{offset} = \frac{t_2 - t_4 - t_1 + t_3}{2} \tag{9.6}$$

　　集中式的多跳 LTS 算法是基于单一的参考节点，这个节点是网络内所有节点的最大生成树的根节点。为了使同步准确性最高，树的深度必须最小。鉴于节点对之间两两同步会使产生的错误不断累加，因此误差会随着跳数的增加在树枝节点增加。在 LTS 中，同步算法每执行一次树的生成算法比如广度优先算法就执行一次，树一旦生成，参考节点就与它的子节点进行两两同步来完成同步过程。一旦完成，每个子节点就重复这个过程直到所有节点都完成同步。两两同步有三个消息的固定开销，因此，如果一个树拥有 n 条边，那么开销是 $3n-3$。

分布式的多跳 LTS 不需要建立最大生成树，同步的责任从参考节点转移到传感器节点自己。这种模式假定：无论何时某个节点需要同步的时候，总存在一个或几个节点能与它通信。这种分布式的方案允许节点自己确定再同步周期。也就是说，节点根据合适的准确度、到最近参考节点的距离、它们自己的时钟漂移 ρ 以及它们上次同步的时间来决定它们的再同步周期。最后，为了消除潜在的低效性，分布式 LTS 尽量满足邻节点的要求。为此，在挂起一个同步要求时，一个节点可以询问它的邻居，如果邻居有同步要求，这个节点与自己的一跳邻节点同步，而不是与参考节点同步。

9.4.3 传感器网络的时间同步协议

传感器网络的时间同步协议（TPSN）（Ganeriwaletal，2003）是另一种传统的使用树结构组织网络的"发射端-接收端"同步方式。TPSN 同步有两个过程：级别探测阶段（在网络部署时执行）和同步阶段。

9.4.3.1 级别探测阶段

这个阶段的目标是创建网络的分层拓扑结构，每个节点被分配了一个级别，根节点（例如一个配备了 GPS，可以通向外部世界的网关）驻留在级别 0。根节点通过发出一个 level_discovery 消息开始这个过程，这个消息包含了级别信息和发射者独有的身份信息。

与根节点相邻的每个节点利用这个消息来确定自己的级别（即级别 1），同时再次广播包含自己的级别和身份信息的 level_discovery 消息。重复这一进程，直到网络中每个节点都确定了自己的级别。若一个节点已经确立了自己在层次结构中的级别，当再次收到级别发现消息时，就将其直接丢弃。当然，也会发生某些节点没有分配到一个级别的情况。例如，当 MAC 层发生冲突时，节点就无法收到 level_discovery 消息，或者某个节点加入网络时级别探测过程已经结束。在这种情况下，节点可以向邻节点发一个 level_request 信号，这些节点会回复它们所分配的级别。然后，这个节点将自己的级别设置为一个比收到的最小级别值大一的值。节点故障可以用相同的方法解决。当一个 i 级节点发现没有 $i-1$ 级邻节点（在接下来描述的同步阶段的通信步骤中）的时候，它也会发出一个 level_request 信号来重新插入到层次结构中。如果根节点失效，1 级节点不会发出 level_request 信号，而是会执行领导选举算法，然后开始新的级别探测，重新开始 TPSN 过程。

9.4.3.2　同步阶段

在同步阶段，TPSN 沿着在前一阶段建立起的分层结构的边缘使用双向同步机制，也就是每个 i 级节点会与处于 i-1 级的节点进行时钟同步。TPSN 的双向同步机制与 LTS 采取的方式相似。节点 j 在时间 t_1 发出一个同步脉冲信号，这个脉冲信号包含节点级别和时间戳。节点 k 在 t_2 收到这个信号，然后在 t_3 发出确认响应（包含时间戳 t_1、t_2、t_3 以及节点 k 的级别），最终，j 在 t_4 收到这个数据包。和 LTS 一样，TPSN 假设传播延时 D 和时钟偏移在短时间内不会发生改变。t_1 和 t_4 通过 j 的时钟来计量，t_2 和 t_3 通过 k 的时钟来计量，这几个时间点有如下关系：$t_2=t_1+D+\text{offset}$；$t_4=t_3+D-\text{offset}$。基于这些参数，节点 j 可以计算偏移量和延迟 D 如下：

$$D = \frac{(t_2 - t_1) + (t_4 - t_3)}{2} \tag{9.7}$$

$$\text{offset} = \frac{(t_2 - t_1) - (t_4 - t_3)}{2} \tag{9.8}$$

同步阶段是从根节点发出一个时间同步数据包（time_sync）开始的。等待随机时间之后（为了减少在介质存取时的冲突），1 级节点开始与根节点进行双向信息交换。当一个 1 级节点收到了根节点的确认信息时，会计算自身的时钟偏移量从而调整自己的时钟。2 级节点会监听与它相邻的 1 级节点发出的同步脉冲信号，在经过一定的补偿时间之后，与 1 级节点开始双向同步。为了给 1 级节点足够的时间来接收和确认自己的同步脉冲，补偿时间是必要的。不断在所有层次中执行该过程，直到所有节点都与根节点都进行了同步。

和 LTS 相似，TPSN 的同步误差取决于分层结构的层次深度和双向同步时端到端的信息传输的延时。TPSN 依靠在 MAC 层的数据包的时间戳来使延时最小化，减少误差。

9.4.4　洪泛时间同步协议

洪泛时间同步协议（FTSP）（Maróti 等，2004）的目的是将整个网络的同步误差控制在微秒级；可伸缩性达到数百个节点；在网络拓扑结构变化时保持健壮性，包括连接故障和节点故障引起的网络变化。与其他方案不同的是，FPSP 在消除了大部分同步误差来源的同时，使用一个单独的信号来建立起发射节点与接收节点之间的同步。为此，FTSP 扩展了 9.3 节所描述的延迟分析，并将"端到端"延迟分解成如图 9.7 所示的几个部分。

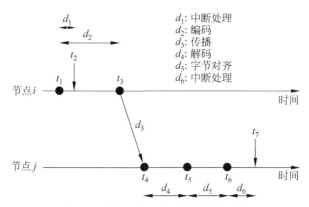

图 9.7　同步信息中的"端到端"延迟

在延迟分析中，传感器节点的无线通信模块会在 t_1 时刻通过中断告知 CPU，自己已经准备好接收将要被发出的消息的下一部分。经过中断处理时间 d_1 之后，CPU 在 t_2 时刻生成一个时间戳。无线通信模块用来编码和将信息转变成电磁波所需的时间称为编码时间 d_2（在 t_1 和 t_3 之间）。传播延时（在 j 的时钟上的时间 t_3 和 k 的时钟上的时间 t_4 之间）之后会有解码时间 d_4（在 t_4 和 t_5 之间）。解码时间是无线通信模块用来将电磁波形式的信息重新解码成二进制码的时间。字节对齐时间 d_5 是一个由节点 j 和 k 之间不同的字节对齐（位偏移）引起的延迟，就是说，接收模块必须确定已知同步字节的偏移量来相应地调整接收的信息。最后，k 上的无线通信模块在时间 t_6 发出一个中断信号，允许 CPU 在 t_7 获得最终的时间戳。

这些延迟对整个端到端延迟变化的影响是很大的，例如，传播延迟（d_3）通常非常小（<1μs）而且是可以确定的。同样，编码时间（d_2）和解码时间（d_4）也是可以确定的，一般都在比较低的百微秒级别。字节对齐延迟（d_5）取决于位偏移，一般长达到几百微秒。中断处理时间（d_1 和 d_6）是不确定的，通常会占用几个微秒。

9.4.4.1　FTSP 的时间戳

在 FTSP 中，发射器通过一个无线信号与一个或者几个接收器进行同步，广播消息中包含发射器的时间戳（估计传输给定字节数的消息所需的全部时间）。当消息到达后，接收器提取其中的时间戳，然后使用自己的本地时钟对到达信息标记时间。全局-本地时间对提供了一个同步点。因为发射器的时间戳必须嵌入到当前要传送的消息中，因此，必须在包含时间戳的字节发送之前进行时间标记操作。在 FTSP 中，同步信息从一段前导码开始，这些字节后面是一些 SYNC 字节、数据字段和一个用于错误检测的循环冗余校验码 CRC（如图 9.8 所示）。这段前导码用于将接收器的无线通信模块和载波频率同步；SYNC 字节用来计算位偏移，这些字节是正确重组信息的必要部分。FTSP 在发射器和接收器上使用多重时间戳来减少由中断处理、编码/解码时产生抖动的时间。在被发射或接收的时候这些时间戳被记录在每个 SYNC 字节之后的字节中。时间戳通过减去正常字节传输时间的整数倍来进行归一化（例如在 Mica2 平台上大约是 $417\mu s$）。由中断处理时间引起的抖动可以使用归一化的时间戳中最小的那个来消除。此外，对正确的归一化时间戳求平均，可以减少编码和解码时产生的抖动。只有最终的（误差校正）时间戳被添加到了信息数据之中。在接收方，时间戳必须通过字节对齐时间（可以通过传送速度和位偏移量来判定）来进行进一步校正。

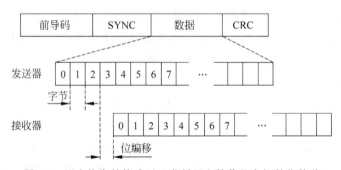

图 9.8　同步信息的格式以及发射器和接收器之间的位偏移

9.4.4.2　多跳同步

和 TPSN 相似，FTSP 通过选举产生的同步根节点来同步网络，在这个网络中根节点的选举是基于每个节点独有的 ID（比如将级别最低的节点选作根节点）。根节点保留全局时间，网络中的其他所有节点都会将自己的时钟与根节点的全局时间同步。同步过程由根节点发出的包含时间戳的广播信息触发。所有在根节点的通信范围之内的节点可以直接从广播信息中建立同步点。其他节点从靠近根节点且已经同步过的节点发出的信号中收集同步点。

和 TPSN 相似，FTSP 依赖于根节点选举算法来保证网络中只有一个同步根节点。每个广播信息包含根节点特有的 ID（根 ID）和一组序列号（除了已经讨论过的时间戳以外）。无论什么时候，当一个节点在一定的时间内没有接收到同步信息后，它将申明自己成为一个新的根节点。当节点收到了一个来自级别比自己 ID 低的根 ID 节点发出的同步信息时，它会放弃自己的根状态。新的节点加入网络时，若它的 ID 级别比根 ID 级别还低，它不会立刻申明自己成为根节点，而是等待一段时间来收集同步信息，并根据当前的全局时间来调整自己的时钟。这些技术保证 TPSN 可以处理网络拓扑结构改变的问题，包括节点移动而导致网络拓扑结构发生变化的情况。

9.4.5 参考广播同步

参考广播同步（RBS）协议（Elson 等，2002）依靠在一系列接收器之间广播消息来实现同步。在无线传播介质中，广播消息几乎同时到达多个接收器。消息延迟的不确定性主要由传播延迟和接收器接收和处理广播消息时所需的时间决定。RBS 的强大之处在于它可以消除由发射器带来的不确定性同步误差。所有的同步方法都是以某种形式的消息交换进行的，因此这些消息中的不确定性延迟都会限制可以获得的时间同步方式的粒度（granularity）。图 9.9 对传统同步协议和 RBS 的关键路径进行了比较（Elson 等，2002）。利用无线传播介质的性质，对于两个接收器，广播信号的发射延迟和访问延迟是相同的，也就是说，两个接收器实际的信息到达时间只会因为传播路径的变化和接收延迟的不同而不同。因此，RBS 的关键路径比传统同步方式的关键路径要短很多。

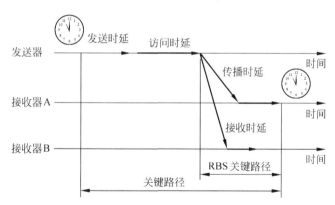

图 9.9 同步信息交换过程中的关键路径分析

例如，当有两个接收器的时候，接收到信标时每个接收器都会记录一次（使用它们的本地时钟）。接下来，两个接收器会交换它们记录的信息，从而可以计算偏移量（例如本地信息到达时间的差异）。当有两个以上的接收器时，所有接收器对之间的最大相位误差称为群差值（group dispersion）。当接收器数目增加时，很可能至少存在一个接收器不能很好地同步，这会导致更大的群差值。另一方面，增加参考广播消息的数量则会减小群差值。因为接收节点在接收时间上会有很多变化，使用多个参考广播消息可以增加同步的精确性。换言之，接收器 j 可以计算自己相对于另一个接收器 i 的偏移量，因为接收器 i 和 j 接收 m 个数据包的平均相位偏移为：

$$\text{offset}[i, j] = \frac{1}{m}\sum_{k=1}^{m}(T_{j,k} - T_{i,k}) \tag{9.9}$$

通过建立多个包含各自广播域的参考信标，RBS 可以拓展到多跳情况下。这些域可以重叠，重叠域中的节点可以作为桥节点从而允许多个域之间的同步。例如，节点 A 和节点 B 在参考节点 C 的范围内，C 和 D 在参考节点 E 的范围内，那么 C 就是两个广播域之间的桥节点。

传感器节点之间同步需要大量的消息交换，这使得 RBS 成为一个成本很高的同步技术。因此，在 RBS 的基础上衍生出了后同步计划（Elson 和 Estrin，2001）。在后同步中，除非发生兴趣事件，否则节点间不进行同步。如果同步过程在这个兴趣事件发生后很快开始，传感器节点可以仅在感兴趣时才调整它们的时钟，而不必收发不必要的同步消息而浪费能源。

9.4.6 时间扩散同步协议

时间扩散同步（TDP）协议（Su 和 Akyildiz，2005）允许 WSN 达到一个平衡时间，也就是，各节点都协商出一个全网的统一时间，并且保持它们的时钟相对该平衡时间有一点小的偏离。网络中的各节点从两种角色中选择一个，然后动态地加入到树状结构内。两种角色是指主节点和分散的领导节点。TDP 的时间扩散程序负责将时间消息从主节点扩散到其邻节点，其中一些邻节点会成为分散的领导节点，并负责将主节点的消息传播至更远的节点。TDP 在两个阶段的操作中是有区别的：在激活阶段，每 τ 秒选举一次主节点（基于选举/再选举程序或 ERP），这样可以平衡网络的工作量并使网络能协商出平衡时间。紧跟每个激活状态后的是非激活状态，非激活状态没有时间同步。每个 τ 秒的间隔被进一步被分为 δ 秒的间隔，每个间隔从选举分散的领导节点开始。选举程序 ERP 会除掉叶节点和那些时钟偏离邻节点超过某一临界值的节点。该操作通过邻节点间交换信息，比较它们的读数来实现。而且，选举程序 ERP 会考虑传感器节点的能量状态以保证主节点和分散的领导节点的正常工作。

图 9.10 描述了时间扩散同步（TDP）的概念。一开始，被选举出的主节点向其邻节点发送时间消息。所有的分散领导节点都可以接收到这个消息（在图中，C 和 D 是节点 A 的领导节点），并回复一个 ACK 确认消息。主节点据此确

定到每一个邻节点 j 的双向传输时延 Δ_j、双向延时的标准差以及到所有邻节点的单向延时的估计值（如果用 Δ 表示所有双向传输的时延，那么单程时延就是 $\Delta/2$）。主节点用另一个含有时间戳的消息将标准差发送给每一个相邻的分散领导节点。分散领导节点通过这个时间戳、单向估计延时以及标准差来调整自己的时钟，然后再与邻节点重复整个扩散过程。重复该过程 n 次，n 为从主节点到最后一跳的距离（例如图 9.10 中，$n=2$）。注意，节点从多个主节点接收到时间消息时，就使用它们的标准差作为加权系数来确定它们对需调整的时钟的贡献大小。

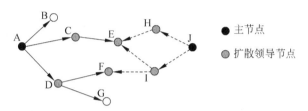

图 9.10　TDP 同步示例（两个主节点都是 $n=2$）

9.4.7　Mini-Sync 和 Tiny-Sync 同步

Mini-Sync 和 Tiny-Sync 是两个紧密相关的协议，它提供了低带宽、低存储空间、低处理需求的成对同步协议（Yoon 等，2007），可以用来作为整个传感器网络同步的基础模块。同一个传感器网络中两个节点的时钟关系可以被表示为：

$$C_1(t) = a_{12}C_2(t) + b_{12} \tag{9.10}$$

其中 a_{12} 和 b_{12} 分别表示节点 1 和节点 2 的相对频偏和相对时钟差。为了确定它们的关系，节点可以使用 9.3.1 节中描述的双向通信方案，例如，节点 1 在 t_0 时刻向节点 2 发送一个时间戳探测消息，节点 2 在 t_1 时刻立即回复一个时间戳消息。节点 1 记录第二条消息的到达时间 t_2，便可得到一个 3 元组的时间戳（t_0, t_1, t_2），这个标签也叫做数据点。因为 t_0 在 t_1 之前，t_1 在 t_2 之前，下面的不等式应当成立：

$$t_0 < a_{12}t_1 + b_{12} \tag{9.11}$$

$$t_2 > a_{12}t_1 + b_{12} \tag{9.12}$$

多次重复这个过程，便会产生一系列数据点和 a_{12} 与 b_{12} 允许取值的新约束条件，从而提高了算法精度。

这两种协议的基础是并非所有数据点都是有用的。每个数据点会产生两种约束下的相对频偏和相对补偿。Tiny-Sync 算法只包含了这些约束条件中的四个，一旦获得一个新的数据点，现有的四个约束条件需要同新产生的两个约束条件进行比较，只保留四个能精确估计频偏与时钟差的约束条件。这种算法的一个缺点是，如果结合其他尚未发生的数据点可能会做出更好的估计，但是该算法有可能会丢掉这些约束。所以，只有已经确认某个数据点没用时，Mini-Sync 协议才将其丢弃。这种算法比 Tiny-Sync 算法需要消耗更多的计算和存储成本，但优点是可以提高算法精度。

习题

9.1　为什么在 WSN 中需要时间同步？请举出至少三个例子。

9.2　解释外部时间同步与内部时间同步的不同，并针对这两种时间同步的每一种至少举出一个具体例子。

9.3　考虑两个节点，此刻节点 A 的时钟为 1100，B 的时钟为 1000。节点 A 每秒增长 1.01 个时间单位而节点 B 每秒增长 0.99 个时间单位。试用这个例子解释术语：时钟差、时钟率、时钟脉冲相位差。这些时钟快还是慢？为什么？

9.4　假设两个节点的实时最大漂移率均为 100ppm。为了使它们的相对偏移时间差不超过 1s，请同步它们的时钟，并确定其必要的重新同步时间间隔。

9.5　设计一个无线传感器节点，对于时钟的最大漂移率有三个选择：$\rho_1 = 1\text{ppm}$，$\rho_2 = 10\text{ppm}$，$\rho_3 = 100\text{ppm}$。时钟 1 的成本明显超过时钟 2，时钟 2 的成本明显超过时钟 3。请解释为什么人们宁愿选择时钟 1 而不选择更便宜的时钟 2 或时钟 3。

9.6　一个有 5 个节点的网络时间同步于外部参考时间，最大误差分别为 1、3、4、1 和 2 个时间单位。由此可知此网络的精度（precision）为多少？

9.7　节点 A 在本地时钟 3150 时（A 的时钟）向节点 B 发送了同步请求，在时刻 3250 时 A 接收到了 B 的时间戳为 3120。

　　（a）节点 A 相对于节点 B 的时钟差为多少？（可忽略各节点处理过程的延时）

　　（b）节点 A 的时钟过快还是过慢？

　　（c）节点 A 该如何调节时钟？

9.8　节点 A 同时向节点 B、C 和 D 发送了一个同步请求，如图 9.11。假设节点 B、C、D 之间都是完全时间同步的，请解释为什么 A 与其他三个节点的时钟差有可能不相同。

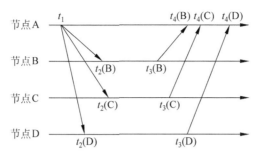

图 9.11　多个邻居节点的两两同步（练习 9.8）

9.9　请描述通信延时不确定性的原因以及为什么这些不确定性影响了时间同步。

9.10　请解释为什么在集中式 LTS 中同步树的深度应该最小化。

9.11　讨论 TPSN 时间同步协议和 LTS 时间同步协议的不同之处与相似之处。

9.12　请解释在 FTSP 通信中的六种不同类型的时间戳。FTSP 是如何去除由中断处理时间、编码时间和解码时间带来的抖动的？

9.13　请解释 RBS 协议背后的概念。RBS 如何扩展到多跳场景下？

9.14　请描述术语"后同步"。

9.15　请对比 TPSN 和 RBS 时间同步协议。

9.16　比较 RBS 的广播方法和 TPSN 的成对同步方法及其他协议在以下情况下的不同：

（a）同步消息经历了高方差的发送延迟和访问延迟，其他延迟可以忽略不计；

（b）同步消息通过声信号传播，节点间距未知；

（c）同步消息经历了没有方差的发送延迟和访问延迟，其他延迟可以忽略；

（d）同步消息经历了很大的接收延迟，且各节点间的接收延迟可能不同。

9.17　两个节点 A 和 B 使用 RBS 协议从一个参考节点上接收周期性的声同步信号。A 节点在接收到最后一个同步信标时时钟显示为 10s，而此时节点 B 时钟显示为 15s。节点 A 在本地时间 15s 时探测到一个事件，而节点 B 探测到这个事件的时间是 19.5s。假设节点 A 距离同步源 100m，节点 B 距离同步源 400m。问哪个节点探测时间更快？快多少？假设声速为 300m/s。

参考文献

Dana, P.H. (1997) Global Positioning System (GPS) time dissemination for real-time applications. *Real-Time Systems* **12** (1), 9–40.

Elson, J., and Estrin, D. (2001) Time synchronization for wireless sensor networks. *Proc. of the 15th International Parallel and Distributed Processing Symposium (IPDPS)*.

Elson, J., Girod, L., and Estrin, D. (2002) Fine-grained network time synchronization using reference broadcasts. *Proc. of the 5th Symposium on Operating Systems, Design, and Implementation*.

Ganeriwal, S., Kumar, R., and Srivastava, M. B. (2003) Timing-sync protocol for sensor networks. *Proc. of the 1st International Conference on Embedded Networked Sensor Systems*.

Kopetz, H. (1997) *Real-Time Systems: Design Principles for Distributed Embedded Applications*. The International Series in Engineering and Computer Science: Springer.

Kopetz, J., and Ochsenreiter, W. (1987) Clock synchronization in distributed real-time systems. *IEEE Transactions on Computers* **36** (8), 933–939.

Lichtenecker, R. (1997) Terrestrial time signal dissemination. *Real-Time Systems* **12** (1), 41–61.

Liskov, B. (1993) Practical uses of synchronized clocks in distributed systems. *Distributed Computing* **6** (4), 211–219.

Mannermaa, J., Kalliomäki, K., Mansten, T., and Turunen, S. (1999) Timing performance of various GPS receivers. *Proc. of the 1999 Joint Meeting of the European Frequency and Time Forum and the IEEE International Frequency Control Symposium*.

Maróti, M., Kusy, B., Simon, G., and Lédeczi, A. (2004) The flooding time synchronization protocol. *Proc. of the 2nd International Conference on Embedded Networked Sensor Systems*.

Mills, D.L. (1991) Internet time synchronization: The network time protocol. *IEEE Transactions on Communications* **39** (10), 1482–1493.

Mills, D.L. (1998) Adaptive hybrid clock discipline algorithm for the network time protocol. *IEEE/ACM Transactions on Networking (TON)* **6** (5), 505–514.

Otero, J., Yalamanchili, P., and Braun, H.W. (2001) *High performance wireless networking and weather*. White Paper, University of California at San Diego. Available online (6 pages).

Su, W., and Akyildiz, I.F. (2005) Time-diffusion synchronization protocol for wireless sensor networks. *IEEE/ACM Transactions on Networking (TON)* **13** (2), 384–397.

Sundararaman, B., Buy, U., and Kshemkalyani, A.D. (2005) Clock synchronization for wireless sensor networks: A survey. *Ad Hoc Networks* **3** (3), 281–323.

Van Greunen, J., and Rabaey, J. (2003) Lightweight time synchronization for sensor networks. *Proc. of the International Workshop on Wireless Sensor Networks and Applications*.

Yoon, S., Veerarittiphan, C., and Sichitiu, M.L. (2007) Tiny-sync: Tight time synchronization for wireless sensor networks. *ACM Transactions on Sensor Networks (TOSN)*.

第 10 章 定 位

　　传感器节点监测物理世界的现象和现象与物体和事件之间的空间关系，这些是传感信息的重要组成部分。如果不知道一个传感器节点的位置，那么它所提供的信息只能说明部分问题。例如，为了在森林中发生火灾时能够报警而部署的传感器，如果它们能报告自身与监测事件之间的空间位置关系，那么它们的价值将显著增加。而且对于很多任务，例如基于地理信息的路由、目标跟踪、定位感知服务等都需要精确的定位信息。定位就是确定一个传感器节点（或者一群传感器节点）物理坐标或者它们之间空间关系的一项工作。定位包括一系列技术和机制，这些技术和机制使一个传感器节点根据从整个传感器环境中收集到的信息来估计自己的位置。全球定位系统（GPS）无疑是最著名的传感定位系统，但是 GPS 不是在所有环境下都适用（如室内或者稠密的植物丛中），此外，GPS 对资源受限的无线传感器网络环境造成的资源浪费也不能承受。因此，这一章将讨论在无线传感器网络中不同的定位技术和案例学习以及目标定位服务。

10.1　综述

　　WSN 通常以 ad hoc 方式部署，节点的位置是不可预知的。为了能给传感器数据提供一个物理位置的参照，定位是必要的。在很多应用中，例如环境监测，如果节点没有获得位置信息，那它的读数是没有任何意义的。位置信息对于一些服务更重要，例如入侵检测、库存和供应链管理、监视等。最后，要想执行一些网络服务就先要知道节点的位置信息，包括基于地理信息的路由（Stojmenovic，2002）以及覆盖管理（Siqueira 等，2007）等，定位是这些服务的基础。

　　一个传感器节点的位置可以用一个全局位置或者相对位置来度量。全局位置是在一个通用全局参考系内定位节点，例如，GPS 位置（经度和纬度）和通用横轴墨卡托（UTM）位置（区域和纬度带）。相反，相对位置基于任意的坐标系和参考系，例如，一个传感器的位置被表示为与其他传感器的距离，这种方法与全局坐标没有任何关系。衡量定位信息水平的两个重要标准是准确度和精度。例如，如果一个 GPS 传感器能在 10m 的误差范围内以 90%的准确度定位出位置，那么这个 GPS 读数的准确度就是 10m（读数离真正的位置有多远），精度为 90%（读数的稳定一致性）。除了目前讨论的这些物理位置，许多应用（例如室内跟踪系统）可能只需要符号位置（Hightower 和 Borriello，2001），比如"345 号办公室"，"23 号高速公路的第 17 个标记处"，或者"浴室"。

尽管让 WSN 中所有节点都知道自己的全局坐标是不太现实的，但是很多传感器网络依靠全局位置已知的节点子集来确定自身位置，其他所有节点将用这些锚节点来定位。依靠这样的锚节点来定位的技术称为基于锚节点的定位技术（相对于无锚节点的定位）。很多定位技术（包括很多基于锚节点定位的技术）都是基于测距技术的，也就是通过估计几个传感器节点之间的距离来进行定位，这称为基于测距的定位技术。它需要传感器节点监测一些计量特性，例如收到的无线通信信号的强度或者到达的超声脉冲的时差。下面的几小节，我们就来讨论根据这些思想开发的各种定位技术。

10.2 测距技术

很多定位技术的基础就是估计两个传感器节点间的物理距离，根据这些估计值来定位。这些估值是通过测量传感器节点之间交换的信号的某些特征来获得的，包括信号传输时间、信号强度或者到达角。

10.2.1 到达时间

到达时间（time of arrival，ToA）定位法是指，信号发送者和接收者之间的距离可以用信号传播时间和传输速率（已知）来确定。比如：声波的速率是343m/s（20℃环境中），也就是说声音信号传播 10m 大约需要 10ms。相比之下，无线电信号以光速传播（大约 300km/s），也就是，无线电信号传播 10m 只需要 10ns。所以，基于无线电信号的测距需要高分辨率的时钟，这就增加了传感器的损耗和复杂度。单程到达时间法，测量的是单程的传播时间，也就是信号发送时间和到达时间之差。如图 10.1(a) 所示，这需要发送者和接收者之间有高度精准的时钟同步机制。在双程到达时间法中，在发送设备上测量信号的往返时间（图 10.1(b)），因此，双程到达时间是首选。在单程测距法中，节点 i 和 j 之间的距离可以通过下面的公式来确定：

$$\text{dist}_{ij} = (t_2 - t_1) \times v \tag{10.1}$$

其中，t_1 和 t_2 分别是信号的发送和到达时间（由发送者和接收者分别测量），v 是信号速率。同样地，在双程到达时间方法中，距离的计算由下式给出：

$$\text{dist}_{ij} = \frac{(t_4 - t_1) - (t_3 - t_2)}{2} \times v \tag{10.2}$$

其中，t_3 和 t_4 是响应信号的发送时间和到达时间。注意在单程时间定位中，接收节点计算自己的位置，而在双程时间方法中发送节点计算接收节点的位置。因此在双程方法中，需要发送第三个消息来将计算结果告知接收方。

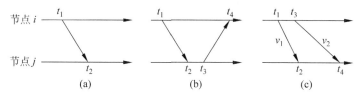

图 10.1　不同测距方式的比较（单程 ToA、双程 ToA 以及 TDoA）

10.2.2　到达时间差

到达时间差方法（time difference of arrival，TDoA）使用的是速率不同的两种信号，如图 10.1(c) 所示。接收者可以像 ToA 方法一样确定自己的位置。例如，第一个信号可能为无线电信号（t_1 时间发出，t_2 时间到达），第二个信号是声学信号（要么立即发出，要么在 t_1 之后一个固定的时间区间内发送 $t_{\text{wait}} = t_3 - t_1$）。因此，接收者可以按下式确定距离：

$$\text{dist} = (v_1 - v_2) \times (t_4 - t_2 - t_{\text{wait}}) \tag{10.3}$$

基于 TDoA 的方法不需要发送者和接收者之间的时钟同步，也可以获得很精确的测量。TDoA 的缺点是需要额外的硬件支持，例如，在上面的例子中需要一个麦克风和喇叭。

采用 TDoA 方法的另一改进是只用一种信号去测量发送者的位置，这种方法需要多个已知位置的接收者。这个信号到接收者 i 的传输延迟 d_i 依赖于发送者与接收者 i 之间的距离。然后，相关分析提供一个时间延迟 $\delta = d_i - d_j$，这个时间延迟与发送者和两个接收者 i、j 之间的距离差是一致的（Gustafsson 和 Gunnarsson，2003）。这个方法的主要缺点是各个接收者之间的时钟必须精确同步。

10.2.3　到达角

用于定位的另一技术是确定信号的传播方向，典型的是用一个天线阵列或者麦克风阵列来测量到达角。到达角（angle of arrival，AoA）就是信号传播方向与参考方向（方位）之间的夹角（Peng 和 Sichitiu，2006）。例如，声学测量中，用不同地点的麦克风来接收某一信号，通过信号到达时间、振幅或相位的差异可以估计到达角，进而可以此确定一个传感器节点的位置。尽管使用合适的硬件可以达到度级的精度，但是 AoA 测量方法的硬件会大大增加传感器节点的体积和成本开销。

10.2.4　接收信号强度

接收信号强度（received signal strength，RSS）会随着传播距离而衰减，接收信号强度法就是根据该事实来测距定位的。无线设备的一个基本特性是具有一个接收信号强度的指示器（received signal strength indicator，RSSI），可以用这个指示器来测量到达的无线电信号的振幅。许多无线网卡驱动程序能够容易地输出 RSSI 值，但是输出值的含义会根据不同的硬件制造厂商而有所不同，并且在 RSSI 值和信号功率之间没有确切的关系。典型的 RSSI 值在 0~RSSI_Max 之间波动，一般 RSSI_Max 的值为 100、128 或者 256。在自由空间中，RSS 值随着到发送者距离的平方而衰减。更准确地说，Friis 传输方程给出了接收功率 P_r 与传输功率 P_t 之间的比率：

$$\frac{P_r}{P_t} = G_t G_r \frac{\lambda^2}{(4\pi)^2 R^2} \tag{10.4}$$

其中，G_t 是发送天线的天线增益，G_r 是接收天线的天线增益。实践中，实际的衰减由多路传播效应、回声、噪声等决定。因此，通常一个更实际的模型用 R^n 替换式（10.4）中的 R^2，n 一般在 3~5 之间。

10.3　基于距离的定位

10.3.1　三角测量法

三角测量法通过三角的几何性质来对传感器位置进行估计。具体来说，三角测量依赖于收集到的角度（或方位角）信息，正如上文所提到的那样。在二维空间里，要确定传感器节点的位置，需要至少两个方向线（以及锚节点的位置或锚节点间的距离）。图 10.2(a) 示意了一个三角测量法进行定位的例子。图中有三个锚节点，坐标分别为（x_i，y_i），测量角度为 α_i（以坐标系中的基准线作为标准进行描述，例如图中的中垂线）。如果测量的轴线数大于两个，测量时的误差会使它们无法相交于一点，因此为了获得一个节点的位置，提出了统计算法或者修正方法（Stansfield，1947）。

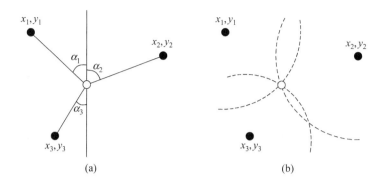

图 10.2　三角测量法(a)和三边测量法(b)

设未知接收者的位置为 $\boldsymbol{x}_r = [x_r, y_r]^T$，从 N 个锚节点得到的轴线测量值记为 $\beta = [\beta_1, \beta_2, \cdots, \beta_N]^T$，已知的锚节点位置是 $\boldsymbol{x}_i = [x_i, y_i]^T$。由于噪声的原因，测量的轴线不能完美地反映真实的轴线 $\theta(\boldsymbol{x}) = [\theta_1(\boldsymbol{x}), \cdots, \theta_N(\boldsymbol{x})]^T$，也就是说，测量的轴线与真实的轴线之间存在以下关系：

$$\beta = \theta(\boldsymbol{x}_r) + \delta\theta \tag{10.5}$$

其中，$\delta\theta = [\delta\theta_1, \delta\theta_2, \cdots, \delta\theta_N]^T$ 是具有 0 均值和 $N \times N$ 协方差矩阵 $S = \mathrm{diag}(\sigma_1^2, \sigma_2^2, \cdots, \sigma_N^2)$ 的高斯噪声（Gavish 和 Weiss，1922）。在二维空间中，N 个锚节点的轴线和位置存在以下关系（Mao 等，2007；Tekdas 和 Isler，2007）：

$$\tan\theta_i(\boldsymbol{x}) = \frac{y_i - y_r}{x_i - x_r} \tag{10.6}$$

很多统计学方法可以用于传感器位置的估计。例如接收节点位置的最大似然估计：

$$\hat{\boldsymbol{x}}_r = \arg\min \frac{1}{2}[\theta(\hat{\boldsymbol{x}}_r) - \beta]^T S^{-1}[\theta(\hat{\boldsymbol{x}}_r) - \beta] \tag{10.7}$$

$$= \arg\min \frac{1}{2}\sum_{i=1}^{N} \frac{(\theta_i(\hat{\boldsymbol{x}}_r) - \beta_i)^2}{\sigma_i^2} \tag{10.8}$$

这个非线性最小二乘法可以用牛顿-高斯迭代进行计算：

$$\hat{\boldsymbol{x}}_{r,i+1} = \hat{\boldsymbol{x}}_{r,i} + (\theta_{\boldsymbol{x}}(\hat{\boldsymbol{x}}_{r,i})^T S^{-1}\theta_{\boldsymbol{x}}(\hat{\boldsymbol{x}}_{r,i}))^{-1}\theta_{\boldsymbol{x}}(\hat{\boldsymbol{x}}_{r,i})^T S^{-1}[\beta - \theta_{\boldsymbol{x}}(\hat{\boldsymbol{x}}_{r,i})] \tag{10.9}$$

这里的 $\theta_{\boldsymbol{x}}(\hat{\boldsymbol{x}}_{r,i})$ 是 θ 关于 $\boldsymbol{x}$ 在 $\hat{\boldsymbol{x}}_{r,i}$ 的偏导数。式（10.9）需要一个与真实最小代价函数最接近的初始估计值（例如，从先验信息中得到）。

10.3.2 三边测量法

三边测量法指通过若干位置已知的锚节点与目标节点的距离来计算未知节点的位置的过程。给定一个锚节点的位置及传感器与锚节点的距离（例如，通过 RSS 法测量），易知传感器一定在以锚节点为圆心、以锚节点至传感器距离为半径的圆周上的某个位置。在二维空间里，获得一个位置至少需要三个不共线的测量值（三个圆的交点）。图 10.2(b) 举了一个二维平面的例子。三维空间里，至少需要四个不共线的锚节点的距离测量值。

假设 n 个锚节点的位置为 $x_i = (x_i, y_i)(i = 1, 2, \cdots, n)$，未知节点 $x = (x, y)$ 与锚节点之间的距离也已知（$r_i, i = 1, 2, \cdots, n$）。用这些信息可以构造一个描述锚节点与传感器的位置与距离信息的矩阵：

$$\begin{bmatrix} (x_1 - x)^2 + (y_1 - y)^2 \\ (x_2 - x)^2 + (y_2 - y)^2 \\ \vdots \\ (x_n - x)^2 + (y_n - y)^2 \end{bmatrix} = \begin{bmatrix} r_1^2 \\ r_2^2 \\ \vdots \\ r_n^2 \end{bmatrix} \tag{10.10}$$

这里给出的例子是二维情况，通过提高矩阵的维度，相同的过程可以用于求解更高维的定位。对矩阵进行整理化简后，我们得到：

$$Ax = b \tag{10.11}$$

系数矩阵 A 为：

$$A = \begin{bmatrix} 2(x_n - x_1) & 2(y_n - y_1) \\ 2(x_n - x_2) & 2(y_n - y_2) \\ \vdots & \vdots \\ 2(x_n - x_{n-1}) & 2(y_n - y_{n-1}) \end{bmatrix} \tag{10.12}$$

右侧的向量为：

$$b = \begin{bmatrix} r_1^2 - r_n^2 - x_1^2 - y_1^2 + x_n^2 + y_n^2 \\ r_2^2 - r_n^2 - x_2^2 - y_2^2 + x_n^2 + y_n^2 \\ \vdots \\ r_{n-1}^2 - r_n^2 - x_{n-1}^2 - y_{n-1}^2 + x_n^2 + y_n^2 \end{bmatrix} \tag{10.13}$$

可以用最小二乘法估计 (x, y) 的位置，通过以下公式计算：

$$x = (A^{\mathrm{T}} A)^{-1} A^{\mathrm{T}} b \tag{10.14}$$

锚节点的位置和距离测量很少有完美的情况，因此，如果位置和距离是基于高斯分布的，每一个等式 i 都有一个权重：

$$w_i = 1/\sqrt{\sigma_{\mathrm{distance}_i}^2 + \sigma_{\mathrm{position}_i}^2} \tag{10.15}$$

这里的 $\sigma_{\mathrm{distance}_i}^2$ 是 $\boldsymbol{x}$ 与锚节点 i 距离测量值的方差，$\sigma_{\mathrm{position}_i}^2 = \sigma_{x_i}^2 + \sigma_{y_i}^2$。最小二乘系统 $\boldsymbol{Ax} = \boldsymbol{b}$ 如下：

$$\boldsymbol{A} = \begin{bmatrix} 2(x_n - x_1) \times w_1 & 2(y_n - y_1) \times w_1 \\ 2(x_n - x_2) \times w_2 & 2(y_n - y_2) \times w_2 \\ \vdots & \vdots \\ 2(x_n - x_{n-1}) \times w_{n-1} & 2(y_n - y_{n-1}) \times w_{n-1} \end{bmatrix} \tag{10.16}$$

$$\boldsymbol{b} = \begin{bmatrix} (r_1^2 - r_n^2 - x_1^2 - y_1^2 + x_n^2 + y_n^2) \times w_1 \\ (r_2^2 - r_n^2 - x_2^2 - y_2^2 + x_n^2 + y_n^2) \times w_2 \\ \vdots \\ (r_{n-1}^2 - r_n^2 - x_{n-1}^2 - y_{n-1}^2 + x_n^2 + y_n^2) \times w_{n-1} \end{bmatrix} \tag{10.17}$$

$\boldsymbol{x}$ 的协方差矩阵为 $Cov_x = (\boldsymbol{A}^{\mathrm{T}}\boldsymbol{A})^{-1}$。

10.3.3 迭代多边算法和协作多边算法

尽管多边法需要至少三个锚节点来定位第四个节点，但是可以扩展这项技术，从而使得不需要三个相邻锚节点也能定位其他节点位置。当一个节点通过锚节点的信标消息确定了自己的位置，它也变成了锚节点。然后它将含有自己位置估计信息的信标消息广播给邻节点。可不断重复这个迭代的多边定位过程（Savvides 等，2001），直到网络中的所有节点都被定位。图 10.3(a) 示意了这个过程：在第一次迭代中，灰色节点通过三个黑色锚节点进行位置估算；在第二次迭代中，白色节点根据两个原始锚节点和灰色节点来定位。这种多边迭代法的缺点是迭代过程中会产生累积误差。

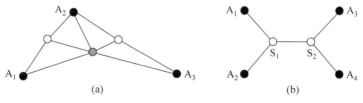

图 10.3 (a) 迭代多边法和(b) 协作多边法

以 ad hoc 方式部署锚节点和传感器时，可能会出现某个节点周边没有三个锚节点的情况，这样便妨碍了该节点确定自己的位置。这时，一个节点可以采用协作多边法来定位，即利用多跳获得的位置信息来为自己定位。图 10.3(b) 展示了一个六节点的简单例子：四个锚节点 A_i（黑色）和两个未定位节点 S_i（白色）。协作多边法的目标是要构造一张参与节点图，也就是说，图中所有节点要么是锚节点，要么至少拥有三个参与邻节点（图 10.3(b) 中的所有节点都是参与者）。这样一个节点就可以根据它与相邻节点之间的距离，通过解对应系统的过约束一元二次方程组（overconstrained quadratic equations）来进行位置估算。

10.3.4 基于 GPS 的定位

全球定位系统（GPS）（Hofmann-Wellenhof 等，2008）是应用最广泛的公共定位系统，它提供了一个优良的最小二乘架构来确定地理位置（Highto 和 Borriello，2001）。GPS 的前称是 NAVSTAR（时距导航系统）。GPS 是唯一的完全运转的全球定位卫星系统（GNSS），它至少需要 24 颗卫星，这些卫星在 11000 英里的高空环绕地球。这项工程 1973 年开始测试，1995 年正式完全运行。同时，GPS 得到了广泛的应用，已经成为导航、观察、跟踪和监控以及科学应用的助手。GPS 提供了两种级别的服务（Dana，1997）：

1. 标准定位服务（SPS）是一项全球任何地方任何 GPS 用户都可以使用的定位服务，它没有限制和直接费用。基于 SPS 的高质量的 GPS 服务可以达到 3m 的精度，在地势平坦的地方可以得到更高的精度。

2. 精密定位服务（PPS）被美国及同盟军用户使用，是一项更健壮的 GPS 服务，包括了加密、反拥塞。例如，用双信号来降低射频传输错误，而 SPS 只有一组信号。

GPS 卫星均匀分布在 6 条轨道上，它们以每小时 7000 英里的速度环绕地球，每天 2 次。卫星的数量和它们的空间分布可以保证，在地球的任何角落都可以同时看到至少 8 颗卫星。每个卫星不间断地广播编码射频波（也就是伪随机码），里面包含指定卫星 ID 信息、卫星的位置、卫星的状态（是否工作正常），以及信号发出的日期和时间等信息。除了卫星，GPS 还依赖于地面的基础设施来监控卫星的运行状态、信号完整性和轨道配置。分布在地球的监控站至少六个，这些监控站在不同地点不断地接收卫星发来的信息，并将信息转发到一个主控站（MCS），MCS（位于科罗拉多州的 Colorado Springs 附近）用监控站传来的数据计算卫星的校正轨道和时钟数据，然后通过地面天线将这些数据发给相应的卫星。

一个 GPS 接收器（例如一个嵌入式移动设备）会实时接收卫星传来的数据。GPS 基本的定位原理如图 10.4 所示。卫星和接收者所用的时钟非常准确，并且是同步的，所以它们在同一时间产生同样的编码。GPS 接收者比较其生成的编码和其所接收的编码，从而判定编码在卫星上的产生时间 t_0 以及编码生成时间与当前时间的时间差 Δ。因此，可以将 Δ 看做编码从卫星到接收者的传输时间。要说明的是，尽管没有阻碍发生，但由于卫星到地面的路径，接收到的卫星数据会有衰减的。无线电波以光速传播（大约 186000 英里每秒），所以如果 Δ 已知，就可以计算出来卫星与接收者的距离（距离=速度×时间）。距离一旦确定，接收者就知道自己已定位在以卫星为球心、以传输距离为半径的球体的球面上。用另外两个卫星重复这个过程，接收者的位置就可以被锁定在三个球面相交的两个点上。一般情况下，可以很容易淘汰其中一个点，例如，如果一个点将接收者定位在一个不可能的地方或者信号以一种不可能的速度传输，那么就可以淘汰这个点。

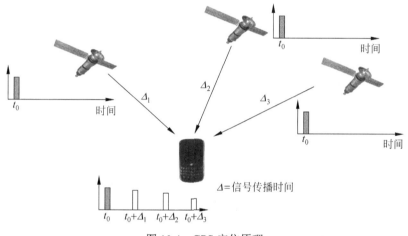

图 10.4　GPS 定位原理

对于定位来说，三颗卫星就足够了，但要获得更精确的位置还需要第四颗卫星。通过 GPS 的定位依赖于正确的计时来获得准确的定位，也就是说，卫星的时钟和接收者必须精确同步。卫星装备有四个提供了高精度的时间读取的原子时钟（彼此同步，误差几纳秒）。然而，GPS 接收者的时钟并没有卫星上装备的时钟那样精准，引入测量误差将会极大的影响定位的质量。因为无线电波以非常高的速度传输（因此传输时间需要非常短），小的计时误差会导致很大的定位偏差。例如，时钟误差 1ms 会导致 300km 的定位误差。因此，需要第四个测量值，理论上第四个球面应该与其他三个球面在接收者的位置处相交。因为有时间误差，第四个球面可能并不与其他三个球面都相交，尽管理论上我们知道它们应该相交到一点。如果球面太大，我们可以调整时钟来降低尺寸（向前调整），直到球面足够小并交于一点。类似的，如果球面太小，我们可以把时钟向后调。也就是说，因为时间误差对于所有的测量值是相同的，接收者可以计算出时钟调整需要的值，从而得到一个四个球面相交的单独的点。除了提供时钟同步的方法，第四个测量值也可以让接收者得到三维的定位值，也就是经纬度和海拔。

尽管大多数 GPS 接收者可以得到精度为 10m 或者更高的定位测量，用更先进的技术来达到更高的精度是可能的。例如，差分全球定位系统（DGPS）Monteiro 等，2005 依赖于地面的已知位置的接收者来接收 GPS 信号，计算修正因子，广播给 GPS 接收者，以便它们校正自己的 GPS 测量值。尽管为每个节点配置 GPS 接收器在 WSN 中是可能的，但是，高能耗、高费用以及需要视距传播等的限制，使得完全基于 GPS 的方案是不可行的。不过，只在 WSN 中的几个参考节点上部署 GPS 接收器，就可以提供定位服务。这些内容将在接下来的章节中介绍。

10.4   不需要测距的定位算法

我们在前面几节中讨论的定位方法都是基于测距的技术（如 RSS、ToA、TDoA 和 AoA 等），因此都属于基于测距的定位算法。相反，不需要测距的算法通过连接信息，而不是距离或角度来估计节点位置。不需要测距的定位算法就不需要额外的硬件，因此，在成本和效率上比基于测距的算法更具优势。本小节介绍几种不需要测距的定位算法。

10.4.1   Ad Hoc 定位系统（APS）

APS（Niculescu 和 Nath，2001）是一种典型的基于分布式连接的定位算法。用该算法来定位，至少需要三个锚节点。增加锚节点数量可以进一步降低定位错误率。网络中的节点与单跳邻节点周期性交换路由表，而每个锚节点使用距离向量（DV）将自己的位置广播给网络中的其他节点（Lu 等，2003）。在 APS 的基本方案中，即在 DV-跳中，每个节点保留一个表 $\{X_i, Y_i, h_i\}$，$\{X_i, Y_i\}$ 是节点 i 的位置坐标，h_i 代表本地节点与节点 i 的跳数。当一个锚节点获得了与其他锚节点间的距离时，计算单跳的平均距离（修正因子），并广播到整个网络中。对所有的锚节点 j，当 $i \neq j$ 时，锚节点 i 的修正因子 c_i 的计算公式为：

$$c_i = \frac{\sum \sqrt{(X_i - X_j)^2 + (Y_i - Y_j)^2}}{\sum h_i} \tag{10.18}$$

给定所有锚节点的位置和修正因子，节点就可以利用三边测量法来估计自己的位置。如图 10.5 所示，图中有三个锚节点 A_1, A_2, A_3。对于锚节点 A_1，得到它到另外两个节点的欧几里得距离（50m 和 110m）和跳跃次数（2 跳和 6 跳），计算修正值（50+110）/(2+6)=20，该值代表跳一次的距离是多少米。同样，A_2 计算修正值 18.6 和 A_3 的修正值 17.3。修正值对外广播时，利用控制的洪范方式（即一个节点收到一个值后，就忽略收到的后续值）来保证每个节点都只使用一个修正值。一般情况下，取最近锚节点的修正值即可。图 10.5 中的传感器节点 S 使用从 A_2 获得的修正值 18.6 来估计到其他三个锚节点的距离。该过程需要将修正值与跳数相乘（到 A_1 为 3×18.6，到 A_2 为 2×18.6，到 A_3 为 3×18.6）。给定这些距离值，就可以使用 10.3.1 节中的三角测量法来确定 S 的位置。

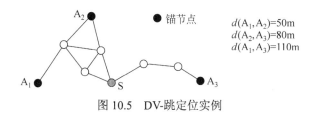

图 10.5　DV-跳定位实例

该方法有一个变体，称为 DV-距离法，邻节点间的距离通过测量 RSS 获得，并转换成长度单位米发送到其他节点，而不是跳数来表示距离。虽然该方法的测量精度更高（并不是所有的跳跃值都是一样的），但是对测量错误却十分敏感。最后，在欧几里得法中，到达锚节点的距离用欧几里得距离表示。一个节点必须至少拥有两个邻节点，这两个邻节点间的距离是已知的，并且到锚节点的距离值是可以测量的。如果能得到这些信息，就可使用简单的三角关系来计算这个节点到锚节点的距离。

10.4.2　三角形内点近似估计法

三角形内点近似估计法（approximate point in triangulation，APIT）是一个基于区域不需要测距的定位方法（He 等，2003）。与 APS 类似，APIT 方法也需要事先知道几个锚节点的坐标位置（例如通过 GPS）。每三个锚节点形成一个三角区域，根据节点在区域内部还是外部就可以缩小它位置的可能范围。APIT 的关键步骤是节点在三角区域（PIT）的测试，该测试确定一个节点所在的三角形组。当一个节点 M 收到一系列锚节点位置消息时，它测试锚节点组成的所有可能三角形。三个锚节点 A、B 和 C 形成一个三角形 ΔABC 如果 M 的一个邻节点到 A、B 和 C 三点的距离可以同时增大或同时减小，那么就可以断定 M 在

ΔABC 的外面。否则，M 就在 ΔABC 中，同时将 ΔABC 加入到包含 M 的三角形组中。如图 10.6 所示。

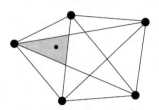

图 10.6　基于锚节点三角形的定位估计示意图

但是，由于要求节点可以向任何方向自由移动，因此理想的 PIT 测试在应用中不是很灵活。不过在节点密度较大时，可以使用该技术，方法是利用邻节点的信标交换信息来模拟理想 PIT 测试中的节点移动。例如，可以使用节点与锚节点间的信号强度来估计离锚节点更近的点。然后，如果 M 的邻节点中没有同时距离 A、B、C 更近的点，则假定 M 在 ΔABC 中，否则就认为 M 在三角形的外面。如图 10.7，左图中，M 周围有四个点，这四个点没有一个到三个锚节点的距离比其他三个同时更近或更远，因此可以判断 M 在 ΔABC 中。而在右图中情况就不一样了，节点 4 到三个锚节点的距离都比 M 到这三个点的距离都近。而节点 2 到三个锚节点的距离都比 M 到这三点远，因此可断定点 M 在 ΔABC 外面。在该方法中，由于只有有限个方向（邻居的个数）是可以计算的，因此节点可能会存在误判。例如，在左图中，如果节点 4 的 RSS 测量表明它到 B 的距离比 M 到 B 远（如节点 B 与节点 4 之间有障碍物），那么就会认为 M 在 ΔABC 外。完成 APIT 测试后，就可以用所有 M 所在的三角形的交集的重心来代表 M 的位置。

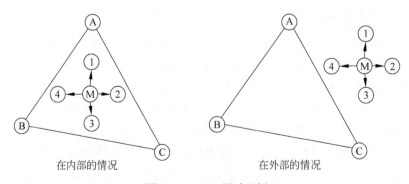

图 10.7　APIT 测试示例

10.4.3　基于多维定标的定位算法

多维定标算法（multidimensional scaling，MDS）源于心理测量学和心理物理学，并通过一系列数据分析技术将类似于距离的数据处理成几何图形。在定位中，MDS 可用于集中定位技术（Shang 等，2004）。集中定位拥有功能强大的中央设备（如基站），它可以从网络中收集信息，计算节点位置，再将位置信息重新广播到网络中。网络可以抽象为一个拥有 n 个节点的无向图（$m<n$，m 指位置已知的锚节点），边表示连接信息。给定所有点对间的距离，MDS 就可以保存距离信息，然后在多维空间里重构网络。

尽管 MDS 有很多变体，但最简单的类型（经典 MDS）有一个可以快速实现的闭集形式。假定一个记录节点间距离的矩阵为：

$$D^2 = c1' + 1c' - 2SS' \tag{10.19}$$

其中，向量 1 表示元素都为 1 的列向量，S 是 n 个点的相似矩阵，每一行代表点 i 的 m 个坐标，SS' 称为标量积矩阵，c 是一个由标量积矩阵的对角线值组成的向量。在式（10.19）的两边分别乘以中心矩阵 $T = I - 11'/n$，其中 I 是单位矩阵，向量 1 是元素都为 1 的列向量，则

$$TD^2T = T(c1' + 1c' - 2SS')T = Tc1'T + T1c'T - T(2B)T \tag{10.20}$$

其中 $B = SS'$。中心矩阵乘以 1 组成的向量得到零向量，则有

$$TD^2T = -T(2B)T \tag{10.21}$$

两边同乘 $-1/2$，得

$$B = -\frac{1}{2}TD^2T \tag{10.22}$$

B 是一个对称矩阵，因此可以分解为：

$$B = Q\Lambda Q' = \left(Q'\Lambda^{\frac{1}{2}}\right)(Q\Lambda^{1/2})' = SS' \tag{10.23}$$

因此一旦得到 B，S 的坐标就可以用下面的矩阵计算出来：

$$S = Q\Lambda^{1/2} \tag{10.24}$$

根据该思想，可以得到 MDS-MAD（Shang 等，2004）定位法。首先，矩阵 D 的距离可以使用所有点之间最短路径算法（如 Dijkstra 算法）来计算。d_{ij} 是节点 i 和 j 间的距离（或者是最小跳数）。然后使用上面介绍的 MDS 算法来处理该矩阵，就得到每一个点相对坐标的最大估计值。最后，将这些相对坐标与拥有绝对地址的锚节点校准，就可将其转换为绝对坐标。可以使用最小二乘

法进一步优化该估计定位值。

这一方法的改进算法是将传感网划分成重叠的小区域，每一个区域都使用上面介绍的方法来定位。再利用相邻区域的公共点组合这些小区域，从而形成一个完整的网络图。由于避免使用相距较远的点，该算法在形状不规则的网络中表现较好。虽然这里介绍的是基于全局信息的集中定位方案，但在分布式情况下也是能实现的（Shang 和 Ruml，2004）。

10.5 事件驱动定位

10.5.1 灯塔定位法

第三类定位算法是基于事件来确定节点间的距离、角度和位置。这样的事件可以是传感器节点处到达的无线电波、光束和声信号。在灯塔定位系统中（Römer 2003），传感器节点只需要一个配备有光发射器的基站，而无需额外设施，就可以非常准确地估计节点的位置。如图 10.8 所示，该方法使用一个理想光源，它发出的光束是平行的，也就是说，宽度 b 保持不变。旋转光源，当平行光束经过一个传感器时，它会在一个特定的时间段 t_{beam} 内看到闪光。该方法的主要思想是 t_{beam} 会随着传感器和光源之间的距离的变化而变化（因为光束是平行的）。传感器和光源之间的距离 d 可以表示为：

$$d = \frac{b}{2\sin(\alpha/2)} \tag{10.25}$$

其中，α 表示传感器能"看到"光束的角度：

$$\alpha = 2\pi \frac{t_{\text{ream}}}{t_{\text{turn}}} \tag{10.26}$$

这里 t_{turn} 表示光源旋转一周的时间。因为 b 给定且恒定不变，传感器可以计算出 $t_{\text{beam}} = t_2 - t_1, t_{\text{turn}} = t_3 - t_1$，其中 t_1 是传感器第一次看见光束的时刻，t_2 是传感器不再看见光束的时刻，t_3 是传感器再次看见光束的时刻。

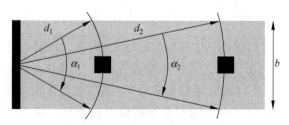

图 10.8　灯塔定位法（顶视图）

目前有一个关键的假设，光束的宽度 b 对所有相对光源的距离保持不变。然而，完全平行的光束在应用中难以实现，而且即使很小的光束扩散也会导致显著的定位误差。例如，宽度 $b=10cm$，扩散为 $1°$ 的光束，在 5m 处的宽度变为18.7cm。因此该方法还要求光束尽可能宽，从而保证不准确度足够小。要做到这一点，可以使用两个激光束来创建一个虚拟的平行光束的轮廓（传感器节点仅仅检测虚拟光束的边缘，而边缘就用这两个激光束表示）。

10.5.2 多序列定位法

多序列定位法（multi-sequence positioning，MSP）（Zhong 和 He，2007）是通过从多个简单的一维的传感器节点提取相对位置信息来工作的。如图 10.9 所示，一个小型传感器网络包含五个位置未知的节点和两个锚节点。事件是由事件生成器在不同的位置生成的（例如，不同角度的超声波传播或者激光扫描），一次生成一个。由于到达事件生成器的距离不同，感知域中的节点会在不同的时刻观察到这些事件。对于每个事件，我们可以建立一个节点序列，即根据检测到事件的先后顺序排列的节点序（包括传感器节点和锚节点）。然后，使用多序列处理算法将每个节点可能的位置缩小到一个很小的区域。最后，使用分布式的估计方法估算出节点的准确位置。

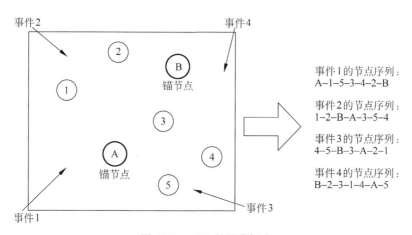

图 10.9 MSP 的基本概念

MSP 算法的基本思想是通过处理节点序列将传感器网络区域分割成小块。例如，在图 10.9 中，从顶部到底部进行直线扫描的节点序列是：2，B，1，3，A，4，5。基本的 MSP 算法用两条直线从不同的方向扫描一个区域，将每次扫描作为一次事件。在图 10.9 中，从左到右进行扫描的节点序列是：1，A，2，3，

5，B，4。由于锚节点的位置是已知的，这两个锚节点将这个区域分成了 9 个部分。增加锚节点的数目和扫描（从不同角度）的次数，该过程可以将区域分割成更小的部分。基本的 MSP 算法处理每个节点序列以确定一个节点的边界（通过寻找该节点的前导和后继锚节点），然后根据新得到的边界信息来缩小这个节点的位置区域。最后，使用中心估计算法将最终产生的多边形的重心作为目标节点的估计位置。

习题

10.1 为什么 WSN 中需要定位？列举至少两个需要定位的具体场景或应用。

10.2 两维空间中一个节点的位置是 $(x, y) = (10, 20)$，95% 的测量中 x 方向上的最大误差为 2，90% 的测量中 y 方向上的最大误差为 3。那么，这个位置信息的准确度和精确度是多少？

10.3 请解释物理位置和符号位置间的区别，并分别为这两种类型列举至少两个例子。

10.4 请定义基于锚节点的定位和基于测距的定位。

10.5 到达时间（ToA）就是测距技术的一个例子。回答下列问题（假设传播时间为 300m/s）：

（a）相较于单向的 ToA，双向 ToA 的优势是什么？

（b）在一个具有未知同步误差的同步网络中，锚节点周期性地向在其范围内的传感器节点广播声信号。在锚节点的时钟上 1000ms 的时刻，锚节点发出一个信标，这个信标在时刻 2000ms（节点 A 的时钟）时被节点 A 接收。A 可以计算出的与锚节点之间的距离是多少？

（c）有别于自己计算距离，节点 A 在 2500ms 时刻发出一个声信号作为回应，这个声信号在 3300ms 时刻被锚节点接收。锚节点计算出的与 A 之间的距离为多少？对于锚节点和节点 A 的同步，请给出评论。

10.6 TDoA 和 AoA 测距技术的主要缺点是什么？

10.7 基于 RSS 的定位技术通常和 RF 分析过程相结合，即信号传播环境中对象的影响的映射。为什么这是必要的？你能想出几个这样的对象的例子吗？

10.8 两个节点 A 和 B 在二维空间中的位置为 $(0, 0)$（节点 A）和 $(1, 1)$（节点 B）。第三个节点 C 希望使用三边测量法以确定其位置。基于测距技术，节点 C 知道其与节点 A 和节点 B 的距离（$d(A,C) = \sqrt{0.75}$，$d(B,C) = \sqrt{0.75}$）。节点 C 的两个可能的位置是什么？

10.9　节点 A、B、C 的位置分别是（0，0）、（10，0）和（4，15）。据估计，节点 D 与 A 的距离为 7，与 B 的距离为 7，与 C 的距离为 10.15。请使用三边测量法确定 D 的位置。

10.10　考虑图 10.10 中的二维拓扑。中心的传感器节点可以选择 6 个锚节点中的三个作为三边测量的基础。该传感器节点应该选择哪些节点？解释你的回答，也就是说，锚节点选择时应该考虑什么指导准则。在三维空间中，该指导准则又是什么？

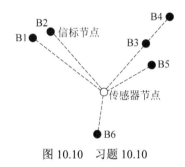

图 10.10　习题 10.10

10.11　两个节点 A 和 B 不知道它们各自的位置，但是它们能听到邻近的信标。节点 A 可以听到位于（4，2）和（2，5）的信标，节点 B 可以听到位于（2，5）和（3，7）的信标。所有节点的射频范围都假定为 2 个单位。
（a）对于节点 A，（3，3.5）或者（3，4.5）是不是一个可能的位置？
（b）对于节点 B，（2，6）或者（4，5）是不是一个可能的位置？

10.12　迭代和协作多点定位之间有什么区别？

10.13　说明 GPS 定位的概念，并回答以下问题：
（a）为什么三颗卫星就足以获得地球上的位置？
（b）为什么最好是有至少四颗卫星来进行定位？
（c）监测站和主控站的目的是什么？
（d）为什么给所有无线传感器节点配备一个 GPS 接收器通常是不可行的？

10.14　请解释基于距离的和不需要测距的定位算法的不同。

10.15　图 10.11 显示了一个具有三个锚节点的网络拓扑结构。锚节点 A_1 和 A_2 之间、A_1 和 A_3 之间以及 A_2 和 A_3 之间的距离分别是 40 米、110 米和 35 米。使用 Ad Hoc 定位系统来估计灰色传感器节点的位置（请给出过程的每个步骤）。

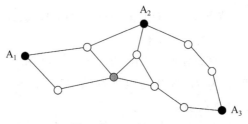

图 10.11　习题 10.15

10.16　对于 APIT 测试，你能否给出一个具体的场景来描述一个 M 节点将会得到一个它一定处于一个三角形的内部的错误结论?请采用一个 M 至少有三个邻居的场景。你能否举出一个 M 节点将会得到一个它一定处于一个三角形的外部的错误结论的例子?

10.17　在一个 WSN 中，一个传感器节点采用灯塔定位方法，它在时间 0 秒检测到灯光的第一个照射，在 0.25s 时检测到第二个照射。下一次检测到第一个照射的时间为 7s。两个光源的距离为（光波宽度）为 10cm。请问这个传感器节点离灯光发射器的距离有多远?

参考文献

Dana, P.H. (1997) Global Positioning System (GPS): Time-dissemination for real-time applications. *Real-Time, Systems* **12** (1), 9–40.

Gavish, M., and Weiss, A.J. (1992) Performance analysis of bearing-only target location algorithms. *IEEE Transactions on Aerospace and Electronic Systems* **28** (3), 817–828.

Gustafsson, F., and Gunnarsson, F. (2003) Positioning using time-difference of arrival measurements. *Proc. of the IEEE International Conference on Acoustics, Speech, and Signal Processing*.

He, T., Huang, C., Blum, B.M., Stankovic, J.A., and Abdelzaher, T. (2003) Range-free localization schemes for large scale sensor networks. *Proc. of the 9th Annual International Conference on Mobile Computing and Networking (MobiCom)*.

Hightower, J., and Borriello, G. (2001) Location systems for ubiquitous computing. *Computer* **34** (8), 57–66.

Hofmann-Wellenhof, B., Lichtenegger, H., and Collins, J. (2008) *Global Positioning System: Theory and Practice* (5th edn). Springer.

Lu, Y., Wang, W., Zhong, Y., and Bhargava, B. (2003) Study of distance vector routing protocols for mobile ad hoc networks. *Proc. of the 1st IEEE International Conference on Pervasive Computing and Communications (PerCom)*.

Mao, G., Fidan, B., and Anderson, B.D.O. (2007) Wireless sensor network localization techniques. *Computer Networks: The International Journal of Computer and Telecommunications Networking* **51** (10), 1389–1286.

Monteiro, L.S., Moore, T., and Hill, C. (2005) What is the accuracy of DGPS? *The Journal of Navigation* **58** (2), 207–225.

Niculescu, D., and Nath, B. (2001) Ad hoc positioning system (APS). *Proc. of the IEEE Global Telecommunications Conference (GLOBECOM)*.

Peng, R., and Sichitiu, M.L. (2006) Angle of arrival localization for wireless sensor networks. *Proc. of the 3rd Annual IEEE Communications Society Conference on Sensor and Ad Hoc Communications and Networks*.

Römer, K. (2003) The lighthouse location system for smart dust. *Proc. of the 1st International Conference on Mobile Systems, Applications and Services* (pp. 15–30).

Savvides, A., Han, C.C., and Strivastava, M.B. (2001) Dynamic fine-grained localization in ad hoc networks of sensors. *Proc. of the 7th Annual International Conference on Mobile Computing and Networking*.

Shang, Y., and Ruml, W. (2004) Improved MDS-based localization. *Proc. of the 23rd Annual Joint Conference of the IEEE Computer and Communications Societies (INFOCOM)*.

Shang, Y., Ruml, W., Zhang, Y., and Fromherz, M. (2004) Localization from connectivity in sensor networks. *IEEE Transactions on Parallel and Distributed Systems* **15** (11), 961–974.

Siqueira, I.G., Ruiz, L.B., Loureiro, A.A.F., and Nogueira, J.M. (2007) Coverage area management for wireless sensor networks. *International Journal of Network Management* **17** (1), 17–31.

Stansfield, R.G. (1947) Statistical theory of DF fixing. *Journal of IEE* **14**, Pt. III A (15), 762–770.

Stojmenovic, I. (2002) Position based routing in ad hoc networks. *IEEE Communications Magazine* **40** (7), 128–134.

Tekdas, O., and Isler, V. (2007) Sensor placement algorithms for triangulation based localization. *Proc. of the IEEE International Conference on Robotics and Automation* (pp. 4448–4453).

Zhong, Z., and He, T. (2007) MSP: Multi-sequence positioning of wireless sensor nodes. *Proc. of the 5th International Conference on Embedded Networked Sensor Systems* (pp. 15–28).

第 11 章 安　　全

　　在所有有线网络和无线网络中，维护网络安全和隐私都是极大的挑战。在无线传感器网络中，维护信息安全和隐私显得更加重要，因为 WSN 的特点和它们的应用目的使之很容易成为入侵和攻击的目标。在许多应用场景下，例如战场监视、目标跟踪、监测城市基础设施（例如桥梁和隧道）、指导紧急反馈行动的灾区评估等方面，任何安全漏洞、信息变异，或者正确应用的破坏，都会导致非常严重的后果。

　　传感器网络通常应用在遥远地区，无人值守操作，因此很容易成为物理攻击、未授权访问和篡改者的攻击目标。传感器节点典型的特点是资源受限、工作环境恶劣，这使得把安全漏洞与节点失效、不断变化的链路质量和无线网络中其他常见的挑战进行区分十分困难。最后，由于资源受限，需要专门为 WSN 设计安全机制，从而有效使用这些有限的资源。本章简要介绍了 WSN 中安全的概念，并且分析了一些保护安全和隐私的可行的解决方案。需要注意的是，本章中会交替地把对网络或系统实施攻击的实体（人或者设备）称为攻击者、入侵者或者对手。

11.1　网络安全的基本原理

　　计算机和网络安全是为计算机系统或网络提供必需的保护、阻止未授权的访问或非法用户的所有策略、机制和服务的集合。大多数安全机制的建立是为了提供 CIA 安全模型中的三个众所周知的服务：机密性（C）、完整性（I）和可用性（A）。下文详述了这些服务：

　　1. 机密性：安全机制必须保证只有合法的接收者才能正确读取消息，阻止未授权的访问和使用。例如，机密性保证了敏感信息不会被未授权的个体访问，如个人的安全口令和信用卡的信息。

　　2. 完整性：安全机制必须保证一条消息在传递的过程中不被修改，即未授权的个人不能修改和破坏敏感信息的内容。

　　3. 可用性：安全机制必须保证系统或网络及其应用在执行任务时不被中断，可用性经常以系统正常工作时间的百分比来衡量。

图 11.1 给出了发送者和意向接收者在信息传送中遭受到的攻击实例。窃听指的是消息被未经授权的个人接收，可以通过机密措施来避免窃听。中间人攻击指的是一个未授权的个人或者系统处于发送者和接收者之间，拦截、修改并向接收者重发消息，而接收者认为收到的消息是原发送者直接发送过来的，这就表明了为什么需要采用完整性机制。最后，拒绝服务攻击指的是入侵者试图阻止发送者发送信息或提供服务。例如，入侵者不断地向发送者发出请求和任务，导致发送者负担过重不能及时地将消息发送给接收者，因此需要有保证可用性的安全机制来抵御这种攻击。

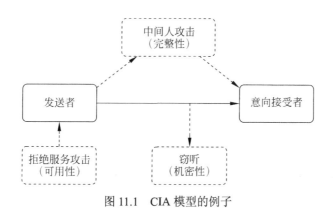

图 11.1　CIA 模型的例子

除了 CIA 三元素之外，身份认证指的是建立或确认用户或设备的身份，以此确保信息来源于正确的发送者。认可指的是证明一个用户或设备已经执行了一项事务或发送了某信息。通常用数字签名来提供身份认证和身份认可，同时也用来确认一条消息未被改变（完整性）。

在所有的通信网络中，有几种基本的安全机制可以提供机密性、完整性和可用性。密码学通过使用加密和解密机制实现信息隐藏和保护：在对称密钥密码学中，两个通信的实体之间只有一个密钥用来实现信息的加密和解密。例如，一个简单的编码策略是用字母表中移位 k 个位置的字母来替换原来要发送的明文字母，例如，当移位值 $k=2$ 时，则用字母 C 替换欲发送的字母 A。在这种移位密码中，移位值就是对称密钥。这种对称密钥密码技术的挑战是如何在两个通信实体间进行共享密钥的安全分配。比较流行的对称密钥加密机制有 DES、AES 和 IDEA。

公共密钥加密和对称密钥加密恰好相反，它使用一对密钥,例如著名的 RSA 算法和 Diffie-Hellman 密钥交换过程，都依赖一对密钥。一个通信节点产生一个私有密钥和一个公共密钥，但是私有密钥自己持有，不会发送给其他节点，公共密钥可以被网络中任何节点共享。任何用私有密钥加密的信息只能使用相应的公共密钥进行解密（可用于认证发送者的身份），任何用公共密钥加密的信息只能使用相应的私有密钥进行解密（可用于保证机密性）。

11.2　无线传感器网络中安全挑战

几十年来，由于因特网的迅猛发展，网络攻击的形式和防范网络攻击的安全措施取得了长足的发展和进步，尽管如此，安全在计算系统和网络中仍然是一个挑战。与针对因特网的传统攻击和安全机制相比，在解决传感器网络应用中出现的安全问题时，会面临一系列值得考虑的独特问题：

1. 资源限制：传统的安全机制消耗过多，不适合资源受限的 WSN。许多安全机制计算代价较高，或者需要与其他节点或远程设备进行通信（例如，身份认证），因此导致能源消耗过多。体积较小的传感器设备的可用内存有限。普通传感器的内存很小，例如 TelosB 的 RAM 只有 10KB，闪存只有 48KB 可用。传统的安全机制如果需要大容量存储器和内存空间，那么对传感器而言，这种安全机制是不可行的。

2. 缺少中心控制：在 WSN 中，拥有一个控制中心往往是不可行的，因为其规模庞大、资源有限和网络动态变化（拓扑变化，网络分割）。因此，安全解决方案应该是分布式的，节点之间必须合作保证安全。

3. 位置偏远：防卫安全攻击的第一道门槛是只为传感器节点提供可控的物理访问。许多 WSN 是无人值守的，因为它们工作在遥远的难以到达的地方，部署在开放的环境中，并且网络覆盖面积很大以至于不可能持续地监测和保护传感器节点不被攻击。这些情况使得阻止未授权的物理访问和检测传感器设备干扰变得困难，特别是由于一些节点的成本很低，无法使用先进的保护措施。

4. 易于出错的通信：WSN 中的数据包可能会由于信道错误、路由失败和冲突碰撞丢失或损坏。这可能会妨碍安全机制获取重要事件报告的能力，也可能会使辨识良性通信错误或恶意攻击导致的节点和链路失效变得更加困难。

另一方面，传感器网络的某些特点又利于提供安全保障。例如，即使在一个传感器或整个传感器网络区域失效的情况下，WSN 的自我管理和自我修复能力也可以让其持续工作。即使一些传感器节点因为受到攻击变得不可用，传感器网络也可以利用冗余节点获取环境事件的信息。另外，冗余也可以用来侦测、隔离、屏蔽潜在的失效节点。

传感器收集的数据可能含有敏感信息，不能泄露给未授权设备。因此，需要保护加密密钥和传感器节点的信息，以防基于通信量分析的截获和攻击。传感器网络需要采取能保证数据机密性的措施来解决这些难题。完整性可以防止入侵者修改传感器数据，例如防止注入错误数据，从而影响对传感器数据的正确反馈。身份认证用来确保在传感器网络中传输的数据来源于正确的发送者，特别是在一个节点控制整个网络的情况下，比如当用一个基站来建立路由或发送路由树的组播消息时。此外，需要保证网络的可用性，许多安全攻击的目标是破坏整个网络的正常运行。传感器网络中的另一个要求是数据的新鲜度，确保了传感器数据是最新的，旧的数据不被重放。这对密钥分发协议是至关重要的，例如，入侵者可以复制正在网络中进行交换的共享密钥，然后重放这些密钥分发消息。最后，很多在 WSN 中建立的节点管理和网络管理责任为入侵者攻击提供了机会。例如，传感器节点的定位对于正确解释传感器数据、对于地理位置路由协议和减少冗余都是很重要的。但是，许多定位技术需要节点之间交换信息（如带有位置信息的信标帧、时间戳、身份信息等），这些信息往往需要加密。同样，传感器网络中的时间同步是基于节点间的消息交换，因此入侵者可能会注入错误的时间戳，导致节点间的同步错误。

11.3　传感器网络中的安全攻击

传感器网络很容易受到各种攻击，这些攻击尝试去破坏网络的正常工作以及传感器节点产生的数据。特别是当传感器网络服务于比如战场的评估和民用基础设施的监测，这些应用都需要受到保护，以避免未经授权的访问和篡改数据。本节将主要介绍 WSN 中可能出现的各种安全攻击。

11.3.1　拒绝服务

拒绝服务（DoS）攻击可以描述为攻击者尝试阻止网络正常运行或者中断网络提供服务。在 WSN 中，DoS 攻击可能发生在协议栈的不同层中，其中一些可能同时影响多层或者利用它们之间的相互作用（Wood 和 Stankovic，2002）。

11.3.1.1　物理层 DoS 攻击

WSN 中使用的无线介质方便了各种攻击。当攻击者干扰 WSN 使用的无线电频率时，一次干扰攻击就形成了。如果部署合理的话，即使攻击节点的数目远小于网络中的节点数量，这些攻击节点仍然能够使整个网络瘫痪。如果攻击节点靠近关键节点（比如网关，因此可以阻止传感器数据从传感器网络中流出），或者它的传输能量足够大以至于网络中所有其他的节点都无法正确接收任何有用的数据，那么一个攻击节点就可以使整个网络瘫痪。

一种传统的抗干扰技术是使用扩频通信，就像在 IEEE802.11 和蓝牙等许多广为人知的标准中那样。例如，在跳频扩频通信技术（FHSS）中，通信设备根据某种跳频序列经常在频率间跳变。一台干扰发射机为了能够持续干扰正确的频率，必须事先知道正确的跳频序列，不然的话，它必须在一个非常大的频段内进行干扰。此外，WSN 对网络中出现的干扰必须能够进行检测和有所反应，例如，为了节省能量可以切换节点进入低功耗的睡眠模式，而定期唤醒它们来检测干扰攻击是否仍然存在。节点也可能希望通知一个网关或者基站来报告攻击，为此，检测到干扰攻击的节点可以向它们的邻居发送简短的警示消息，查找是否至少有一个节点在攻击区域之外（即它能够在没有干扰的情况下接收警示消息），那么这些消息就能够被传播到包括基站的其他节点。

WSN 中的篡改攻击发生在攻击者获得对一个传感器节点的物理访问权限时，这时攻击者得以破坏或者修改设备，获得敏感信息（例如，加密密钥），甚至以此作为进一步攻击网络的切入点。为了防止设备被篡改以及由此带来的不良后果，可以采取的措施包括使用防篡改的介质与防护外壳，以及在节点受到攻击时禁用设备或者删除设备上的信息。例如，在处理系统敏感信息（例如，信用卡支付终端）时常用的一项技术就是只要有一个光敏传感器被激活（例如，由于终端的防护外壳被打破）就删除所有数据。

11.3.1.2　链路层 DoS 攻击

链路层的碰撞攻击（Wood 和 Stankovic，2002）是试图干扰数据包的传输，由此造成在某些 MAC 协议中高代价的指数回退过程和数据包重传。虽然纠错码能够恢复数据包中被损坏的部分位，但是并不能还原所有干扰类型带来的损坏（例如，存在太多的损坏位），并且利用纠错码还原数据位会额外消耗资源和增加能量开销。攻击者也可以在帧的尾部引发冲突，导致节点反复重发整个分组。攻击者的目的也可以是快速消耗节点的能量（耗尽攻击）。同理，恶意节点也可以利用 MAC 协议中经常使用的某些握手技术。例如，攻击者可能会不断发出 RTS 消息（IEEE 802.11 协议）促使另一个节点发出 CTS 响应，最后耗尽两个节点的能量。

11.3.2　路由攻击

传感器网络中路由协议攻击的一个例子是黑洞攻击（Karlof 和 Wagner，2003）。在这种类型的攻击中，攻击者试图成为网络中一条或多条路由路径的数据转发器。然后恶意节点可以简单地丢弃本来应该通过该节点的数据包，这样这些被丢弃的数据包就永远不会到达目的地。一种类似的攻击称为选择性转发攻击

（Karlof 和 Wagner，2003），数据包并不会被全部丢弃，只有在满足特定条件下才会被丢弃。相比黑洞攻击，选择性转发攻击更难被发现或者做出反应，因为数据包丢失可能是流动性导致的也可能是通信信道引起的，而想要区别它们是非常困难的。

传感器网络中的急速攻击（Hu 等，2003）利用了按需路由协议中（如 AODV 和 DSR）路由发现过程的特点进行攻击。在这种类型的攻击中，恶意节点将收到的路由请求信息立刻转发给它的邻居，而不考虑任何协议规则（例如，在转发之前要考虑请求是否超时或者是否在排队序列中）。这样，该节点被选作为源和目的地间的一条有效路径的概率就增加了。

污水池攻击（sinkhole attack）（Karlof 和 Wagner，2003）是黑洞攻击的一种变体。为了尽可能吸引更多的通信流量，恶意节点尝试调整自己的位置，使自己在更多的网络流量路径上。因此很多通信流量会进入这个污水池节点，这为攻击者提供了破坏或者篡改尽可能多通信流量的机会。

女巫攻击（sybil attack）发生在攻击者自称在网络中有好几个身份时。同理，在基于位置的路由协议中，攻击者也自称同时在多个地点。如果有许多节点认为这个恶意节点是它们的邻节点，它们就很可能将这个恶意节点作为它们通信的转发节点。

另一种利用传感器网络中路由过程的攻击是虫洞攻击（wormhole attack）。这种攻击经常发生在比其他节点拥有更多资源的节点上。例如，两个协同攻击者试图利用它们之间的私有通信信道（通常有充足的带宽）来欺骗网络中其余的部分。对于网络中的其余部分，这两者之间将表现为一种快速、高效的宽带链接，这也是许多路由技术所渴望的。通过这种方法，攻击节点可以在网络中伪造一个有效的、短路径的网关，这不仅可能吸引大量的重要通信，而且会引发一系列其他攻击，比如黑洞攻击、污水池攻击。

11.3.3 传输层的攻击

网络协议栈中的传输层负责管理端到端的连接，例如，两个著名的传输层协议是基于可靠的流通信的 TCP 和基于数据包通信的不可靠的 UDP。许多传输协议（例如 TCP）需要维护状态信息，洪泛攻击正是利用这一特点而使内存容易耗尽。例如，攻击者可能重复发出新的连接请求，每个请求都会在受影响的节点上添加更多的状态信息，从而导致节点因为资源耗尽而拒绝接受其他连接，这就阻止了接收正常节点发出的连接请求。

在去同步攻击（desynchronization attack）中，攻击者尝试通过在节点间反复地伪造信息来破坏两个合法节点间的通信。例如，可靠传输层协议可能利用序列号来跟踪成功接收的数据包，识别丢失的数据包，并检测重复的数据包。攻击者构造的虚假数据包利用序列号使节点相信它们发出的数据包没有到达目的地，由此引发十分消耗资源的重传。

11.3.4　针对数据汇聚的攻击

数据汇聚和数据融合技术经常用来组合多个传感器的数据，达到消除冗余信息的目的。汇聚技术经常能对传感器的资源需求产生积极作用，例如，降低传输频率和数据包大小。然而，即使是很简单的汇聚函数也很容易受到攻击者的破坏从而使网络行为发生改变（Wagner，2004）。例如，即使只有一个恶意节点的情况下，求均值函数 $f(x_1, x_2, \cdots, x_n) = (x_1 + x_2 + \cdots + x_n)/n$ 也是不安全的。通过使用一个虚假的值 x_1^* 来代替一个真实的测量值 x_1，最后的均值就从 $y = f(x_1, x_2, \cdots, x_n)$ 变成了 $y^* = f(x_1^*, x_2, \cdots, x_n) = y + (x_1^* - x_1)/n$。攻击者可以自由选择 x_1^* 的大小，因此，也就可以控制汇聚的输出结果。

同理，求和、求最小值和最大值函数都是不安全的。攻击者可以根据自己的意愿，通过用一个虚构的值 x_1^* 恶意替换一个真实测量值 x_1 来改变求和函数 $f(x_1, \cdots, x_n) = x_1 + \cdots + x_n$ 的值。尽管用一个虚假的值代替一个真实的测量值并不总是影响最后的函数结果，但最小值函数 $f(x_1, \cdots, x_n) = \min(x_1, \cdots, x_n)$ 也是不安全的。就是说，如果所替代的值 x_1 是全部真实测量值 x_i 中唯一最小的，那最小值就可能被提高。然而，攻击者可能选择一个相比于所有真实值都非常小的数 x_1^* 来修改最小值计算。根据对称性，最大值函数也是不安全的，因为攻击者可以通过截获一个传感器的读数来提高最大值。

相比之下，在正确读数相当多的情况下，篡改单一的传感器读数对于计数操作的影响非常小。计数函数和求和函数类似，不同之处是每一个传感器读数对运算结果的影响要么取 0 要么取 1。就是说，攻击者通过控制 k 个节点最多能改变运算结果 k，如果 k 相对所有输入值的数目是非常小的，那么这种影响是微不足道的。

11.3.5　隐私攻击

虽然到目前为止所描述的安全威胁主要是针对破坏网络的正确运行，但是 WSN 本身所具有的大量信息收集过程也存在被滥用的潜在危险。这是说，攻击者可以通过获取存储在传感器节点上的数据或者窃听整个网络来得到敏感信息（Gruteser 等，2003）。无线网络的广播特性，使得监视和捕获节点之间的信息传输非常容易，尤其是没有使用加密机制来保护传感器数据时。窃听也可以和通信分析结合起来（Deng 等，2005a），攻击者可以使用这项技术来确定网络中感兴趣节点的身份。某些节点间通信的增加意味着网络中那部分节点的活动水平有所增加，因此面临潜在危险的数据量也相应增加。类似地，通信流量分析也可以被用来确定网络操作中相对更重要的节点，例如基站和网关。

11.4　安全协议和机制

为了防止 WSN 中可能的攻击，有很多安全协议和安全机制可供选择。本节将介绍并讨论这些安全协议和机制及其在传感器网中的应用。

11.4.1　对称密钥和公钥加密

尽管公钥加密可以提供秘密性、完整性和认证，但是公钥加密算法十分消耗计算资源，对于资源紧张的传感网来说不太适用（Gaubatz 等，2004）。尽管在 WSN 中也使用 RSA（Rivest 等，1983）和 ECC（Menezes 等，1996）这样的公钥加密算法，然而对称密钥加密方法显然是一个更加节省资源的途径，所以成为 WSN 广泛使用的方法。对称密钥加密的一个主要问题在于密钥的生成，即在安全的传输数据之前，密钥必须首先被传输方和接收方知道。

11.4.2　密钥管理

在资源受限不能使用更复杂的公钥加密方法时，对称密钥加密就是传感网的普遍选择。然而，对称密钥加密方法的主要弱点是对于密钥的管理，就是如何在 WSN 的邻节点之间，建立可靠安全的共享私钥加密机制。例如，PIKE 机制（Chan 和 Perrig，2005），是一种把传感器节点当作可信的媒介来分发密钥的方法。在这种方法中，每一个传感器节点都与其他 $O(\sqrt{n})$ 个节点中的每一个节点共享一组密钥，n 代表整个传感器网络的节点数。而且密钥的分发要满足，对于任意一对节点 A 和 B 来说，都至少存在一个节点 C，它与 A 和 B 都有共享密钥。PIKE 中的每一个节点都有一个形式为 (x, y) 的 ID，$x, y \in \{0, 1, 2, \cdots, \sqrt{n-1}\}$。也就是说，传感网可以被表示为一个 $\sqrt{n}$ 行 $\sqrt{n}$ 列的矩阵，在这个矩阵中，每个节点的位置就是它们的 ID。每个节点 (x, y) 以下面两种方式与其他节点共享密钥：

$$(i, y) \; \forall i \in \{0, 1, 2, \cdots, \sqrt{n-1}\} \tag{11.1}$$

$$(x, j) \forall i \in \{0, 1, 2, \cdots, \sqrt{n-1}\} \tag{11.2}$$

例如，节点 (x, y) 与节点 $(1, y)$ 共享密钥 $K_{(x,y),(1,y)}$，与节点 $(2, y)$ 共享密钥 $K_{(x,y),(2,y)}$。每个节点总共要保存 $2(\sqrt{n}-1)$ 个密钥。图 11.2 展示了一个拥有 100 个节点的虚拟空间 ID 的例子，图中每个数字代表一个节点（注意这个表示并不代表节点实

际的物理位置）。深色阴影部分说明了所有与 91 号节点有共享密钥的节点，浅
色阴影则表示所有与 14 号节点有共享密钥的节点。通过这个方法，就能找到两
个与 91 号和 14 号都有共享密钥的节点。更为普遍的是，如果一个节点 A 的 ID
是 (x_A, y_A)，节点 B 的 ID 是 (x_B, y_B)，那么 ID 为 (x_A, y_B) 和 (x_B, y_A) 的节点就和
A 与 B 都有共享的密钥。如果图 11.2 中的 14 号节点想与 91 号节点共享密钥，
那么 14 号节点可以通过查看图 11.2 来找一个潜在的传输媒介。例如，94 号节点
与 91 号节点在同一行，与 14 号节点在同一列，那么 94 号节点就与它们共享密
钥，可以作为传输媒介。14 号节点可以用与 94 号节点共享的密钥来加密它与 91
号节点共享的密钥，并把新生成的密钥传输给 94 号节点。94 号节点解密后，再
利用它与 91 号节点共享的密钥加密并传给 91 号节点。91 号节点解密，获取了
新的密钥，并向 14 号节点发出确认消息。

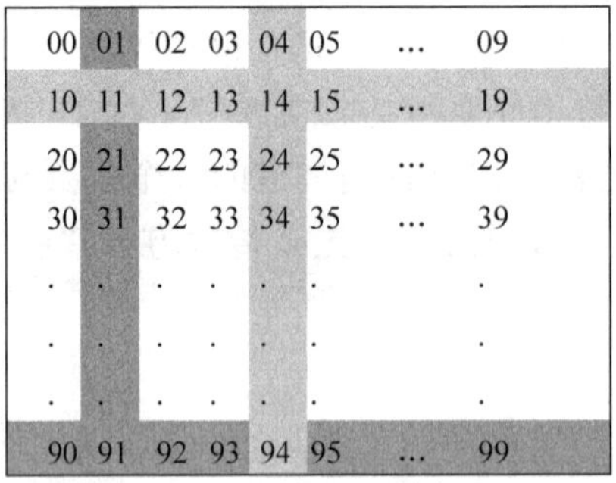

图 11.2   PIKE 中的虚拟地址空间

11.4.3   防御 DoS 攻击

拒绝服务（DoS）攻击是传感网当中一种常见的攻击方式，这就需要采取
有效措施来阻止 DoS 在网络内广泛传播。例如，如果干扰攻击被侦测到或者可
能发生在某一区域，那么传感网就要通过路由绕过这个区域。另一种削弱干扰
攻击的方法是用 11.3 节中提到过的扩频技术。在链路层，对付碰撞攻击和耗尽
攻击的方法是使用纠错码（这会带来处理和通信的开销）和限制速率的方法。限
制速率的方法允许设备忽略一些可能引起自身过早耗尽资源的请求。在网络层，
欺骗和篡改攻击可以通过消息认证码和 MAC 算法（不要和 MAC 层混淆）来解
决，这可以看做是消息的安全校验码。校验码使得接收方可以检查信息是否虚
假或者是否被篡改（Sen，2009）。

基于路径的拒绝服务 PDoS 攻击是，攻击者通过洪泛重复包或随机注入包
带来的多跳端对端通信链路，来攻击在遥远区域的多跳的端到端的路径，使得
远程传感网中的节点被淹没（Deng 等，2005b）单向 hash 链是用来计算 $y = F(x)$

的序列号，但是它无法计算 $x = F^{-1}(y)$。网络中的每个节点都可以利用 hash 链来验证收到的数据包，那就是节点可以通过 hash 链来系统地循环验证数据包是否来自于可信的发送方。如果无法验证数据包，就将其抛弃。

11.4.4 聚合攻击的防御

正如前面所讨论的，很多简单的汇聚函数天生就是不安全的，例如求和、求最小值和求最大值函数。但是，可以用多种技术来提高汇聚函数的适应性，例如，延迟汇聚和延迟认证都可以达到这种目的（Hu 和 Evans，2003）。

在这些技术中，首先假设基站产生一个使用公共单向函数 F 的单向密钥链，$K_i = F(K_{i+1})$。每个设备开始储存着密钥 K_0，$K_0 = F^n(K)$（即 F 对一个密钥作用了 n 次）。之后，第一个基站通过使用 $K_1 = F^{n-1}(K)$ 进行加密传输，当使用 $K_1 = F^{n-1}(K)$ 加密传输的所有数据都收到之后，基站公布 K_1。这样做的目的是，所有的节点都可以验证 $F(K_1) = F(F^{n-1}(K))$ 是否与 $K_0 = F^n(K)$ 的计算结果相同。之后，所有的节点都可以解密通过 K_0 加密过的信息。同理，当 $K_n = K$ 的时候，所有的密钥都会公布（如果需要更多的密钥，那么基站可以生成新的序列）。

假设 4 个节点 A 到 D 需要发送消息给基站，网络结构如图 11.3 所示。每个节点发送的消息都包含发送者的 ID、传感器数据和一个通过临时密钥加密的 MAC。如果子节点不向父节点公布密钥，那么父节点无法验证 MAC。父节点（如图 11.3 的 E）在超时之后会储存并转发这条消息给它的父节点。E 发送给其父节点 G 的消息中包含了来自其子节点（如 A 和 B）的消息，还包含利用 E 自己生成的密钥加密子节点数据得到的 MAC。每一个中间节点都会把子节点发送

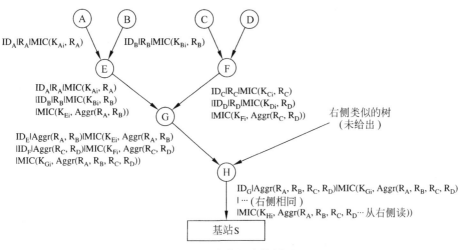

图 11.3　安全汇聚的例子

的消息汇聚，并用自己的密钥生成 MAC 对汇聚的数据进行加密。基站在收到子节点的消息之后，就可以计算出最终的汇聚值。

基站与每个节点都共享有临时的密钥，所以基站可以验证消息从哪里发过来，例如，可以通过 K_{H_i} 来计算出 MAC 并与收到消息的 MAC 作比较来验证消息是否来源于 H。尽管这个机制可以验证消息是否最终来自 H，但是不能验证消息之前是否来自其他节点。为了验证数据，基站向网络中的所有节点发送节点临时的密钥（消息中有 MAC），MAC 用基站当前的密钥 K_i 进行加密。在发送完所有的节点密钥之后，基站公布 K_i，那么所有的节点都可以对于基站发送来的 MAC 进行验证，这样就可以进行下一步的消息验证和传输。

总之，这个过程对于汇聚和认证都有延迟，例如，在第一跳可以进行信息汇聚但是没有，而是在第二跳进行汇聚。虽然这样增加了资源开销，但是也在后续节点没有被入侵的情况下保证了消息完整性。

11.4.5　路由攻击的防御

通过使用简单的链路层加密和使用全局共享密钥的身份认证，可以阻止大部分的外部入侵（Karlof 和 Wagner，2003）。由于入侵者无法进入网络，像选择性转发攻击和污水池攻击是不可行。但是，当网络遭受来自内部的攻击时，例如利用已被攻击的节点（compromised node），上述方法就没有作用，因此需要更复杂的解决办法。

女巫攻击（sybil attack）可以通过传感器节点的身份认证来解决。例如，每一个传感器节点可以与可信的基站共享一个唯一的密钥，这种方法可以用来认证彼此的身份。基站也可以限制一个节点允许的邻居个数，当一个节点被攻击了，它只能和它的已经认证身份的邻节点通信。

由于污水池攻击（sinkhole）是建立在消息难以被验证的路由协议上，例如，可靠性与能源消耗的度量，因此很难防御。基于最小跳数的路径很容易认证，但是跳数在通过虫洞（wormhole）的时候可能会被篡改（Karlof 和 Wagner 2003）。地理位置路由协议可以防御这种攻击，因为使用基于位置的路由技术可以根据局部交流和局部信息需求建立一种按需的拓扑，从而不必从基站发起路径查询。由于通信量是自然流向基站的物理地址，因此想要改变通信流方向以创建污水池是困难的。

在快速攻击中，攻击节点的目标是在按需路由协议中让自己尽可能地在多条路径中出现。但是，为了阻止这些攻击，需要联合使用几种保护措施。例如，一些攻击者会使用超出正常值的射频功率发送路由请求，从而抑制后续的来自路由发现的请求信息。可以用安全的邻节点探测方法来使路由请求的发送者和接收者都能够确认对方在正常的传输范围内（Hu 等，2003）。例如，可以使用一种具有紧密的延迟时序的三轮相互认证协议。第一轮，一个节点发送一个邻居查询请求包（通过广播或向一个具体的节点单播）；第二轮，收到请求的节点反馈一个邻居应答报文；第三轮，本次握手通信的发起者发送一个邻节点认证消息，包含对时间戳的广播认证和从源节点到目标节点的链路。

11.4.6 传感器网络的安全协议

传感器网络安全协议（SPINS）包括抵御攻击的两方面贡献：安全网络加密协议（SNEP）和一个同步的、高效的、流动的、容忍损失的数据认证协议的"微型"版本（μTESLA）（Perrig 等，2002）。SNEP 协议的主要目标是提供机密性、双方数据认证和数据更新，而 μTESLA 协议提供面向数据广播的认证。假定每个节点都与基站有一个共享的密钥。

11.4.6.1 安全网络加密协议 SNEP

SNEP 将一般传感器节点的资源受限因素考虑在内，依靠简单的加密算法、数据认证和随机数字生成技术。SNEP 的主要特点包括安全对称性、对重放攻击的防御和较低的通信开销。在对称安全中，对同一个消息的加密每次都各不相同。为了实现双方认证和完整性的功能，SNEP 使用 MAC，MAC 长度越大，入侵者猜测正确的消息编码就越困难。但另一方面，过长的编码也会使分组更庞大。

两个通信节点 A 和 B 共享一个私有的主密钥（secret master key），可以利用这个密钥用伪随机函数生成四个相互独立的密钥，其中两个密钥用于在两个方向（K_{AB} 和 K_{BA}）上对消息进行加密，另外两个用于两个方向的消息完整性编码（K'_{AB} 和 K'_{BA}）。一个完整的加密后的消息具有如下格式：

$$A \rightarrow B : \{D\}_{(K_{AB}, C_A)}, MAC(K'_{AB} C_A \parallel \{D\}_{(K_{AB}, C_A)}) \tag{11.3}$$

其中 D 是用密钥 K 加密的数据，C 是计数器。MAC 使用公式 $M = MAC(K', C \parallel E)$ 计算。SNEP 提供数据认证（使用 MAC）、重放保护（使用 MAC 中的计数器值）、新鲜度（计数器的值强制消息排序）、语义安全（因计数变量与各消息一起加密，故同样的消息每次加密结果不同）、低的通信开销（假定计数器的状态在每个结束点都会保存，且未放入消息里发送）这些功能。在 SNEP 里，数据新鲜度显得比较脆弱，因为 SNEP 强制生成了 B 节点的消息发送顺序，但是不能向 A 保证某消息是由 B 产生并且是为了响应 A 中的某个事件。为了实现强新鲜度，可在协议中引入一个临时数（例如一个足够长的随机数，确保对所有可能性的穷举是不可能的）。A 节点随机产生一个临时数 N_A，将它同一个请求消息一起发送给 B。然后 B 节点同数据认证协议的应答消息一起返回这个临时数，其过程如下：

$$A \rightarrow B : N_A, R_A \tag{11.4}$$

$$B \rightarrow A : \{R_B\}_{(K_{BA}, C_B)}, MAC(K'_{BA}, N_A \| C_B \| \{R_B\}_{(K_{BA}, C_B)}) \tag{11.5}$$

如果 MAC 验证正确，A 就会知道 B 在 A 的请求之后产生了应答。

μTESLA 协议的重点在于对 WSN 中的广播消息的认证。它用 SNEP 提供的对称机制来验证一个广播消息中的第一个分组，它是对 TESLA 的扩展（Perrig 等，2000），而 TESLA 不是为在有限计算资源的环境中的应用设计的。TESLA 使用数字签名验证第一个分组，并且每个分组有 24 字节的通信控制开销，这对传感器网络影响很大，因为在 WSN 中消息一般比较小。经认证的广播通信需要使用一种非对称机制加密（否则任何一个被入侵的接收者都可以更改发送者的消息），但是非对称加密机制的资源需求往往很大。相反，μTESLA 中使用延迟公开的对称密钥来替代非对称机制。μTESLA 假定基站和传感器节点有松散的时间同步，并且每个节点知道最大同步错误的一个上界。当基站发送一个消息，它会通过使用在此时还没有公开的密钥计算分组的 MAC，对此消息进行认证。当一个节点接收到这个分组，并且这个密钥未知时，这个节点就会知道此 MAC 密钥仅仅对基站是已知的。节点将这个分组存储起来直到基站向所有的接收者广播认证密钥，此时是密钥被公开的时候，然后节点可使用该密钥对存储的分组进行认证。

11.4.7　TinySec

TinySec 体系是一种轻量的通用链路层安全机制，开发者们可以很容易地将其集成到传感网应用中（Karlof 等，2004）。它支持两种不同的安全选项：（1）加密认证（TinySec-AE），在此机制中数据载荷是加密的，使用一个 MAC 对分组进行认证，（2）仅认证（TinySec-Auth），使用一个 MAC 对整个分组进行认证（但载荷不加密）。TinySec 依靠密码分组链接（CBC）和一个 8 字节特殊格式的初始化向量（IV）。为了进行认证，TinySec 通过高效快速的密码分组链接的构造（CBC-MAC）计算并验证 MAC。CBC-MAC 的一个优点在于：它依赖于一个块密码，所以它使必须实现的密码原语的数目最小化，这对有限存储能力的传感器节点很有利。MAC 的长度仅有 4 字节，这表示入侵者能在最多 2^{32} 次不断重复的穷举尝试后获得成功。虽然这个数目看起来不大，但我们要注意到入侵者必须通过将一个代码发送到经过授权的接收者来验证它的有效性。也就是说，需要发送多达 2^{32} 个消息，这为传感器网络提供了足够高的安全级别（Boyle 和 Newe，2008）。

11.4.8　局部加密认证协议

局部加密认证协议（LEAP）（Zhu 等，2003）对传感器网络来说是一个重要的管理类协议，它的设计目的是支持网内处理。设计这个协议的关键动机是由于 WSN 中不同类型的消息（例如控制分组和数据分组）有着不同的安全需求，因此单一的加密机制可能无法满足这些不同的需求。例如，可能所有类型的分组都需要认证机制，而只有某些类型的消息（例如聚合的传感器信息）需要机密性。

LEAP 提供了四种加密机制：单密钥（individual keys）、组密钥（group keys）、群密钥（cluster keys）和成对共享密钥（pairwise shared keys）。在单密钥机制中，每个节点有着各自与基站共享的唯一的密钥。如果节点想让基站验证自己的敏感信息，这种密钥就用于机密性通信或者计算消息认证码。组密钥是一个被基站使用的全局共享的密钥，基站用它把加密的消息发送到整个传感器网络。这种消息常见的例子有查询或者兴趣消息。群密钥是被传感器节点和它的邻节点所共享的密钥，用于保证局部广播消息的安全（例如路由控制消息）。最后，成对共享密钥被传感器节点和它的一个一跳邻节点共享。LEAP 使用这种密钥来保证每对节点之间的通信安全。例如，使一个节点能够安全地向它的邻节点发布它的群密钥，或者安全地把它的传感器信息发送到一个汇聚节点。

LEAP 还提供用于认证局部广播消息的方法。所以，每个节点产生一个特定长度的单向的密钥链，并且将链里的第一个密钥发送给每个邻居，这个密钥是经过成对共享密钥加密的。每当节点发送消息的时候，它会从链上取得下一个密钥（每个密钥称为 AUTH 密钥），再将密钥附在消息里。这些密钥以与其产生次序相反的顺序公开，接收者能够基于接收到的第一个密钥或者最新公开的 AUTH 密钥来验证消息。

11.5　IEEE 802.15.4 和 ZigBee 安全

IEEE 802.15.4 标准和 ZigBee 标准是 WSN 广泛应用的协议。因此，本节将主要讨论这些协议可采用的安全措施。

IEEE 802.15.4 标准提供了四种基本安全模型：访问控制、消息完整性、消息机密性和重放攻击的防御（Sastry 和 Wagner，2004）。IEEE 802.15.4 中的安全由 MAC 层处理，通过在射频栈中设置合理的参数，应用程序可以选择具体的安全需求（默认情况下安全是不可用的）。该标准把八个安全模式（见表 11.1）进行了分类，每个安全模式根据所传输数据的不同而有不同的保护级别。第一种模式不提供安全机制，第二种模式仅提供加密（AES-CTR），接下来是一组仅有数据认证的模式（AES-CBC-MAC）和一组既有数据认证又有加密的模式（AES-CCM）。提供数据认证的模式在大小上与 MAC 不同，从 32 位到 128 位不等。对每个提供加密的模式来说，IEEE 802.15.4 同样提供可选的重放保护，这些可选的重放攻击的防御由关于消息的单调递增序列构成，使一个接收者能够侦测到重放攻击。

表 11.1　IEEE 802.15.4 支持的安全模式（Sastry 和 Wagner, 2004）

名　　称	描　　述
Null	无安全机制
AES-CTR	仅加密，CTR 模式
AES-CBC-MAC-128	128 位 MAC
AES-CBC-MAC-64	64 位 MAC
AES-CBC-MAC-32	32 位 MAC
AES-CCM-128	加密机制和 128 位 MAC
AES-CCM-64	加密机制和 64 位 MAC
AES-CCM-32	加密机制和 32 位 MAC

第一种模式 Null 不提供任何安全保障。所有其他的安全模式都使用高级加密标准（AES）的分组密码算法，又称 Rijndael。国家标准和科技局定义了五种操作模式，包括计数器（CTR）模式和密码分组链接（CBC）模式（Sastry 和 Wagner, 2004）。当需要加密的时候，可以选择三种 AES-CBC-MAC 变体中的任何一种，这些变体可以通过使用 CBC 模式下的分组密码算法计算消息的完整性编码。三种 AES-CCM 模式通过使用计数器模式和 CBC 模式将加密和数据认证联合在一起（CCM 是 Counter with CBC-MAC 的简写）。

除了 IEEE 802.15.4 的安全特性之外，ZigBee 标准文档引入了"信任中心"的概念，这通常作为 ZigBee 协调器承担的一项责任。信任中心负责为希望加入网络的设备进行认证（信任管理者），维护和发布密钥（网络管理者）和确保设备间端到端连接的安全（配置管理者）。

ZigBee 还分为普通模式和商业模式（Boyle 和 Newe, 2008）。在普通模式下，信任中心允许节点加入网络，但是不为这些网络设备建立密钥。在商业模式下，信任中心产生并维护密钥，同时和网络中的其他设备一起维护计数器的新鲜度。商业模式的缺点是耗用大量存储，存储需求随网络规模的增大而增大。

　　ZigBee 标准文档使用 CCM*模式提供安全服务，CCM*也是 CTR 模式和 CBC-MAC 模式的组合。与 CCM 模式相比，CCM*提供了仅加密和仅完整性功能。与 IEEE 802.15.4 标准中的标准文档类似，ZigBee 有很多安全级别，包括无安全、仅加密、仅数据认证，以及加密与数据认证的结合。提供数据认证的安全级别使用 4~16 字节长度的 MAC。

11.6　总结

　　与其他各种计算机网络一样，WSN 面临着各种威胁和攻击。与大多数其他网络一样，传感器网络需要机密性、完整性和认证的支持，去保护传感器节点和传感器数据。然而，WSN 的一些独特的特点，例如远程部署（这能便于入侵者在物理上访问传感器节点）和资源约束，会使入侵传感器和传感器数据更加容易。此外，许多 WSN 是攻击者认为具有吸引力的目标，这归因于许多 WSN 应用的特点和它们所产生数据的敏感性（例如军事应用、紧急响应、医疗）。本章对若干在传感器网络中比较普遍的攻击类型，以及网络防御、入侵检测的技术和协议，进行了简要的概述。随着 WSN 越来越普遍，可以预料到安全挑战会日益增加，威胁的类型和数量会与日俱增，需要新的解决方案来保护传感器网络和传感器数据。

习题

11.1　描述 CIA 安全模型。在下面的情况下你认为哪一个服务是必需的？请给出理由。

　　（a）一个使紧急应变小组避免危险区域和危险活动的 WSN；

　　（b）一个在飞机场收集生物计量信息的 WSN；

　　（c）一个测量城市空气污染数据用于研究的 WSN；

　　（d）一个用于报警城市即将发生地震的 WSN。

11.2　什么是中间者攻击？在 WSN 中，你能想象出一个具体的灾难性攻击的情形吗？

11.3　解释对称密钥和非对称密钥的概念。本章提到了移位密码作为加密技术的一个实例。这个密码是对称密钥还是非对称密钥加密技术？使用这么简单的密码会出现什么问题？

11.4　在 WSN 中，为什么说身份验证是一个特别有意义的问题？

11.5　解释 WSN 为什么使一些路由安全协议难以实现？

11.6 尽管典型的电脑是摆放在家里、办公室、实验室，但是无线传感器节点常常被放置在公开的场合。在大规模传感器网络中，一个入侵者在访问一个传感器节点后会发起哪一种攻击？

11.7 什么是数据新鲜度？为什么数据新鲜度在传感器网络中很重要？

11.8 什么是拒绝服务攻击？解释下列攻击：

（a）干扰攻击；

（b）耗尽攻击；

（c）篡改攻击。

11.9 思考下列路由攻击，选择性转发、污水池攻击、黑洞攻击、西比尔（Sybil）攻击、急速攻击和虫洞攻击。简单描述每一种攻击类型，并且讨论这些攻击在下列类型的网络中是如何发生的：

（a）使用了基于表格路由协议（比如 OLSR）的网络；

（b）使用了按需路由协议（比如 DSR）的网络；

（c）使用了基于位置信息的路由协议（比如 GEAR）的网络。

11.10 在本节中，求均值函数、求和函数和最小值函数等数据汇聚函数都被认为是不安全的。请解释一下是什么意思，并且什么样的技术能够用来增加这些汇聚函数的可靠性？

11.11 考虑图 11.2 中 PIKE 机制的虚拟 ID 空间。在这个例子中，节点 3 和节点 15 建立一个密钥有多少种选择？描述每一种选择。

11.12 什么是"nonce"？SPINS 协议如何使用 nonce？SNEP 协议提供哪些服务？

11.13 IEEE 802.15.4 提供哪些安全模型？在 ZigBee 中信任中心的作用是什么？

参考文献

Boyle, D., and Newe, T. (2008) Securing wireless sensor networks: Security architectures. *Journal of Networks* **3** (1), 65–77.

Chan, H., and Perrig, A. (2005) PIKE: Peer intermediaries for key establishment in sensor networks. *Proc. of the 24th Annual Joint Conference of the IEEE Computer and Communications Societies (INFOCOM), Miami, FL.*

Deng, J., Han, R., and Mishra, S. (2005a) Countermeasures against traffic analysis attacks in wireless sensor networks. *Proc. of the IEEE Conference on Security and Privacy for Emerging Areas in Communication Networks (SecureComm), Athens, Greece.*

Deng, J., Han, R., and Mishra, S. (2005b) Defending against path-based DoS attacks in wireless sensor networks. *Proc. of the 3rd ACM Workshop on Security of Ad Hoc and Sensor Networks (SANS), Alexandria, VA.*

Gaubatz, G., Kaps, J.P., and Sunar, B. (2004) Public key cryptography in sensor networks revisited. *Proc. of the 1st European Workshop on Security in Ad Hoc and Sensor Networks, Heidelberg, Germany.*

Gruteser, M., Schelle, G., Jain, A., Han, R., and Grunwald, D. (2003) Privacy aware location sensor networks. *Proc. of the 9th USENIX Workshop on Hot Topics in Operating Systems (HotOS IX), Lihue, HI.*

Hu, L., and Evans, D. (2003) Secure aggregation for wireless networks. *Proc. of the Workshop on Security and Assurance in Ad Hoc Networks, Orlando, FL.*

Hu, Y.C., Perrig, A., and Johnson, D. B. (2003) Rushing attacks and defense in wireless ad hoc network routing protocols. *Proc. of the 2nd ACM Workshop on Wireless Security, San Diego, CA.*

Karlof, C., and Wagner, D. (2003) Secure routing in wireless sensor networks: Attacks and countermeasures. *Ad Hoc Networks* **1** (23), 293–315.

Karlof, C., Sastry, N., and Wagner, D. (2004) TinySec: A link layer security architecture for wireless sensor networks. *Proc. of the 2nd International Conference on Embedded Networked Sensor Systems, Baltimore, MD.*

Menezes, A.J., Vanstone, S.A., and Oorschot, P.C.V. (1996) *Handbook of Applied Cryptography.* CRC Press, Boca Raton, FL.

Perrig, A., Canetti, R., Tygar, J., and Song, D. (2000) Efficient authentication and signing of multicast streams over lossy channels. *Proc. of the IEEE Symposium on Security and Privacy, Berkeley, CA.*

Perrig, A., Szewczyk, R., Tygar, J.D., Wen, V., and Culler, D.E. (2002) SPINS: Security protocols for sensor networks. *Wireless Networks* **8**, 521–534.

Rivest, R.L., Shamir, A., and Adleman, L. (1983) A method for obtaining digital signatures and public key cryptosystems. *Communications of the ACM* **26** (1), 96–99.

Sastry, N., and Wagner, D. (2004) Security considerations for IEEE 802.15.4 networks. *Proc. of the 3rd ACM Workshop on Wireless Security, Philadelphia, PA.*

Sen, J. (2009) A survey on wireless sensor network security. *International Journal on Communications Networks and Information Security (IJCNIS)* **1** (2), 59–82.

Wagner, D. (2004) Resilient aggregation in sensor networks. *Proc. of the 2nd ACM Workshop on Security of Ad Hoc and Sensor Networks, Washington, DC.*

Wood, A.D., and Stankovic, J.A. (2002) Denial of service in sensor networks. *Computer* **35** (10), 54–62.

Zhu, S., Setia, S., and Jajodia, S. (2003) LEAP: Efficient security mechanism for large-scale distributed sensor networks. *Proc. of the 10th ACM Conference on Computer and Communications Security, Washington, DC.*

第 12 章　传感器网络编程

　　与传统的分布式系统编程相比，WSN 应用开发在许多方面不同。这些不同的方面包括：传感器节点需要与物理环境持续地进行交互；传感器节点的资源受限；传感器网络以自组织的形式部署；由于传输失败或者移动性导致的网络拓扑频繁变化等。针对以上挑战，本章讨论了大型传感器网络的编程问题。从网络开发人员的角度来看，其目标是设计和编写一个可靠并且有效的无线传感器网络，它可以适应传感系统中的动态和不确定性。从用户的角度来看，网络通常被视为一个数据库。用户通过下发查询与传感器节点交互，网络必须返回一个可靠和有效的结果。许多仿真工具与技术与用于传感器节点的操作系统是紧密相连的。读者可参考第 4 章有关 WSN 的操作系统的讨论。

　　传感器网络编程可以分为以节点为中心和以应用为中心两种。以节点为中心的语言和编程工具集中在节点级别上开发传感器软件。相比之下，以应用为中心的编程方法考虑的是以部分或整个网络作为单个实体进行开发（Sugihar 和 Gupta，2008）。本章提供了这两个类别的典型例子。

12.1　传感器网络编程的挑战

　　WSN 在很多方面有别于传统的计算环境，从而迫使在设计编程框架和工具时需要考虑传感器网络的特点。具体地说，以下特征明显影响 WSN 编程工具的设计：

　　1. 可靠性：WSN 天生比其他分布式系统更不可靠。因此，传感器网络的建立是为了适应网络动态变化和节点与链路错误的。它的设计目的是在部分网络失效的情况下，网络还可以继续提供服务。虽然网络中的许多错误永远不会被应用程序发现（例如，路由协议绕过失效节点重新路由网络流量），但是编程环境应该支持故障恢复和拓扑变化。

　　2. 资源受限：WSN 通常资源受限，从而影响了编程方法、代码最大长度和应用程序开发的其他方面。最明显的是，有效的利用能量在 WSN 中尤其关键，渗透到传感器网络设计的方方面面。从占空比到路由协议到网内数据处理都需要考虑能量的消耗。因此，编程工具和模型应允许开发人员有效地利用节能技术和方法，而细节应该对程序员是隐藏的。

3. 可扩展性：WSN 可以扩展到成千上万传感器节点，因此编程模型应该支持开发人员面向大规模（可能是异构的）网络设计应用程序和软件。由于设备数量大，手动配置、维护和修理每个传感器节点是不可行的，因此需要支持自主管理和自主配置。由于网络规模大，所以可以考虑将整个网络作为一个完整实体，而不是关注单个的设备。

4. 以数据为中心的网络：在许多 WSN 中，我们不仅对单个传感器节点感兴趣，同时也对它们生成和传播的数据感兴趣。因此，传感器网络的应用程序更关心的是及时获得有用信息，而不关心具体是哪个节点产生了信息。许多应用程序只关心在中心点收集到的数据，比如在服务器存储、分析和可视化传感器数据。其他应用需要立即处理和分析网络中的数据，例如，消除冗余数据，聚集来自多个传感器的数据，快速识别数据并决定数据需要传播更远或对其进行处理。每个应用类型都需要不同的编程模型，后者还需要协同处理，也就是说，用分布式算法编写的传感网络必须要适应所有或者说很多资源受限的节点。

12.2　节点为中心的编程

在节点为中心的模型下，程序设计摘要、语言和工具都集中在节点级别进行传感器软件的开发。整个网络的传感器应用程序可以视为单个传感器节点两两相互作用而集为一体。本节描述了为各个节点进行软件开发的编程模型例子。

12.2.1　nesC 语言

TinyOS 操作系统和 nesC（Gay 等，2003）编程语言的组合已经成为了 WSN 中以节点为中心的编程事实上的标准。nesC 语言是流行的 C 语言的扩展，提供了一组语言结构来为分布式的嵌入式系统（例如 motes）提供开发环境。TinyOS 是利用 nesC 编写的基于组件的操作系统，在 4.3.1 节中已有描述。与传统的编程语言不同，nesC 必须解决 WSN 的独特挑战。例如，传感器网络中的活动（如感知获取，消息传输和到达）是通过事件来初始化的，例如对物理环境变化的监测。这些事件可能发生在节点处理数据时，即传感器节点必须能够并发地执行它们处理的任务同时响应事件。此外，本书已经多次提到，传感器节点通常资源受限且硬件易发生故障，因此，针对传感器节点的编程语言应该考虑这些特性。

基于 nesC 的应用由组件集合组成，其中每个组件提供并使用"接口"的方法。在 nesC 中 provides 接口是一组方法调用，暴露给高层，而"uses"接口的方法调用隐藏了下层组件的细节。接口描述了使用某种形式的服务（例如，发送消息）。下面的代码展示了一个具体的 TinyOS 定时器服务的例子，这个示例提供了 StdControl 和 Timer 接口，使用了 Clock 接口（Gay 等，2003）。

```
module TimerModule {
    provides {
        interfaceStdControl;
        interface Timer;
    }
    uses interface Clock as Clk;
}

interface StdControl {
    command result_t init ();
}

interface Timer {
    command result_t start (char type, uint32_t interval);
    command result_t stop ();
    event result_t fired ();
}

interface Clock {
    command result_t setRate (char interval, char scale);
    event result_t fire ();
}

interface Send {
    command result_t send (TOS_Msg *msg, uint16_t length);
    event result_t sendDone (TOS_Msg *msg, result_t success);
}

interface ADC {
    command result_t getData ();
    event result_t dataReady (uint16_t data);
}
```

这个例子还显示了 Timer、Std Control、Clock、Send（通信）和传感器（ADC）接口。Timer 接口定义了两种类型的命令（本质上是函数）：启动和停止。Timer 接口进一步定义了一个事件，也是一个函数。接口的提供者执行命令，而用户执行事件。同样，所有其他接口在这个例子中都定义了命令和事件。

除了接口规范，在 nesC 中组件也有一个实现。模块是由应用程序代码实现的组件，而配置组件是通过连接现有组件的接口实现的。每个 nesC 应用程序有一个顶级配置，用来描述组件是如何连接到一起的。在 nesC 中函数（即命令和事件）被描述为 $f.i$，其中 f 是接口 i 中的一个函数。使用 call 操作（命令）或 signal 操作（事件）来调用函数。下面的代码简要摘录了一个定期获取传感器读数的应用程序（Gay 等，2003）。

```
module Periodic Sampling {
    provides interface StdControl;
    uses interface ADC;
    uses interface Timer;
    uses interface Send;
}

implementation {
    uint16_t sensorReading;
    command result_t StdControl.init () {
        return call Timer.start (TIMER_REPEAT, 1000);
    }

    event result_t Timer.fired () {
        call ADC.getData ();
        return SUCCESS;
    }

    event result_t ADC.dataReady (uint16_t data) {
        sensorReading = data;
        ...
        return SUCCESS;
    }
    ...
}
```

本例中 StdControl.init 在引导时被调用，它创建了一个重复计时器，每隔 1000ms 计时到期。计时器到期后，通过调用 ADC.getData，触发实际的传感器数据采集（ADC.dataReady），从而得到一个新的传感器数据样本。

回到 TinyOS 计时器的例子，下面的代码显示了如何通过连接两个子组件，TimerModule 和 HWClock（它提供了访问芯片上的时钟），在 TinyOS 中建立定时器服务（TimerC）。

```
configuration TimerC {
    provides {
        interface StdControl;
    Interface Timer;
    }
}

implementation {
    components TimerModule, HWClock;

    StdControl = TimerModule.StdControl;
    Timer = TimerModule.Timer;

    TimerModule.Clk ->HWClock.Clock;
}
```

在 TinyOS 中，代码要么以异步方式执行（响应一个中断），要么以同步方式执行（作为一个预定任务）。当并发执行更新到共享状态的时候，竞争是可能出现的。在 nesC 中，如果代码可从至少一个中断处理程序到达，称为异步代码（AC）；代码只能从任务到达，称为同步代码（SC）。同步代码总是原子地（atomic）到其他同步代码，因为任务总是顺序执行没有抢占。然而，当从异步代码修改到共享状态或者从同步代码修改到共享状态，竞争就可能发生。因此，nesC 为编程人员提供了两个选择确保其原子性：第一个选择是把所有的共享代码变换为任务（即只使用 SC）；第二个选择是使用原子部分（atomic sections）来修改共享状态，共享状态就是用简短的代码序列，使得 nesC 总是能自动运行。原子部分利用原子关键字表示，其表示声明的一块是自动运行的，即没有抢占。如下面代码所示。

```
...
event result_t Timer.fired () {
    bool localBusy;
    atomic {
        localBusy = busy;
        busy = TRUE;
    }
    ...
}
...
```

非抢占的方式可以通过禁止中断的原子部分来实现。但是，为了确保中断不被禁用太久，在原子部分中不允许有调用命令或信号事件。

12.2.2　TinyGALS

TinyGALS（Cheong 等，2003）是一种全局异步、局部同步（GALS）的方法，支持事件驱动嵌入式系统编程。一个 TinyGALS 程序由多个模块组成，而这些模块又由多个组件（最基本的元素）构成。一个组件 C 拥有一组内部变量 V_C，一组外部变量 X_C，以及一组对 V_C 和 X_C 操作的方法 I_C。这些方法进一步被细分为 ACCEPTS$_C$ 集合（可被其他的组件调用）和 USES$_C$ 集合（这些是 C 所需要的以及可能属于其他组件的集合）。

与 nesC 和 TinyOS 类似，TinyGALS 定义的组件使用接口的定义和实现。例如，一个名为 DownSample 的组件接口描述如下所示，该接口在 ACCEPTS 集合中有两个方法，在 USES 集合中有一个方法。

```
COMPONENT DownSample
ACCEPTS {
    void init (void);
    void fire (int in);
};
USES {
    void fireOut (int out);
};
```

接下来的代码显示了 DownSample 组件相应方法的具体实现，其中 _active 是内部布尔型变量，它确保每次调用其他 fire()方法时，该组件将使用同样的整型参数调用 fireOut()函数。

```
void init () {
    _active = true;
}
void fire (int in) {
    if (_active) {
        CALL_COMMAND (fireOut) (in);
        _active = false;
    } else {
        _active = true;
    }
}
```

TinyGALS 模块由一个或多个组件构成。一个模块 M 是一个 6 元组，即 M = (COMPONENTS$_M$， INIT$_M$， INPORTS$_M$， OUTPORTS$_M$， PARAMETERS$_M$， LINKS$_M$)，其中 COMPONENTS$_M$ 是 M 组件的集合，INIT$_M$ 是 M 所有组件的一系列方法，INPORTS$_M$ 和 OUTPORTS$_M$ 分别指明模块 M 的输入和输出，PARAMETERS$_M$ 是所有组件的一组内部变量，LINKS$_M$ 指明方法调用接口和模块输入输出之间的关系。模块之间进一步相互连接形成一个完整的 TinyGALS 系统，该系统是一个 5 元组，即 S = (MODULES$_S$，GLOBALS$_S$， VAR _ MAPS$_S$， CONNECTIONS$_S$， START$_S$)。这组模块由 MODULES$_S$ 描述，全局变量由 GLOBALS$_S$ 描述，VAR _ MAPS$_S$ 包含了一组映射，每个映射就是把一个全局变量映射为 MODULES$_S$ 中某个模块的参数。CONNECTIONS$_S$ 是在模块输出端口和输入端口间的一组连接，START$_S$ 是某个模块输入端口的名字，这个模块作为系统执行起始点而使用。

TinyGALS 的高度结构化架构被开发成可以自动生成调度和事件处理代码，使得软件开发人员避免在写并发控制代码时常犯的错误。代码生成工具可以自动生成所有必要的代码，包括组件链接与模块连接、系统初始化、执行的启动、模块间的通信和全局变量的读取和写入。此外，通过使用消息传递，TinyGALS 中的模块之间依赖关系变弱，因此有利于自主开发。每个消息传递会触发调度程序和激活一个接收模块。然而，如果是全局性的状态，这可能会是低效的，因为必须经常要更新。因此，TinyGALS 提供另一种机制，称为 TinyGUYS（同步保护）变量，其中模块可以同步（无延迟）读取全局变量，但写变量却是异步的，也就是说，所有的写操作需要缓冲。缓冲区的大小为 1，即由最后一个写入变量的模块占用。只有当升级是安全的时候，TinyGUYS 变量才被调度程序更新，比如一个模块结束之后和调度程序触发下一个模块之前。

12.2.3 传感器网络应用构建工具包

传感器网络应用构建工具包（sensor network application construction kit，SNACK）是一种配置语言、组件和服务库以及用于传感器网络应用程序开发的编译器（Greenstein 等，2004）。SNACK 的目标是提供智能库，结合智能库形成传感器网络的应用程序，同时，一方面，简化了开发的过程，另一方面，不失控制效率。例如，要编写程序使传感器节点周期性地测量温度和光照以及提供传感器数据给 sink 节点，可以写成一段简单的代码，如：

```
SenseTemp -> [collect] RoutingTree;
SenseLight -> [collect] RoutingTree;
```

下面的示例显示了 SNACK 代码的语法：

```
service Service {
    src :: MsgSrc;
    src [send:MsgRcv] -> filter :: MsgFilter -> [send] Network;
    in [send:MsgRcv] -> filter;
}
```

这里，$n::T$ 声明一个名为 n 的实例，该实例组件类型为 T，即实例是一个有效的给定类型的对象。另外，$n[i: \tau]$表示一个输出接口作用于组件 n，其接口名为 i，接口类型为 τ（同理，$[i: \tau]n$ 指输入接口）。组件提供它的输入接口并使用其输出接口。

组件和服务的 SNACK 库包含各种各样的组件，用于传感、汇聚、传输、路由和数据处理。例如，SNACK 消息支持架构提供几个核心组件，包括 Network（接收消息和发送消息到 TinyOS 的无线协议栈）、MsgSink（结束入站呼叫链和销毁用于接收的缓冲区）和 MsgSrc（定期生成空的 SNACK 消息，并将它们传递到接口上）。SNACK 计时系统有两个核心组件：TimeSrc 生成一个时间戳信号，通过其信号接口以一个指定的最小速率发射；TimeSink 使用该信号。SNACK 存储由组件来实现，如存储容量为 64M 的节点，它执行了一个 8 字节的关联数组，这个 8 字节值是由节点的 ID 来决定的。最后，SNACK 服务库中包含的各种服务，也就是基本组件的组合。例如，RoutingTree 服务实现了一个树，它的设计目的是将数据发送到一些根节点。

12.2.4　基于线程的模型

基于线程的模式在许多计算系统中都很流行，最近发现它也能用于 WSN。在传统的基于事件的系统中，由事件处理器来响应事件，它不中断地运行完成处理程序（任务）。基于线程的方法主要优点是，可以同时执行多个任务，而不会因为关注一个任务导致无意中阻塞其他任务（或被其他任务阻塞）。例如，任务调度器在特定的时间里执行一个任务，然后取代此任务，以便执行另一项任务。这种时间滑动的方法简化了传感器系统编程，而代价是操作系统复杂性的增加。

WSN 中基于线程的一种操作系统是 MANTIS（MultimodAl system for NeTworks of In-situ wireless Sensors）操作系统，占用不足 500 字节的 RAM 和 14KB 的闪存（Bhatti 等，2005）。ATmega128 的传感器节点有 4KB 的 RAM 和 128KB 的闪存存储，就是说 MANTIS 操作系统为多个传感器的应用程序线程留出了足够的空间。除了存储效率外，MANTIS 的目的还在于提高能效，当所有活动线程调用操作系统的 sleep()函数之后，通过切换微控制器到低功耗的睡眠状态来实现。

TinyThread（McCartney 和 Sridhar，2006）库的目的是增加基于 TinyOS 和 nesC 的传感网的多线程编程支持。TinyThread 使传感器节点能程序化编程，提供了一套阻止 I/O 操作和同步原语的接口，使多线程编程安全和方便。

Protothreads（Dunkels 等，2005）的线程是一个非常轻量级的无堆栈类型。所有 protothreads 在同一个堆栈运行，而不是为每个 protothread 使用一个堆栈，上下文切换是由堆栈倒带（stack rewind）实现。Protothreads 的一个局限是变量的内容必须在调用一个阻塞等待之前保存，因为本地函数作用范围的变量会自动在堆栈上分配而不是通过等待调用保存。

最后，Y-线程（Nitta 等，2006）是另一种轻量级线程模型，它提供了抢占式多线程。应用程序开发人员确定程序中抢占式和不可抢占的部分。所有线程为非阻塞计算共享一个共同的堆栈，而每个线程都有它自己的堆栈进行阻塞调用。这种方法的关键理念是，一个程序的阻塞部分只需要少量的堆栈，因此，相比其他的抢占式多线程的方法，能更好地实现内存利用率。

12.3 宏编程

宏编程这种开发方法的重点不在于单个传感器节点，而在于传感器节点组的编程，包括把整个网络作为一个整体来编程的方法。本节说明了宏编程的不同方法。

12.3.1 抽象域

人们经常用网内处理（in-network processing）的方式来解决 WSN 的带宽和能量受限问题。但是，把数据收集任务分解给仅使用本地通信的传感器节点之间并行处理是具有挑战性的。因此，抽象域（Welsh 和 Mainland，2004）的目标是提供更高层次的编程接口，而对开发者隐藏复杂的细节，同时还具有相当大的灵活性，以便执行高效的算法。

许多传感器应用程序的特点常常是以组合作的形式，也就是说一组节点一起工作，进行采样、处理和交换传感器数据。因此，抽象域是通信的抽象，其目的是通过提供一个基于区域的共同通信接口而简化开发过程。一个抽象域定义为网络中一个节点与其他节点之间的邻近关系，例如，用"距离在 d 内的一组节点"来表示。具体而言，一个抽象域定义类型将依赖于应用的类型。抽象域实现的例子包括 N 跳内的节点、k 个最近邻节点和生成树（生成树的根节点是唯一的，用于在整个网络上汇聚数据）。例如，使用跳数定义的区域，利用定期广播可以在该区域发现成员。区域成员之间的数据共享可以使用一个"push"（向邻节点广播更新）或"pull"（发送一个取回消息给相应的节点）方法。简化是另一种编程方法，这需要一个共享的变量值和关联的运算符（例如 SUM，MAX 或 MIN），减少在该区域节点之间的共享变量。在基于跳数的抽象域内，简化包括收集本地共享变量的值，用简化的运算合并它们，并把结果存储在一个新的共享变量中。

12.3.2　EnviroTrack

基于对象的中间件库 EnviroTrack（Abdelzaher 等，2004）是一种编程抽象，主要针对目标追踪的应用。其目标是把开发人员从对象之间的通信细节、对象移动、维护追踪对象及其状态中解放出来。与抽象区域的概念相似，EnviroTrack 使用群的概念。EnviroTrack 并不关心群的大小和形状，EnviroTrack 中的群由那些探测物理环境中特定的用户自定义实体传感器组成，每个实体周围形成一个群。群之间通过上下文标签识别，这些标签可以看成是物理环境中被追踪实体的逻辑地址。进而，对象会附属于上下文标签，去执行特定上下文操作。这些追踪对象在传感器群的上下文标签上执行。

上下文标签的类别取决于被追踪的实体（例如，一辆汽车被追踪的时候，就会创建一个汽车上下文标签）。编程人员要声明一种类型为 e 的上下文标签，就必须为其提供一些必要的信息。首先，要提供一个名为 $sense_e()$ 的函数，它描述了识别被追踪的外部目标的感官特性，例如，在一个汽车追踪应用中，$sense_e()$ 函数可能是磁力仪和运动传感器的读数。每当 EnviroTrack 的中间件探测到一个目标，就在目标周围创建一个传感器群。该函数还用于维持群成员关系，就是说所有感知到目标的节点都是群成员。其次，开发人员要声明一个环境状态，通过定义一个聚合函数（该函数作用于所有 $sense_e()$ 为真的传感器读数上），环境状态可以被附属于上下文标签的所有对象共享。聚合由群头传感器节点在本地执行。EnviroTrack 库包含各种分布式聚合函数，比如加、均值及中间值计算。最后，编程者要指定哪些对象要依附于上下文标签。

12.3.3　数据库方式

传感器网络编程的另一个通用抽象是将 WSN 视为分布式数据库，可以通过查询（例如 SQL 式的查询）获取传感器数据。TinyDB（Madden 等，2005）就是一个针对于传感器节点的分布式查询的典型例子。在 TinyDB 中，网络被逻辑地表示为一个表，称为 sensors，每个实例的每个节点占一行。表中的每一列对应一种类型的传感器读数，比如光、温度、压力等。只有当传感器被查询的时候，一条新的记录（也就是新的一行）才会被加入到这个虚拟表中，这条新的信息在表中只是短暂存储。TinyDB 的查询与基于 SQL 的数据库极为相似，使用 SELECT、FROM、WHERE 及 GROUP BY 等语句构造查询。例如，下面的查询要求每个设备报告各自的标识符（nodeid）、光读数和温度读数，每秒报告一次，共持续 10 秒：

```
SELECT nodeid,light,temp
    FROM sensors
    SAMPLE PERIOD 1s FOR 10s
```

通过这次查询，在每个时期（由 SAMPLE PERIOD 语句指定）的开始，节点收集数据，查询的结果以流的形式推送给网络的根节点。

TinyDB 还支持组汇聚查询，也就是说，当汇聚查询中的数据沿树向上流动时，TinyDB 根据汇聚函数和查询中的基于值的精确划分将该数据在网内聚集。比如，设想一个用户希望通过带麦克风的传感器节点来检测某建筑特定楼层的房间入住情况。假设每个房间都有许多传感器，目的是查找平均音量超过特定阀值的房间。这一需求的查询可以如下表示：

```
SELECT AVG(volume), room FROM sensors
    WHERE floor = 6
        GROUP BY room
        HAVING AVG(volume) > threshold
        SAMPLE PERION 30s
```

每隔 30 秒，该查询汇报所有平均音量超过确定阈值的房间。每个传感器周期性地获取新的读数，通过 SELECT 语句的判定，若条件满足，该传感器节点的数据会传向通向根节点的父节点。父节点监听所有子节点的数据，并与自身的读数进行聚集，再向前传输到自身的父节点。该过程一直持续到查询结果到达树的根节点为止。

TinyDB 支持的最主要的数据处理函数是选择和汇聚。Cougar（Bonnet 等，2000）也采用相似的处理方式，Cougar 同样将传感器数据表示为关系表。TinyDB 和 Cougar 都是利用网内聚集达到较好的资源效率。SINA 采用的是另一个更复杂的数据库方式，该方式将传感器网络建模为分布式对象的收集器。SINA 通过在 SQL 查询中嵌入更强大的 SQTL（传感器查询与任务分配语言）脚本来实现更复杂的传感器节点合作。MiLAN（Heinzelman 等，2004）方法关注的是服务质量，即传感器网络应用可以指定在最大化网络生存时间的同时要求达到的服务质量。

WSN 采用数据库模型的一个缺点是所有的节点被假定为同性质的，例如，TinyDB 的传感器表中，所有的传感器节点都被定义为同一结构。数据库系统关注的是那些面向资源受限的环境（像 motes）中相对简单的数据收集应用。

12.4 动态重编程

支持传感器网络编程和网络部署后的重编程变得越来越迫切。所以需要一种机制来支持将代码分发给数百甚至数千个资源受限的传感器节点。解决这一问题的一个可行办法是使用虚拟机。比如，Maté（Levis 和 Culler，2002）就是一个应用在 TinyDB 上的小虚拟机。由 24 条指令（每条指令长度为一字节）组成的序列称为一个容器，每个容器适用于一个单独的 TinyDB 包。每个代码容器包括类型和版本信息。Maté 有四种容器类型：消息发送容器，消息接收容器，计时器容器和子程序容器。程序对事件作出反应，事件包括：计时器触发、接收到一个包、发送一个包。每个此类事件有一个容器和执行上下文。Maté 跳到容器的第一条指令开始执行，直到遇到终止指令。当子程序被调用时，子程序的返回地址被压入到返回地址栈中，并开始执行子程序的第一条指令。从子程序返回后，从返回地址栈的顶部取走地址，Maté 继续执行调用子程序前的指令。

Trickle（Levis 等，2004）是一个受控制的洪泛协议，用来向传感器网络的所有节点分发小的代码片段。Trickle 使用元数据描述代码，允许节点通过判定两个不同元数据来决定是否需要代码更新。节点通过广播的形式与邻节点交换元数据，就是说，时间被分割成区间，在区间内的某一随机时间点，如果该节点没有从其他节点探听到相同的元数据，该节点就进行广播。当某一节点探听到其他节点广播过期元数据时，该节点就广播自己的代码，使得广播过时元数据的节点能够更新其代码。同样的，当一个节点监听到其他节点广播的元数据比自己的新的时候，它就广播自己的元数据，以触发其他节点广播比自己新的那部分元数据。

Melete（Yu 等，2006）是 Maté 的扩展，支持多应用程序并发执行。Melete 也是 Trickle 的扩张，通过限制传播范围，实现有选择的传播。也就是说，代码只在那些需要代码更新的区域内转发。

Deluge（Hui 和 Culler，2004）是另一个 WSN 节点远程重编程工具。Deluge 通过广播讯息的方式公布最新的代码版本。如果某一节点收到其他节点的更新，而这个更新相比自己的代码是较老的版本，该节点用自己的代码版本以示回应，使得过时节点能够探测到其代码版本较老，并请求较新的代码。为减少竞争，Deluge 削减了冗余的公告和请求消息。Deluge 通过以下方式支持鲁棒性：（i）使用三次握手协议来确保只有双向连接才可以进行代码更新；（ii）允许节点在发

送 k 次请求后还未完全接收到全部代码的情况下，寻找新的邻节点请求代码。最后，Deluge 动态调整公告速率，允许在需要的时候快速传播，同时，在稳定状态下消耗较少的资源。

PSFQ（pump slowly fetch quickly）（Wan 和 Campbell，2005）的目标是将数据从单一源分发到多个目的地。PSFQ 的理念是慢速传输包（pump slowly），尽力取回丢失的包（fetch quickly），丢失的包可以从无序包接收中探测到。节点不会继续转发无序的包，也就是说，该节点在探测到包失序后，会抑制转发这些失序的包，直到丢失的包被恢复。这种方法可以防止不完整的事件向下游传播，并允许节点从邻近节点恢复丢失的包，因为至少有一个邻近节点肯定有这些丢失包的拷贝。这种本地恢复过程通过将恢复限制在单跳传输范围内，避免网络中一个丢失的包引起多个重传请求，从而降低恢复的消耗。

积极推送消极错误恢复协议（push aggressively with lazy error recovery，PALER）（Miller 和 Poellabauer，2008）是基于观察到同时向下游推送数据和恢复丢失包所导致的过度争用和冲突这一现象而制定的。其结果是，PALER 放弃了有序接收这一要求，取而代之的是尽量向目的地推送所有数据，不会因为丢失数据包而延迟转发。网络中的所有节点持有一个丢失包的列表，仅当广播阶段完成之后，丢失了包的节点向其邻节点发起重传请求。与 PSFQ 类似，这些重传请求不会经历好几跳，因为重传请求会被最近的邻节点再次处理。如果最近的邻节点不能重传该丢失的包，意味着这个最近的邻节点肯定也没收到这个包的拷贝，该邻节点会发起重传请求给自己的邻节点。一旦该邻节点收到该丢失包的拷贝，会立即对它收到的重传请求作出回应。这种消极错误恢复方式可以明显地减少冲突，从而降低传感器网络中分发代码的延迟和能源开销。

12.5　传感器网络仿真器

许多传感器网络由成百上千分布在广大区域范围上的节点组成。而且，即使有廉价的硬件，建设大型传感器网络也可能非常昂贵。所以，现实网络中执行新的算法和协议往往是不可行的。因此，对于 WSN 开发和研究新的应用、功能和协议来讲，仿真工具尤为重要。但是不同类型的传感器网络特性相差较大，仿真器的正确选择是一项关键的任务。并且，WSN 中大量复杂、动态的关系和参数使之很难获得真实模型。通常，每个仿真器包含以下几部分：描述传感器节点特性的模型，不同通信模型的选择，物理环境的模型，以及用于收集和统计分析、可视化被收集数据和节点行为的工具。本节概述了几个 WSN 常用和典型的仿真工具以及运行环境。

12.5.1 网络仿真工具和运行环境

12.5.1.1 ns-2

网络仿真器（通常叫做 ns-2，数字表明最新的版本）是一种用于网络研究的离散事件仿真器。它是由 C++和面向对象的 Tcl 语言（OTcl）相结合编写出来的。ns-2 很普及的一个原因就是它的可扩展性。随着时间的推移，许多增强功能和扩展趋于成熟，举个例子，它提供了无线网络和移动 ad hoc 网络的支持。同样，也建立了对多种传感器网络的扩展。例如，扩展之一是把"现象"（phenomenon）的概念加入到传感器网络仿真中去。这里的现象是形容一个物理事件，比如化学云团或者有可能被附近的传感节点监控的运动车辆（Downard，2004）。就是说，这个现象作为传感器网络应用和网络活动的触发器。该模型用通过一个指定的通道传输的广播数据包来表示一个现象，即现象的范围是能够接收这些广播的节点集。广播数据包是使用 PHENOM 路由协议生成的，此协议用某个可配置的脉冲率发出数据包，到达一个传感器节点触发一个接收事件，被传送到该节点的传感器应用。随着时间的推移，其他的扩展包括增加了一些路由协议的支持，增加了传感网应用到的数据包类型，以及增加了具有多址节点的模型。

12.5.1.2 GloMoSim 和 QualNet

GloMoSim（Zeng 等，1998）是一个基于 PARSEC 模拟环境的仿真工具（Bagrodia 等，1998）。PARSEC（PARallel Simulation Environment for Complex）是一个基于 C 的模拟语言，该语言用来将物理环境中的一组对象间的逻辑过程和交互表示为时间戳标记的信息交互。GloMoSim 在不同的协议层上支持多种模型。比如，支持 CSMA 和 MACAW（介质访问控制层）、洪泛和 DSR（网络层）以及 TCP 和 UDP（传输层）等。另外，GloMoSim 支持不同的节点移动模型，例如，随机路径模型（即，一个节点在模拟区域中选择一个随机的目的地，并且以一个指定的速度向这个目的地移动）和随机醉酒（random drunken）模型（即，一个节点周期性地移动到从它的即时邻近位置中随机挑选的一个位置）。但是 GloMoSim 仅仅用于学术，其商业化版本称为 QualNet，是由 SNT 公司出品的。

12.5.1.3 JiST/SWANS

JiST（Java in Simulation Time）（Barr 等，2004）是基于 Java 的离散事件仿真工具。JiST 的一个关键动机是针对离散事件仿真，使之有效地和透明地执行。效率指的是并行执行一个给定仿真程序的能力，同时通过可用的计算资源动态优化仿真的配置。透明度指的是用仿真时间语义变换仿真程序自动运行的能力，即仿真仪表化，如此不需要程序员干预或者调用专门的函数库来支持各种并发性、稳定性和重配置协议。

JiST 一个最主要的动机是支持 ad hoc 网络，而 SWANS（scalable wireless ad hoc network simulator）的仿真是以 JiST 引擎为基础的仿真器。SWANS 是一些能够聚合成完整无线仿真的独立软件模块集合。JiST/SWANS 的功能可以与 ns-2 和 GloMoSim 相比较，但是它能够仿真更大的网络（Barr 等，2004）。

12.5.1.4 OMNeT++

OMNeT++离散事件模拟环境（Varga 和 Hornig，2008）是一种用于通信网络、多处理器和各种分布式系统仿真的工具。它用于大型系统和网络仿真的设计，是一个基于 C++的开源仿真器。OMNeT++模型由使用消息传递互相沟通的模块构成。简单模块可以集合成更多复杂的复合模型。用户使用 OMNeT++的拓扑描述语言 NED 定义一个模块的结构（例如，模块及其之间的互联）。另外，OMNeT++框架包括一个图形编辑器，用来编辑以图形或 NED 源视图表示的网络拓扑结构。由于其设计简洁，仿真开发很简单。但是，与其他工具相比，OMNeT++最大的缺点就是缺乏可用的协议模型。

12.5.1.5 TOSSIM

TOSSIM（Levis 等，2003）是针对基于 TinyOS 的无线传感器网络的仿真器。它直接从 TinyOS 组件那里生成离散事件仿真，因此运行的代码与运行于传感器节点一样。TOSSIM 替代低等级部件，这样在仿真中硬件中断被解析成事件，然后仿真事件队列提交驱动 TinyOS 应用执行的中断。除此之外，TinyOS 代码还在仿真器中不加修改地运行。TOSSIM 在位（bit）级运行，即一个事件通过各自的传输或者接收的 bit 生成（代替整个的数据包）。这样除了支持高级协议或应用之外，还可以支持低级协议的实验。与大多数其他工具类似，TOSSIM 带有一个可视化工具，称为 TinyViz。TOSSIM 可以支持成千上万的传感器节点的规模，它的优势包括可伸缩性和可扩展性。可是，它不包括能量图，而且它仅用于基于 TinyOS 的系统。

12.5.1.6 EmStar

EmStar（Girod 等，2004）用于支持名为 microservers 的高性能节点，这些节点处于分层的传感器网络结构中，比普通的传感设备（例如 motes）能运行更复杂的软件。EmStar 由 Linux 微核扩展、函数库、服务和若干工具组成。在广播和传感器通道建模仿真中，EmSim 并行地运行许多虚拟节点。EmCee 运行

EmSim 核，是一个不使用模型化通道，而具有真正低功耗射频的接口。EmView 是 EmStar 系统的图形化浏览器。

12.5.1.7 Avrora

Avrora（Titzer 和 Palsberg，2005）是一种在 Java 环境中执行的灵活的仿真器框架。每个节点有自己单独的线程，并逐条执行指令代码。Avrora 一个主要组成部分是它对事件队列的实现。许多能源敏感节点倾向于有大量时段的睡眠，例如，使用低消耗睡眠模式，不执行指令，能量消耗也明显减少。Avrora 中的事件队列利用这个方法提高仿真器的性能。就是说，当一个节点睡眠时，只有能够产生中断的时间触发事件能唤醒节点。这一事件被写入节点的事件队列，以使节点能在未来的某一时刻被唤醒。节点睡眠之后，只有当这一事件位于事件队列的头部时，才会影响仿真过程。即仿真器按顺序处理队列中的事件，直到其中一个事件触发硬件中断，重新唤醒节点。总之，Avrora 是一个快速和高度可扩展的仿真器，可以模拟单个时钟周期下的程序执行。

习题

12.1　描述以节点为中心的编程和以应用为中心的编程的不同。

12.2　解释在 nesC 中 provides 接口与 uses 接口的不同。

12.3　为防止竞争条件的发生，nesC 为开发人员提供了哪些选择？

12.4　在操作系统中只要是正在执行的关键操作，为确保其原子性，通用的策略是禁止中断。禁止中断有哪些风险？

12.5　基于线程的编程模型的主要优缺点是什么？

12.6　本章介绍了几种宏编程模型，对比这些模型是如何同时处理多个（或所有）节点的。

12.7　传感器网络为何要支持动态重编程？向一个网络中的所有传感器节点发布一个新程序的挑战是什么？

参考文献

Abdelzaher, T., Blum, B., Cao, Q., Chen, Y., Evans D, George, J., George, S., Gu, L., He, T., Krishnamurthy, S., Luo, L., Son, S., Stankovic, J., Stoleru, R., and Wood, A. (2004) EnviroTrack: Towards an environmental computing paradigm for distributed sensor networks. *Proc. of the 24th IEEE International Conference on Distributed Computing Systems (ICDCS), Hachioji, Tokyo, Japan*.

Bagrodia, R., Meyer, R., Takai, M., Chen, Y., Zeng, X., Martin, J., and Song, H.Y. (1998) PARSEC: A parallel simulation environment for complex systems. *IEEE Computer* **31** (10), 77–85.

Barr, R., Haas, Z.J., and van Renesse, R. (2004) JiST: Embedding simulation time into a virtual machine. *Proc. of the 5th EuroSim Congress on Modelling and Simulation, Marne-la-Vallée, France.*

Bhatti, S., Carlson, J., Dai, H., Deng, J., Rose, J., Sheth, A., Shucker, B., Gruenwald, C., Torgerson, A., and Han, R. (2005) MANTIS OS: An embedded multi-threaded operating system for wireless micro sensor platforms. *ACM/Kluwer Mobile Networks and Applications (MONET), Special Issue on Wireless Sensor Networks* **10** (4), 563–579.

Bonnet, P., Gehrke, J., and Seshadri, P. (2000) Querying the physical world. *IEEE Personal Communications* **7** (5), 10–15.

Cheong, E., Liebman, J., Liu, J., and Zhao, F. (2003) TinyGALS: A programming model for event-driven embedded systems. *Proc. of the 18th Annual ACM Symposium on Applied Computing, Melbourne, FL.*

Downard, I. (2004) *Simulating sensor networks in NS2.* Technical Report, NRL/FR/(5522)(0410)073, Naval Research Laboratory, Washington, DC.

Dunkels, A., Schmidt, O., and Voigt, T. (2005) Using protothreads for sensor node programming. *Proc. of the REALWSN Workshop on Real-World Wireless Sensor Networks, Stockholm, Sweden.*

Gay, D., Levis, P., Behren, R., Welsh, M., Brewer, E., and Culler, D. (2003) The nesC language: A holistic approach to networked embedded systems. *Proc. of the ACM SIGPLAN Conference on Programming Language Design and Implementation (PLDI), San Diego, CA.*

Girod, L., Elson, J., Cerpa, A., Stathopoulos, T., Ramanathan, N., and Estrin, D. (2004) EmStar: A software environment for developing and deploying wireless sensor networks. *Proc. of the USENIX Annual Technical Conference, Boston, MA.*

Greenstein, B., Kohler, E., and Estrin, D. (2004) A sensor network application construction kit (SNACK). *Proc. of the 2nd International Conference on Embedded Networked Sensor Systems (SenSys), Baltimore, MD.*

Heinzelman, W.B., Murphy, A.L., Carvalho, H.S., and Perillo, M.A. (2004) Middleware to support sensor network applications. *IEEE Network* **18** (1), 6–14.

Hui, J.W., and Culler, D. (2004) The dynamic behavior of a data dissemination protocol for network programming at scale. *Proc. of the 2nd ACM Conference on Embedded Networked Sensor Systems (SenSys), Baltimore, MD.*

Levis, P., and Culler, D. (2002) Maté: A tiny virtual machine for sensor networks. *Proc. of the 10th International Conference on Architectural Support for Programming Languages and Operating Systems (ASPLOS), San Jose, CA.*

Levis, P., Lee, N., Welsh, M., and Culler, D. (2003) TOSSIM: Accurate and scalable simulation of entire TinyOS applications. *Proc. of the 1st ACM Conference on Embedded Networked Sensor Systems (SenSys), Los Angeles, CA.*

Levis, P., Patel, N., Culler, D., and Shenker, S. (2004) Trickle: A self-regulating algorithm for code propagation and maintenance in wireless sensor networks. *Proc. of the 1st Symposium on Networked Systems Design and Implementation, San Francisco, CA.*

Madden, S.R., Franklin, M.J., Hellerstein, J.M., and Hong, W. (2005) TinyDB: An acquisitional query processing system for sensor networks. *ACM Transactions on Database Systems* **30** (1), 122–173.

McCartney, W.P., and Sridhar, N. (2006) Abstractions for safe concurrent programming in networked embedded systems. *Proc. of the 4th International Conference on Embedded Networked Sensor Systems (SenSys), Boulder, CO.*

Miller, C., and Poellabauer, C. (2008) PALER: A reliable transport protocol for code distribution in large sensor networks. *Proc. of the 5th IEEE Communications Society Conference on Sensor, Mesh and Ad Hoc Communications and Networks (SECON), San Francisco, CA.*

Nitta, C., Pandey, R., and Ramin, Y. (2006) Y-Threads: Supporting concurrency in wireless sensor networks. *Proc. of the 2nd International Conference on Distributed Computing in Sensor Systems, San Francisco, CA.*

Srisathapornphat, C., Jaikaeo, C., and Shen, C.C. (2000) Sensor information networking architecture. *Proc. of the 3rd International Workshop on Parallel Processing, Toronto, Canada.*

Sugihara, R. and Gupta, R.K. (2008) Programming models for sensor networks: A survey. *ACM Transactions on Sensor Networks* **4** (2), 1–29.

Titzer, B.L., and Palsberg, J. (2005) Nonintrusive precision instrumentation of microcontroller software. *Proc. of the ACM SIGPLAN/SIGBED Conference on Languages, Compilers, and Tools for Embedded Systems, Chicago, IL.*

Varga, A., and Hornig, R. (2008) An overview of the OMNeT++ simulation environment. *Proc. of the 1st International Conference on Simulation Tools and Techniques for Communications, Networks and Systems, Marseilles, France.*

Wan, A.K.L., and Campbell, C.Y. (2005) Pump Slowly, Fetch Quickly (PSFQ): A reliable transport protocol for sensor networks. *IEEE Journal on Selected Areas in Communications* **23** (4), 862–872.

Welsh, M., and Mainland, G. (2004) Programming sensor networks using abstract regions. *Proc. of the 1st Symposium on Networked Systems Design and Implementation, San Francisco, CA.*

Yu, Y., Rittle, L.J., Bhandari, V., and LeBrun, J.B. (2006) Supporting concurrent applications in wireless sensor networks. *Proc. of the 4th International Conference on Embedded Networked Sensor Systems (SenSys), Boulder, CO.*

Zeng, X., Bagrodia, R., and Gerla, M. (1998) GloMoSim: A library for parallel simulation of large-scale wireless networks. *Proc. of the 12th Workshop on Parallel and Distributed Simulation, Banff, Alberta, Canada.*

常用术语英汉对照表

ADC	Analog-to-Digital Converter	模数转换器
ADV	advertisement message	广播消息
AoA	angle of arrival	到达角
AODV	Ad Hoc on-demand distance vector	AODV 协议
AP	access point	接入点
APIT	approximate point in triangulation	三角形内点近似估计法
ASIC	application-specific integrated circuit	专用集成电路
BSC	binary symmetric channel	二元对称信道
BEC	binary erasure channel	二元删除信道
CAS	column address strobe	列地址访问信号
CIA	confidentiality integrity availability	CIA 模型
CS	chip select	片选
CTS	clear to send	CTS 消息
DCE	Data Combining Entity	数据联合实体
DIFS	DCF interframe space	DCF 帧间距
DM	delta modulation	增量调制
DMA	direct memory access	直接存储器存取
DoS	deny of service	拒绝服务攻击
DPM	dynamic power management	动态能量管理
DS	data sending	数据传送报文
DSDV	destination-sequenced distance vector	DSDV 协议
DSR	dynamic source routing	DSR 协议
DVS	dynamic voltage scaling	动态电压调节
FCB	function control block	函数控制块
FIFO	first input first output	先入先出
FPGA	field programmable gate arrays	现场可编程门阵列
FTSP	flooding time synchronization protocol	洪泛时间同步协议
GAF	geographic adaptive fidelity	GAF 协议
GBR	gradient-based routing	基于梯度的路由
GPIO	general purpose input/output	通用输入输出
GPSR	greedy perimeter stateless routing	GPSR 协议

IC	integrated circuit	集成电路
I²C	inter-integrated circuit	内部集成电路
LSB	least significant bit	最不重要的比特
LTS	lightweight tree-based synchronization	基于树的轻量级同步
LUT	look up table	查找表
MAC	modal assurance criteria	模态保证准则
MDLAC	multiple damage location assurance criterion	多损伤定位置信度
MDS	multidimensional scaling	多维定标算法
MEMS	micro-electromechanical systems	微型机电系统
MPR	multipoint relay	多点中继器
MSB	most significant bit	最重要的比特
MSP	multi-sequence positioning	多序列定位法
NAV	network allocation vector	网络分配矢量
OLSR	optimized link state routing	OLSR 协议
PAN	personal area network	个域网
PCF	point coordination function	点协调功能
PCM	pulse code modulation	脉冲编码调制
PD	Parkinson's disease	帕金森病
PIR	passive infrared	被动式红外
PLL	phase-locked loop	锁相回路
PSF	pulse-shaping filter	脉冲整型滤波器
QAM	quadratic amplitude modulation	正交幅度调制
RAS	row access strobe	行地址选通
RBS	reference-broadcast synchronization	参考广播同步
REQ	request message	数据请求消息
RREQ	route request	路由请求消息
RSS	received signal strength	接收信号强度
RSSI	received signal strength indicator	接收信号强度指示器
RTS	request to send	RTS 消息
SDA	serial data analyzer	连续数据分析器
SDIO	secure data input/output	安全数据输入输出
SFDR	spurious-noise-free dynamic range	无杂散噪声动态范围
SHARC	super-Harvard	超级哈佛体系结构
SIMD	single instruction multiple data	单指令多数据
SJF	shortest job first	最短作业优先
	sink node	汇聚节点
SNR	signal-to-noise ratio	信噪比

SRAM	static random access memory	静态随机存储器
SPI	serial peripheral interface	串行外围接口
SPIN	sensor protocols for information	传感网信息传播协议
TDoA	time difference of arrival	到达时间差
TDP	time-diffusion synchronization	时间扩散同步
THD	total harmonic distortion	总谐波失真
ToA	time of arrival	到达时间
TPSN	timing-sync protocol for sensor network	传感器网络的时间同步协议
TRP	total reaching probability	总到达概率